| 이정배 교수의 **신앙 에세이집** |

그래, 결국 한 사람이다

이정배 교수의 신앙 에세이집

그래, 결국 한 사람이다

2016년 2월 1일 초판 1쇄 인쇄
2016년 2월 5일 초판 1쇄 발행

지은이 | 이정배
펴낸이 | 김영호
펴낸곳 | 도서출판 동연
등 록 | 제1-1383호(1992. 6. 12)
주 소 | 서울시 마포구 월드컵로 163-3
전 화 | (02)335-2630
전 송 | (02)335-2640
이메일 | yh4321@gmail.com

ISBN 978-89-6447-300-9 03400

그래, 결국
한 사람이다

이정배 교수의 **신앙 에세이집**

동연

책 을 펴 내 며

40년 넘게 신학을 공부하면서 잘했다 싶은 것 중 하나는 비교적 많은 설교를 하며 살았다는 사실이다. 때론 설교가 긴 논문 한 편 쓰기보다 어려운 적도 있었으나 설교하기를 즐겨(?) 했던 것 같다. 논문과 달리 설교는 우선 자신에 대해 말을 거는 일이라 여긴 탓이다. 성서의 빛에서 나의 삶이 읽히는 사건이라 생각했던 것이다. 논리를 세워 논문을 완성하는 기쁨도 컸으나 마음 다해 준비한 설교 한편이 주는 감동 역시 그에 못지않았다. 설교자 자신의 마음이 먼저 감동되지 못하면 청중들 마음 역시 움직일 수 없다는 것도 깨달았다. 때론 상처받고 고통스러운 마음으로 글을 써 말씀을 힘겹게 선포한 적도 있었다. 그때마다 교우들은 설교자의 마음 상태를 꿰뚫어 보았다. 설교자만 성도를 위한게 아니라 교우들 역시 목회자의 설교를 나름 이해하며 들어 주었던 것이다. 설교 행위가 결코 일방적일 수 없다는 사실을 여실히 배울 수 있었다. 어느 순간부터 내게는 대학에서 가르치는 신학과 교회에서 전하는 설교가 둘이 될 수 없었다. 물론 신학의 역할과 사명이 목회적 차원을 훌쩍 넘어서기에 의당 차이는 있겠으나 필자는 언제든 신학을 설교 속에 담고자 했다. 질문하는 힘과 사랑하는 마음을 확장시킬 목적에서였다. 신앙이란 이름하에 초/비합리의 경계가 실종되는 것을 걱정스럽게 지켜본 탓도 있겠다.

그럴수록 필자의 설교를 듣고 마음을 보태준 교우들과 학생들이 더없이 고맙다. 긴 세월 동안 설교의 장場이 주어졌기에, 믿음을 공유한 교우들의 경청敬聽 덕에 머리글을 쓰는 이 순간을 맞게 된 것이다. 논문보다도 설교가 더욱 상호 소통의 결과물인 것을 실감하면서 이 글을 쓴다.

그동안 필자가 거쳐 갔던, 아니 필자를 지켜준, 필자가 설교를 했던 교회들을 주마등 스치듯 떠올려 본다. 중학교 3학년부터 신학생을 거쳐 전도사시절을 보냈던 평동교회, 그곳에서 장기천 목사님을 만났고 설교가 주는 감동을 느꼈다. 스위스 유학시절, 베른 한인교회에서 매주 설교했던 것도 내겐 크나큰 축복으로 기억된다. 아이를 키우며 부부가 함께 공부하던 어려운 시절이었으나 설교를 준비하고 예배하는 과정에서 오히려 큰 힘을 얻었다. 귀국 후 김철손 교수님의 주선으로 우성교회 담임 설교자가 되었다. 대학과 교회를 오가며 3년간 열심히 책임 있게 설교를 준비했고 예배를 성심껏 드렸다. 이제 막 학위를 끝낸 풋내기 신학자의 자존심을 걸었던 때였다. 30대를 막 넘긴 당시의 풋풋한 설교들이 오래전 『진리에 이르기까지』란 한 권의 책으로 묶여져 있다. 당시 교우들이 필자에게 대학을 그만두고 오히려 교회를 전담해 줄 것을 원했고, 이를 학장에게 청원했던 사실도 아직 잊지 않고 있다. 이후 변선환 선생님과 함께 지금은 없어진 감신 내 대학교회를 이끌었던 시절이 있었다. 선생님으로부터 풍부한 내용을 지닌 열정적 설교를 듣고 배운 시간이었다. 지금도 내 연구실에는 활자화되지 못한 선생님의 설교 노트가 수북이 쌓여있다. 필자의 설교가 옛적 선생님을 빼닮았다는 이야기를 당시를 경험한 제자들로부터 전해 듣는다. 정말 그리 느꼈다면 감사한 일이다. 무엇보다 지난 10년간 필자는 평신도들 교회인 겨자씨 공동체에서 많은 설교를 했다. 창립 초기 처음 3개월간 설교로서 돕기로 했던 것이 올해로 10년의 세월이 지났다. 지금까지 그곳에서 했던 설교문들이 대략 200편 남짓 모아진 것 같다. 오랫동안 필자만이 알아볼 수 있는 문체로 설교 노트에 적어 놓은 것들이다. 필자가 설교를 활자화시켜 문서로 남기기 시작한 것은 불과 2-3년 전의 일이었다. 당시 막 3주기를 지난 고故 오재식 선생님의 격려가 남달랐다. 늘 상 맨 앞자리에 앉으셨고, 설교를 메모하셨으며, 소감을 전해 주셨다. 에큐메니칼 운동에 있어 한국교회의 거목인 선생님의 격려가 큰 힘이 되었다. 필자의 설교를 책으로 엮어내라는 당부도 살아생전 교우들에게 수차례 하셨단다. 이외에도 지난 30년 동안 감신 채플에서도 수십 번의 설교를 했던 것 같다. 놀랍게도 강의 내용을 통해서라기보다 설교를 통해 필자를 추억하는 제자들이 제법 많아졌다. 평소 설교를 20분의 예술이라 가르쳤던 탓에 필자 역시 성심껏 설교를 준비했고, 사자후獅子吼를 토한 결과라 믿고 싶다. 그동안 이 교회 저 교회에서 설교할 기회를 얻은 것도 감사한 일이다. 필자가 소속한 아현교회 강단에서도 수차례 말씀을 증거한 경험이 있다. 교수 생활 끝자락에 접어들며 '거리의 신학자'란 별명이 붙여질 만큼 거리 설교 횟수가 부쩍 늘어났다. 특별히 세월호 참사를 겪으면서 필자의 신학적 방향이 달라졌고, 설교가 세상을 향한 돌의 소리처럼 된 것이다. 이는 역사적 예수 연구에 대한 이해가 깊어졌고, 메시아적 사유로부터 비롯한 정치신학이 영향을 준 탓이다. 정의에 대한 감각이 뒤늦게 깨어났던 결과라 할 것이다. 쌍용차 현장, 밀양 송전탑과 세월호 현장, 인터넷 언론을 통해 하늘의 말들을 쏟아 내었다. 문학평론가 황현산의 '말로서 세상을 흔들지 못하면 세상은 한 치도 앞을 향할 수 없다'는 것에 크게 공감하면서 말이다. 이런 결과로 이은선 선생과 더불어 세월호에 대한 증언을 모아 사건 1주기에 맞춰 한 권의 책,『묻는다, 이것이 공동체인가?』를 엮어내기도 했다. 지금은 "생명평화마당" 공동대표로 일하면서 '작은 교회가 희망'인 이유를 말하기 시작했고, 종교개혁 500년을 앞둔 시점에서 두 번째 종교개혁을 향한 열망을 표출하는 중이며, 학내사태에 절망하며 종교가 권력이 된 교계 현실을 염려하는 글들을 쓰고 있다.

2016년 모두에 내놓는 두 권의 책, 설교집『차라리, 한 마리 길 잃은 양이 되라』와 신앙 에세이 형식의『그래, 결국 한 사람이다』는 오랜 세월 모아두었던 설교문들의 1/3에 해당하는 분량이다. 아마도 2000년 이후 10여 년간 교회 및 학교 그리고 현장에서 설교했던 글 중에서 가독성 있는 것을 추린 것이라 보면 좋을 것 같다. 이 중에서 필자가 직접 문서화한 것도 상당수 있으나 더 많은 경우 예배 중 녹취한 것을 풀어낸 것들이다. 일차적 작업은 겨자씨교회가 담당해 주었고, 박사과정 중에 있는 제자 김광현 전도사의 손에서 재차 수정되었다. 하지만 구술된 설교를 문어체로 바꾼다는 것은 참으로 지난한 일이었다. 필자 역시 세 차례에 걸쳐 문장을 다듬고 꼼꼼하게 교정하지 않을 수 없었다. 이렇듯 지난한 과정 탓에 편집자의 수고가 너무 컸다. 지금 이 순간까지도 좀 더 문장을 고쳤으면 하는 아쉬움이 남아있다. 하지만 이보다 더욱 송구한 것이 있다. 10년 이상의 시차를 두고 썼던 글들이기에 오늘의 현실에 낯설어진 것이 있고, 연차적 배열을 하지 않았기에 선후가 바뀐 경우도 다수 눈에 띄며, 무엇보다 필자 자신의 신학적 변화 탓에 동일한 텍스트가 달리 해석되는 경우도 있기 때문이다. 또 바울을 보는 관점이 10년 세월 속에 많이 달라져 있었다. 역사적 예수 연구 성과물은 물론 벤야민을 비롯한 바디유, 지젝, 아감벤과 같은 좌파 철학자들의 생각을 배웠던 탓이다.

이처럼 이 책은 전체 내용을 일관된 하나의 논리로 엮지 못한 한계를 여실히 드러낸다. 그럼에도 불구하고 매 설교 속에는 언제든 신학이 중요한 역할을 했고, 성서를 읽고 풀어냄에 있어 새로운 관觀이 작동했다. 때로는 그것이 다석多夕으로부터 배운 동양적 시각이겠고 이신李信으로부터 배운 상상력(환상)일 것이며, 여성신학자와 함께 살았던 결과이겠고, 정치 혹은 생태신학적 틀일 수 있겠다. 또한 신학을 가르치는 학자가 교회에서 함부로 혹은 부흥사처럼 설교할 수는 없는 노릇이었다. 그렇기에 교우들이 맞닥뜨려야 할 주제들을 적실히 선택하지 않을 수 없었다. 교회 공동체가 왜 필요한 것인지, 밖의 세상과 교회는 무엇이 달라야 하는지, 왜 교리가 아니고 영성을 추구해야 하는지, 평신도성이 중요한 이유가 무엇인지, 복음이 정치와 어찌 관계되는 것인지, 이웃 종교인들과 만나야 할 이유가 어디에 있는지, 생태 및 원전의 문제가 신앙과 무슨 관계가 있는 것인지, 죽어서 간다는 천국, 하늘나라가 도대체 무엇인지, 세월호 아이들을 물속에 가둬놓고 '예수 사셨다'는 부활의 노래를 부를 수 있는지를 묻고 대답하고자 했다. 비정규직이 천만을 넘는 반인반수半人半獸 시대에 있어 성탄이 뜻하는 바가 무엇인지를 여실히 묻고자 한 것이다. 교회가 주는 물에 목말라 하지 않는 사람들을 탓하기에 앞서 우리들 자신이 정말로 갈급한가를 되묻고 싶었던 것이다. 복음이 단지 훈화나 율법 그리고 철 지난 예화와 동일시되지 않고 우리들 삶에서 사건이 될 수 있기를 바라서였다. 이 모두는 설교가 사람들 가슴에 돌덩이가 아니라 생명의 빵 한 조각이 되어야 한다는 절박함으로부터 비롯한 것이다.

원고 뭉치를 전달한 후, 책에 대한 의견을 나누는 중에 편집자는 백 편가까운 설교를 두 권의 책으로 나눠 출판할 것을 제안했다. 글의 성격에 따라 한 권은『그래, 결국 한 사람이다』란 제목의 '신앙 에세이' 형태로, 다른 한 권은『차라리, 한 마리 길 잃은 양이 되라』란 제하의 '신학적 설교집'으로 하자는 것이었다. 필자 역시 이 제안을 고민 없이 쾌히 받아들였다. 편집자가 분류한 내용을 보니 앞의 책 속에는 철학·신학적 내용의 설교가 상대적으로 많았고, 후자의 경우, 성서와 씨름하며 그 뜻을 새롭게 풀고자 한 흔적들로 가득 차 있었기 때문이다. 이처럼 많은 설교를 짧은 시간 내에 적합하게 분류한 편집자의 안목이 참으로 경이롭게 느껴졌다. 신학적 설교집은 주로 절기 설교들로 구성되었다. 성탄과 부활, 성령강림, 구원, 은총, 영성, 감사, 교회 개혁, 사회 등을 주제 삼았던 설교문들이다. 주제마다 여러 편의 설교가 있으나 각기 다른 시각에서 부활과 성탄 본문을 풀어냈고, 예수 및 구원과 영성 등에 대해서 새롭게 언급하였다. 기본적으로 전통적인 신학적 주제를 현대적 감각으로 풀어내려고 노력한 결과물이다. 신앙 에세이 역시 글 하나하나의 제목 속에서 시대와 공감하려는 신학자의 통찰과 고뇌를 감지할 수 있을 것이다. 설교를 에세이 형태로 구조변경을 시킨 것은 세상과 긴밀하게 소통하려는 필자의 노력이라 여겨주면 좋겠다. 설교가 교회 안에서만 유통되는 특별한 것이 아니라 세상을 위한 것, 세상이 들어야 할 소리인 것을 알리고 싶었던 것이다. 여하튼 필자의 40년 신학 여정이 녹아든 이 두 권의 책, 설교집과 신앙 에세이가 후학들 앞날에 조그마한 도움이라도 될 수 있기를 소망한다. 이 책을 통한 배움이 향후 교회와 세상에서 자신의 몫을 옳게, 제대로 감당함에 있어 한 줌 밑거름이 되었으면 좋겠다.

실로 2015년 한 해는 참 힘들었다. 감신사태로 인해 몸과 마음이 한없이 피폐해진 시간이었다. 글 쓰고 강의하며 시민단체들과 더불어 활동하는 것을 사명이자 과제로 알고 평생 이 일을 반복해왔을 뿐인데, 어느덧 교회 현실에 부적응자가 된 것만 같다. 교회 안팎이 복음의 정신, 십자가와 멀어져도 한없이 멀어진 상황을 온몸으로 경험했다. 동시에 힘들게 목회하는 제자들, 후학들의 목회 현실에 가까이 다가가지 못한 나 자신의 부족한 모습도 여실히 깨달았다. 목회 현장의 어려움을 학문 세계에 파묻혀 배려치 못한 잘못을 일정 부분 참회한다. 그럼에도 망가진 교회 현실, 종교권력자가 되어버린 성직자들이 용서되지 않는다. 모두가 힘을 합해 2017년 종교개혁 500년을 앞두고 교회의 거듭남을 위해 목숨 걸어도 부족할 터인데 저마다 자기 욕심 채우기에 급급하니 우리의 앞날에 희망이 찾아올지 모를 일이다. 감신이 참으로 위태롭게 되었다. 신학대학 곳곳이 어렵다고 아우성이나 우리 대학의 몰락 속도가 너무 빠른 듯싶어 걱정이 많다. 이런 정황에서 대학을 뒤로하게 되었으니 마음이 한없이 무겁고 미안하다. 특별히 필자를 바라보며 대학을 지키려 했던 제자들에게 죄인 된 심정이다. 바라기는 'All for One', 교수들을 비롯한 학내 구성원들 모두가 오로지 어머니 감신을 먼저 생각하며 처신해 주기를 바란다. 이는 학생의 눈을 두렵게 여길 때 가능한 일이다. 이것이 지난 세월 감신의 학문성과 학내 민주화를 위해 헌신했던 교수로서 학내 구성원들에게 남기는 충언이다. 필자 역시 대학 밖에서 학생들, 제자들을 위하는 길을 모색하며 이후의 삶을 살 작정이다. 이곳을 떠나도 감신을 위한 역할은 지속될 것이다.

마지막으로 고마운 마음을 전할 분들이 있다. 앞서 말했듯 설교문을 책자로 내자고 처음 제안하신 분이 오재식 선생님이었다. 필자로서는 아주 늦은 나이에 또 한 분의 선생님을 만난 것이다. 그분 앞에서 긴 세월 동안 설교했다는 것이 죄송스러울 뿐이다. 그분이 남긴, 필자 마음속에 남겨진 서너 차례의 설교를 아직도 잊을 수 없다. 이 땅의 노동 현실을 자신의 몸을 바쳐 증언했던 전태일을 우리 시대의 예수라 말한 이가 오재식 선생이었음을 후학들을 위해 밝힌다. 그는 고통스러운 삶의 현장이 자신에게 꽃으로 다가왔다는 자서전을 남기고 세상을 떠나셨다. 이미 고인 되었기에 직접 책자를 전할 수 없겠으나 필자는 설교집『차라리, 한 마리 길 잃은 양이 되라』를 오재식 선생님의 영전에 바친다. 아울러 신앙 에세이『그래, 결국 한사람이다』를 학교를 지키고자 마음을 모아준 감신 제자들에게 바치고 싶다. 이들이 항차 민족과 교계를 살리는 마지막 한 사람이 되기를 바라서이다. 지난 10년간 필자를 설교 목사로서 불러준 겨자씨 교우들께도 감사의 마음을 전한다. 쉽지 않은 설교였기에 때론 고민했고, 갈등이 많았을 터인데 잘 감당해 주었다. 구술된 설교를 활자화해낸 교우들의 수고가 없었다면 이 두 책은 빛을 볼 수 없었을 것이다. 그럴수록 창립 10주년을 맞는 겨자씨교회가 여럿 중의 하나가 아니라 마땅히 있어야 할 '하나'로서 자리하길 기도할 것이다. 모름지기 설교란 성서 지식이 많다고 잘할 수 있는 것이 아니다. 성서를 읽고, 보는 관觀이 명확해야 성서가 살아있는 말씀이 될 수 있는 법이다. 이 점에서 앞서 말했듯이 다석多夕과 김흥호 선생님으로부터 성서를 보는 눈을 얻었다 할 것이다. 장인이신 고故 이신李信 박사님의 신학적 화두인 '상상력'과 '환상' 역시 필자에게 소중한 신학적 자산이 되었다. 30여 년 함께 책을 읽고 생각을 나눈 아내 이은선의 역할 역시 작지 않았다. 함께 신학을 공부했으나 성직 대신 평신도 학자로서 살았고, 책 읽기를 좋아한 그로부터 언제든 넘치는 지혜와 지식을 얻었다. 이들 책 속의 내용 상당 부분이 그와의 대화를 통해 얻은 만큼 이 자리를 빌려 감사의 마음을 전한다. 연극 연출자로서 시대가 요구하는 역할을 옳게 감당해준 경성과 선한 뜻을 갖고 의전醫專에 입학하여 4년이란 지난한 과정을 잘 마친 융화에게도 아빠로서 고마운 말을 남긴다. 끝으로 필자의 책을 가장 많이, 언제든 기쁜 마음으로 출판해준 동연의 김영호 장로께 감사를 전한다. 대학 떠나는 것을 가슴 아파하며 현직교수로서의 마지막 책을 정성을 다해 편집해 주었다. 필자 역시 이전에 저술했던 수십 권의 책들보다도 본 에세이집과 설교집에 대한 애정이 깊다. 모든 신학은 결국 한편의 설교로 표현되어야 한다는 옛 신학자들의 말을 잊지 않았기 때문이다. 이 두 권의 책이 30년 재직했던 감신을 옛 스승처럼 아픈 마음으로 떠나는 이의 마지막 선물이라 여겨주었으면 고맙겠다. 이 순간 내게서 배운 수많은 제자들의 얼굴을 떠올려 본다. 대학에 안주하여 자네들의 어려운 삶을 제대로 살피지 못한 것에 용서를 구하면서 말이다. 그럴수록 이 책들이 곳곳에서 힘겹게 목회하며 설교하는 제자들에게 생각의 씨앗이 될 수 있기를 바랄 뿐이다. 자네들로 인해 교계가 달라질 것을 기대하며 자네들과의 인연을 행복하게 기억할 것이다. 지금까지는 선생이 있어 제자가 있었겠으나 이제는 제자들이 있어 선생이 있는 법이니 부디 훌륭한 제자들 되어 주길 바란다. 역사는 처음이 있어 마지막이 있지 않고, 마지막이 있어 처음이 있다 했기에 교계의 앞날을 위해 후학들에게 남겨진 몫이 너무 크고 중하다. 그렇기에 힘들어도 지쳐 쓰러지더라도 우리 모두 예수 가신 그 길, '호도스Hodos'에서 한 치도 벗어나지 않았으면 좋겠다.

2015년 12월 24일 성탄 전야에
부암동 현장(顯藏) 아카데미에서
이정배 삼가 모심

차 례

어떻게 세상을 이길 것인가?

　한해가 끝나는 이 시점, 성탄의 절기를 맞아 옛적 사람들이 그랬듯이 하늘을 쳐다보며 자신들의 구원을 기다리는 사람들이 많습니다. BC 586년 이래로 속국 되어 노예처럼 살았던 이스라엘 백성들, 이중, 삼중고를 겪으며 삶을 버텨온 무수한 시대의 을들인 노동자, 여성들이 그랬듯이 우리 시대를 사는 뭇 약자의 한 맺힌 절규가 지금도 하늘을 향해 울려 퍼지고 있습니다. 망루 위의 노동자들, 거리로 내몰린 수많은 노숙인들, 힘들게 하루하루를 버티는 정신대 할머니, 물대포를 맞은 농민들, 거짓된 청문회를 보며 오열하는 세월호 유족들, 이들 모두는 당시의 그들처럼 절실한 마음으로 하늘로부터 기쁜 소식을 기다리고 있습니다. 예나 지금이나 성탄은 구원이 절실한 사람들에게 찾아오는 기쁜 소식입니다. 오늘 우리에게도 성탄이 기쁜 소식이려면 무엇보다 마음속에 절실함이 있어야 합니다. 상업화된 크리스마스 분위기는 물론 연례적 종교행사에 만족할 수 없는 노릇입니다. 2015년의 성탄이 우리에게 진정 기쁜 소식이 되어야 할 터인데, 그런 바람과 열정이 있는지 모르겠습니다. 당시에도 성탄이 오히려 불편했던 사람들이 있었습니다. 지금도 성탄이 두렵고 불편하게 느껴지는 사람들이 존재할 것입니다. 성탄의 징조를 무시하며 세상과 무관하게 살던 이들도 물론 적지 않았을 것입니다. 그 럴수록 성탄의 첫 주인공들이 목자였고, 동방박사였으며, 하나님의 여인 된 마리아였던 것을 기억할 일입니다. 모두가 성탄이 절실했던 존재들 이었고, 자신의 몸을 통해서라도 성탄을 이루고자 했던 사람이었기 때 문입니다. 2015년의 성탄절도 늘 그래 왔듯이 며칠 후면 지나가 버릴 것 입니다. 하지만 2015년 성탄이 올 한 해 동안 이 땅에서 억울한 눈물을 흘렸던 사람들에게 무슨 뜻을 전할 수 있는지, 새해를 맞는 그들에게 어 떤 희망을 전달할 수 있겠는지를 묻고 싶습니다. 이 땅의 지성인들은 올 해의 사자성어로 혼용무도昏庸無道를 택했습니다. 어리석은 지도자 탓에 나 라가 어지럽게 되었다는 뜻입니다. 세상이 어지러워 도리가 옳게 서지 못하는 사회가 되었다는 것이지요. 이런 현실에 성탄이 어떤 답이 되어 야 하지 않겠습니까? 혼용무도의 현실 속에서 맞는 2015년의 성탄이 그 래서 더욱 중요합니다.

제가 속한 기독교 단체에서는 요한복음(16:33) 말씀에 근거하여 어둠 짙은 한국 사회와 교회를 향한 성탄메시지를 준비하고 있습니다. '담대하 라, 내가 세상을 이겼노라'는 예수의 말씀이 2015년 성탄절의 본문으로 채택 된 것입니다. 수많은 사람들의 생각이 모아져 이 본문이 선정되었고, 이 를 통해 구원과 기쁨이 절실한 사람들에게 희망을 전하고자 했습니다. 혼용무도란 말이 적시하듯 우리가 몸담았던 2015년의 세상이 얼마나 악했고 잘못되었기에 성탄으로 세상을 이기자고 했는지를 생각할 일입니다. 오랜 세월 피로 지켰던 민주주의가 후퇴했고, 비정규직 노동자가 일 천만에 이를 정도로 불평등이 심화되었으며, 친일과 독재세력에 면 죄부를 줄 목적으로 역사 왜곡이 심각하게 이행되었고, 노동자, 농민을 비롯한 서민들의 삶을 위태롭게 만들었으며, 불법을 정당화시키는 권력 의 횡포가 도(度)를 넘었던 것입니다. 2015년의 성탄은 이렇듯 절실한 문 제들에 맞서 그에 노출된 수많은 사람들에게 구원과 희망을 전할 수 있 어야 할 것입니다. 이들이 바로 밤새워 하늘을 보며 메시아 탄생을 알아 차린 옛적의 목자들이었던 까닭입니다. 그래서 세상을 이긴 예수를 믿 고 두려워 말며 담대하게 이 땅의 잘못된 현실에 맞서 싸워 구원(기쁨)을 얻고자 한 것입니다. 이렇듯 기독교계의 공식적 성탄 메시지는 '화쟁'을 말하는 불교 측 입장과 차이가 있는 것으로서 그만큼 우리가 처할 2016 년 새날의 어려움을 예상케 합니다. 정말 쉽지 않은 시·공간이 2016년 우리 앞에 놓일 것 같습니다.

여러 사람의 의견을 종합하며 성탄절 메시지를 완결 짓는 책임자로 서 제 마음이 다소 불편했습니다. 세상과 맞서 이길 방도가 무엇인지 분 명치 않았고 그럴수록 요한서의 말씀이 마음을 짓눌렀습니다. 담대하라 는 말 역시 궁금했습니다. 어찌 세상을 이길 것인지 정말 알고 싶었습니 다. 폭력을 통해서 결과를 얻는 방식은 애당초 성서가 용납지 않았습니 다. 예수의 십자가 역시 비폭력적 저항의 한 형식이었던 것입니다. 그렇 기에 간디는 기독교를 좋아하지 않았으나 예수의 추종자가 될 수 있었 습니다. 오 리를 가자면 십 리를 가며, 겉옷을 달라면 속옷까지 벗어주라 했던 예수의 산상수훈을 좋아했던 톨스토이도 이 점에서 생각이 같았 습니다. 바울 역시도 폭력을 '믿음 없는' 행위의 전형적 모습이라 여겼고,

로마와는 다른 방식으로 분열된 세상을 화해시키고자 했습니다. 그것이 바로 바울서신 속에 가장 많이 언급된 '그리스도 안의 존재Sein in Christo'란 말 뜻이겠습니다.

이렇듯 고난받는 이들을 위한 범기독교 차원의 성탄절 메시지를 준비하는 과정에서 제게 깊은 고뇌가 생겼습니다. 세상을 어떻게 이겨야 할 것인지를 나름대로 다시 생각해야만 했습니다. 그래서 찾은 본문이 고린도전서(9:19-23)의 바울의 이야기입니다. 세상을 이기는 방식을 바울을 통해 답해 보려는 시도로서 이것이 제게 또 다른 성탄절 본문이 되었습니다. 사실 바울 신학에 있어 성탄절은 별로 중요치 않습니다. 역사적 예수에 대한 관심 자체가 전무했던 까닭입니다. 그렇기에 바울서신에는 최초의 복음서 마가의 경우처럼 예수 탄생에 관한 언급이 전혀 없습니다. 육체로서 예수를 알지 않겠다는 것이 바울 신학의 출발점이었던 것입니다. 그렇기에 실상 바울서신에서 성탄절 본문을 찾는 것은 어불성설입니다. 바울의 성탄이란 말 자체가 성립되질 않습니다. 하지만 바울이 자랑했던 복음은 예수의 성탄과 그 뜻에 있어 너무 닮았습니다. 복음서가 말하는 성탄의 본뜻이 바울서신에 복음이라 언표되었던 것이지요. 성탄의 기쁜 소식이 다메섹 체험 이후 바울에게서 복음이 되었다 하겠습니다. 그래서 예수의 성탄과 바울의 복음, 이들의 상관성을 통해 '세상을 이기라'는 것과 '담대하라'는 말뜻을 생각할 수 있었습니다.

기독교의 핵심을 말하라 한다면 성육신과 부활 사상이 해당되겠습니다. 성육신이 복음서의 골자라면 부활은 바울 신학의 핵심이라 할 것입니다. 하나님이 인간이 되었다는 것이 성육신이라면 인간의 몸을 입고

그래, 결국 한 사람이다

이 땅에 온 그가 죽었으나 다시 살았다는 것은 부활 신앙입니다. 이 두 사상은 교리 이전에 기독교를 특정짓는 기본 요체라 할 것입니다. 도대체 하나님이 왜 인간이 되어야 했는가? 전지전능한 신神이 구태여 인간의 몸으로 태어날 이유가 있었겠는가? 이에 관한 많은 신학적 해명이 있겠으나 저는 이를 간략하게 역지사지易地思之의 신비라 생각했습니다. 고통받는 인간과 그가 사는 세상의 구원을 위해 하나님이 인간의 몸을 빌려, 인간을 경험해야만 했습니다. 인간 되지 않고서 인간을 구원하겠다는 것은 어불성설입니다. 자식이 부모가 되어봐야 부모 마음을 안다는 말이 있듯이 하나님은 먼저 사람 몸을 빌려 인간이 되어야만 했던 것입니다. 이것이 여타 종교와 구별되는 기독교의 골자로서 복음이라 불리는 이유입니다. 하나님이 하나님으로 머물러 있는 한 기독교란 종교는 없습니다. 성탄의 사건이 발생치 않고서는 결코 기독교가 성립될 수 없다는 말이겠습니다. 이렇듯 성탄은 역지사지의 신비적 사건이 되었습니다. 이런 성육신의 신비를 인간사에 적용하는 것이 세상을 구원할 길이 된 것입니다. 우리에게 역지사지의 삶, 즉 저마다 남(他者)이 되어 살아 보라고 요구하고 있습니다. 대통령이 백성이 되고, 부모가 자식이 되며, 사장이 노동자의 자리에, 선생이 학생의 위치에 서 보란 것입니다. 물론 그 역도 마찬가지일 것이나 높은 자가 낮은 자리로 내려오는 것이 항시 먼저입니다. 역지사지의 신비 앞에선 불가능한 일, 할 수 없는 일이란 없습니다. 신이 인간으로 탄생한 사건을 복음이자 구원의 길이라 믿는다면 말입니다. 강도 만난 자를 지나쳤던 제사장이나 율법학자는 성탄을 말할 자격이 없습니다. 피 흘리는 자의 고통을 비껴갔던 탓입니다. 유대인과는 조상 대대로 원수지간이었던 사마리아인, 그가 강도 만난 유대인의 '곁'이 된 것을 일컬어 예수는 '영생'이라 했습니다. 여기서 비로소 성육신의 신비가 드러났기 때문입니다. 저는 이것이 세상을 이기는 기독교적 방식이라 믿습니다. 눈감고 귀 막아 피하고 싶겠으나 고통하는 현장으로 발길을 향하는 것이 성서가 말하는 용기이자 담대함이라 생각합니다. 이런 담대함이 우리에게 생겼으면 좋겠습니다. 그로써 도(道)가 사라진 혼란한 세상에서 슬픈 눈으로 하늘을 보며 구원을 찾는 사람들에게 희망이 되기를 바랍니다.

다메섹(부활) 체험 이후 바울은 예수 부활을 증거 하는 복음의 사도가 되었습니다. 그에게 복음은 정말 기쁜 소식이었습니다. 전혀 다른 세상을 본인 스스로 경험했던 결과입니다. 지금껏 배워 익혔던 뭇 담론과는 질적으로 다른 하나님 의(義)의 세계와 맞닥트렸던 것입니다. 하나님의 의로움은 세상의 정의와는 동이 서에서 멀 듯 크게 달랐습니다. 하나님 의는 절대 자유했으나 사람을 얻고자 스스로 종의 길을 가라고 했던 까닭입니다. 자유한 자가 종이 되었다는 것, 더욱이 무수한 사람들을 얻기 위해 그리했다는 것은 성탄의 신비와 뜻이 중첩됩니다. 이 또한 역지사지의 신비이자 사건이라 할 것입니다. 평소 바울은 '내가 너희를 자유케 했으니 다시는 종의 멍에를 메지 말 것'을 당부했고 이를 부활의 리얼리티라 하였습니다. 그런 그가 스스로 종이 되겠다고 했으니 기막힌 일입니다. 종이 되어보아야 제국적 상황 하에서 고통받는 무수한 몸들의 실상을 옳게 이해할 수 있었기 때문입니다. 바울은 이런 역지사지의 마음을 일컬어 '복음'이라 했습니다. 이것이야말로 세상을 구할 기쁜 소식이라 믿은 것입니다. 아기 예수의 탄생이 세상을 구할 기쁜 소식이었듯이 하나님 의가 나타난 복음 또한 이처럼 성탄의 뜻과 잇대어 있습니다. 이어지는 본문 속에서 바울은 세상을 구할 복음의 능력을 낱낱이 소개하였지요. 율법을 버렸음에도 바울은 유대 동족을 위해 율법을 존중했습니다. 믿음이 약한 사람들을 위해 자신도 믿음 없는 삶을 살아야 했습니다. 교리나 신조를 앞세우지 않고 인간으로서 삶을 공유하는 것이 급선무가 된 것입니다. 이런 삶이야말로 부활 이후를 사는 기독인의 모습이자 복음의 핵심입니다. 이로써 부활은 성탄과 그 뜻에서 조금도 다르지 않게 되었습니다. 성탄과 부활을 통칭하여 복음이라 한 이유가 여기에 있습니다. 이렇듯 기쁜 소식은 세상을 이길 평화적 무기라 할 것입니다. 그것으로 모두를 얻고자 했기 때문입니다. 혼동으로 치닫는 이 땅의 현실에서 2015년 성탄이 참으로 중요해졌습니다. 아무리 강조해도 지나친 말이 아닐 듯싶습니다. 그럴수록 복음의 힘으로 세상을 이겨야 할 것입니다. 정작 오늘의 교회와 성도들이 이런 복음을 전하며 살 수 있는 용기가 있는지 모르겠습니다. 복음으로 세상을 이기라 했는데 세상에 지거나 세상을 방관하며 살지 않을까 걱정입니다. 복음을 통해 예수와 바울은 세상과 다른 세상을 이 땅에 세우고자 했습니다. 그것이 바로 하늘나라였습니다. 죽어서 가는 천국 이전에 이 땅에서 새로운 세상을 꿈꿨던 것입니다. 이를 일컬어 체제 밖 사유라 하며 하나님의 폭력이라 말합니다. 세상이 감당할 수 없는 새로움인 까닭에 그리 명명하는 것이지요. 세상은 하나님의 의를 결코 감당할 수 없을 것입니다.

여하튼 2015년 성탄은 세상을 이기는 힘으로 역사役事하길 소망합니다. 하늘을 쳐다보며 구원을 기다리는 이들이 더욱 많아졌기에 그렇습니다. 역사를 후퇴시켜 기득권을 유지하려는 헤롯과 같은 위정자로 인해 비탄과 탄식의 소리가 커져가고 있습니다. 그럴수록 종교의 역할이 다시금 중요해졌습니다. 하지만 너나 할 것 없이 종교가 세상의 못 약자

곁에 서지 못했고 정치가들의 눈치 보는 일로 바빠졌습니다. 성육신을 말할 자격을 잃었고 보살행을 스스로 방기한 탓입니다. 우리 모두 역지사지의 힘으로 세상을 이겨, 세상을 구원하십시다. 낮은 곳에 자리를 두는 것이 진정한 용기이며 담대함인 것을 재차 자각하고 다짐하십시다. 이것이 기쁜 소식이라 일컫는 복음인 것을 우리 스스로가 증거하십시다. 성탄은 이를 위해 세상에 일어난 사건입니다.

그래, 결국 한 사람이다

그래,
결국 한 사람이다

I 부

쌍방향의 거친 호출

새천년의 불안과 희망

이 땅을 지킬 사람

삼천 년 시대가 눈앞에 성큼 다가왔습니다. 그래서인지 같은 성탄절이지만, 올해 이 시점에서 느끼는 그에 대한 감각이 전혀 새롭습니다. 처음 천 년간 기독교 신앙은 역사의 암흑기를 만들면서도 굳건히 뿌리를 내렸습니다. 이후 종교 개혁과 르네상스, 그리고 산업 혁명을 거쳐 오늘에 이르는 두 번째 밀레니엄을 통해 기독교는 자신의 전성기를 맘껏 뽐냈습니다. 하지만 삼천 년 시대를 직면한 기독교는 희망(Utopia)보다는 불안으로 점철된 미지의 세계와 맞닥뜨릴 운명입니다. 급변하는 정신적, 기술적 또는 문명사적 도전으로 당혹해 하면서 또 다른 천 년을 향해 시간의 문턱을 넘어서고 있는 것입니다. 해서 21세기 중반쯤, 아래로부터의 요구로 인해 제2의 종교개혁이 일어날 수 있다고 말하는 이도 있고, 반대로 변화에 움츠리는 근본주의적 보수주의가 더욱 강세를 띨 것으로 전망하기도 합니다. 어느 경우든지 새 천 년은 기독교 교회에게 더 이상의 안정성을 허락하지 않을 것 같습니다.

21세기를 준비하는 학자들 모임에서 조만간 현실이 될 한국 사회 및 문화의 당면 과제가 다음처럼 요약되었습니다. "이데올로기 종언과 함께 부상된 신자유주의 시장경제 체제, 인간을 둘러싸고 있는 환경이 자연이 아니라 기술이 되어 버린 상황에서의 테크놀로지(생명공학)의 위험성 증가, 생태(환경) 위기의 가중과 종래의 가치관으로는 그 해결이 불가능하다는 사실, 가부장제의 몰락과 여성주의적 문화의 강세 그리고 다종교 사회 내에서 종교 간의 일치와 대화 등"이 그것입니다. 그러나 정작 이렇듯 가까운 민족의 장래 앞에서도 한국 사회와 교회는 참으로 둔감하고 무력한 듯 보입니다. 시장경제 이데올로기에 세뇌되어 '많은 것이 좋다The more the better'는 논리에 예수 복음을 잠식시켰고, 전대미문의 기술적 축복에 매료되어 즐기려고는 하되, 기술 문명을 비판적으로 검증할 지성을 갖지 못했습니다. 제반 삶의 존재 양식이 환경친화적이 되지 못함은 물론 페미니즘 불감증 역시 교회 안팎의 모습들입니다. 믿음의 율법화로 인해 자신과 다른 것, 다른 신앙을 포용해 낼만한 내적 성숙함을 갖지 못한 것도 새천년의 삶에 커다란 걸림돌이 될 것입니다. 어느 누구도 발 디뎌 보지 못한 미지의 세계, 그래서 하나님께 속했다고 고백할 수밖에 없는 낯선 세계인 3000년대, 그 시대를 위해 작금의 기독교가 방해거리가 된다면 하나님께서는 기독교마저 내치실지 모릅니다. 당신이 지은 이 세계를 위해 그분은 불변하는 것처럼 보이는 그 어떤 문화 담론과도, 그것이 설령 기독교의 교리 체계라 할지라도, 사랑의 싸움을 하실 것입니다. 이것이 삼천 년 시대를 성령의 시대라 부르는 이유인바, 우리는 불고 싶은 대로 부는 성령의 조짐에 촉각을 곤두세워야 할 것이고, 이런 책임은 창조적 지성인인 우리 신앙인의 몫일 것입니다.

  새 천 년을 앞둔 마지막 주일을 준비하며 장르상 묵시문학으로 분류되는 에스겔서를 읽고 있습니다. 묵시문학이란 기독교 교회 및 신학의 모체로서 어느 형태로든 기독교의 발생과 긴밀하게 얽혀져 있습니다. 따라서 묵시문학서에 대한 이해 없이 기독교를 옳게 통찰하는 것은 불가능한 일입니다. 묵시문학가들은 역사가 죄로 인해 타락했으며 세계는 파멸될 운명에 놓였다고 믿었습니다. 그럼에도 불구하고 그들은 이전 시대와는 전혀 다른 새로운 시대^{New Aeon}가 도래하리라는 희망을 포기하지 않습니다. 현실 역사에 대해 비관적인 생각을 갖고 있으면서도 역사의 궁극 의미를 역사 영역밖에 둠으로써 희망을 놓치지 않았던 것입니다.

  선지자 에스겔은 하나님의 말씀에 의거하여 이스라엘 백성이 거주하는 이 땅이 부정하여 진노의 날을 피해갈 수 없게 되었다고 선포했습니다. 하나님의 말씀을 대언한 에스겔은 이스라엘의 멸망 이유를 다음처럼 분석합니다. 선지자들의 탐심과 제사장들의 부정과 속임수가 첫째 이유입니다. 종교 지도자들의 허탄한 모습을 보며 폭리를 취하는 방백들, 정치가들의 탐심 역시 주요 원인이라 했습니다. 마지막으로 이런 악한 지도자들 탓에 백성들마저 서로가 서로에게 늑대처럼 광폭하게 되었다는 것입니다. 이런 이유들로 하나님은 당신의 땅인 이스라엘을 지킬 사람을 찾지 못해 이스라엘을 멸망시키기로 작정했습니다. 이 땅의 무너진 곳을 막고 지킬 만한 사람이 하나님 보시기에 전무했던 것이지요. 에스겔서는 백성들이 서로를 미워하고 폭력적이 되며, 그래서 땅이 멸망할 수밖에 없는 근본 원인이 백성들의 영적, 정신적 삶을 이끌어 가는 종교 지도자들과 정치가들의 탐심에서 비롯되었다고 보았습니다. 이들의 타락으로 일반 백성들의 선함과 어짊을 기대한다는 것은 처음부터 불가능한 일이었던 것이지요. 구약성서 초기 문서인 레위기, 신명기는 일반 백성, 정치 지도자(왕) 그리고 제사장이 각기 자신들의 죄를 회개하려고 할 때 누구보다, 제사장들이 가장 크고 귀한 동물을 희생 제물로 바쳐야 할 것을 강조했습니다. 정신적이며 영적인 일을 담당하는 사람들이 타락하여 정신적 능력을 잃을 때, 공동체의 미래가 몰락할 수 있다는 중한 가르침이 담겨 있습니다. 새 천 년의 문턱을 힘겹게 넘어서고 있는 한국교회가 민족의 공동체의 현실을 보며 자성하고 애통해 하는 마음을 가져야 할 이유도 바로 여기에 있습니다.

율법을 옳게 선포해야 할 선지자들이 오히려 사람들의 영혼을 잠들게 했으며, 물질에만 뜻을 두었고, 제사장들 스스로 거룩한 것과 속된 것을 구별하지 않음으로 사람들 눈 역시 어둡게 되었으며, 그로써 안식일의 거룩함을 더럽혔다 했습니다. 더더욱 종교 지도자들은 자신의 말을 하나님의 말이라고 주장했고, 거짓 점술을 행하여 백성들의 영혼을 쇠락하게 만들었으며, 가난한 자들을 더욱 가난하게 만들고 있으니 그들의 죄가 하늘을 찌르고 있었던 것입니다.

이런 맥락에서 오늘 우리의 현실을 읽을 수 있겠습니다. 지난 일 년간 우리는 소위 '옷 로비' 사건에 연루된 국가 고위 공직자 부인들 더구나 교회의 중직을 맡은 그녀들로 인해 한국 기독교계는 언론 및 사회로부터 얼마나 많은 조롱을 받아왔는지 모릅니다. 진실을 은폐한 채 성서 위에 손을 얹고 맹세했던 그들의 모습을 보며 언론은 기독교인들에게는 또 다른 '성서'가 있는가 보다고 비아냥거렸습니다. 더욱이 사건의 원인

제공자인 대한생명을 구명하기 위하여 평소 그로부터 덕을 입었던 교계 목사 수십 명이 청와대를 방문했던바, 그것은 기독교를 두 번 죽이는 일이었습니다. 그뿐만 아니라 목사와 장로 간의 소송 문제로 번졌던 목회자의 교회 재산 탈취사건, 수백 명의 여자 대학생을 성폭행한 JMS의 정명석, MBC 방송사에 침입한 만민중앙교회 사건 등 이루 헤아릴 수 없을 만큼 몰락해 가는 기독교계의 실상을 접할 수 있습니다. 한국 기독교계가 이들을 비판하고 이단으로 정죄하고 있기는 하지만 교회 현실 자체가 그들의 실상과 크게 다르지 않기에, 그들을 향해 돌을 들 수 있는 종교적, 영적 양심이 부재한 사실에 비애를 느낄 뿐입니다. 뭇 사람들의 영혼을 깨우고 정신을 이끌어야 할 종교계가 이렇듯 오히려 그들 영혼을 깊이 잠들게 했습니다. 종교 지도자들이 거룩과 속된 것을 분별치 않음으로써 안식일이 무의미해졌고, 하나님의 거룩함이 크게 상처받게 되었습니다. 도처에서 인간들의 소리가 하나님 소리로 둔갑한 탓입니다. 안식일이 하나님의 날이 아니라 일상의 욕망을 종교적으로 포장하는 날이 되었던 것이지요. 언론을 통해 거시 경제 지표가 IMF 이전 수준을 넘어섰고, 온통 주식과 달러 수치가 연일 보도되고 있지만 실업자 수는 실상 크게 줄지 않고 있습니다. 노숙자의 경우도 마찬가지입니다. 방학이 되어 학교 급식을 받지 못해 굶주린 배를 움켜쥐어야 하는 아동수도 점점 늘어만 갑니다. 부모의 실직, 이혼, 가출 등으로 버려지는 아이들 또한 사회적 문젯거리가 되었습니다. IMF 체제하의 2년간, 사회를 지탱했던 따뜻한 온기, 온정이 차갑게 식어 버렸다는 것에 모두가 공감합니다. 이 모두는 축복이라는 이름하에 신자유주의 이데올로기를 하나님 말씀처럼 신봉했던 종교 지도자와 정치가들의 잘못이요, 경쟁과 효율이라는 점술로 모든 이들의 마음을 빼앗은 위정자들의 책임입니다. 이로 인해 예전 이스라엘처럼 이 땅을 위해 쌓아온 성들이 무너져 내리고 있습니다. 공동체성도, 가족이란 울타리도, 전통의 가치관도, 인격적 관계도, 인간의 내적 성실성도, 심리적 안정감도 쇠락을 거듭하고 있습니다.

그럼에도 이러한 좌절, 한계 경험으로부터 초월로의 비약, 진정한 희망을 잉태하는 환상이 시작될 수 있다는 것이 에스겔서의 가르침입니다. 자신이 살고 있는 시·공간적 현실을 여실하게 관찰하며, 철저하게 절망하는 소수의 창조적 지성인들에게서 묵시적 자의식을 기대할 수 있다는 것이지요. 이는 비단 에스겔서만의 이야기가 아니라 어느 시대를 막론하고 역사적, 문명사적 전환기에 요청되고, 또 일어날 수 있는 보편적 현상일 것입니다. '현실 공부'라는 박노해의 시 한 구절은 창조적 신앙인이 가져야 할 묵시적 의식의 일면을 보여주고 있습니다.

> 우리가 언제 현실을 공부할 여유가 있었던가.
> 현실은 어둠이었고 눈물이었고 적이었을 뿐
> 현실을 있는 그대로 보지 못해서 현실에서 쓰러진 나
> 다시 무릎 꿇어 현실을 공부합니다.
>
> 진리를 사는 것만큼 어려운 것이 없듯이
> 현실을 바라보는 것처럼 어려운 것이 없습니다.
> 정직해야 하기 때문입니다. 정직의 다른 이름은 비참입니다.
> 나를 들여다보니 비참하고 비참합니다.
> 정직하게 자신을 드러내어 겸허하게 다시 현실을 배워가야 합니다.
>
> 나에게 희망이 있다면 참혹한 패배와 절망 속에서 무너지고 깨어짐

으로 나를 알고 상대를 알고 있는 그대로 현실을 보는

맑은 눈을 떠가기 때문입니다.

현실은 나의 스승입니다.

현실을 바로 보는 만큼 나는 희망을 봅니다.

이 점에서 예수 역시 치열한 현실 인식을 통해 시대를 옳게 보았고, 그로부터 새로운 미래, 하나님 나라의 도래를 선포했던 묵시문학적 자의식의 소유자라 할 것입니다. 무엇보다 하나님 영의 실재를 경험했던 예수는 당시 화석화된 유대 문화에 대해 격렬하게 도전할 수 있었습니다. 요단강 세례를 통해 하늘 아들인 것을 자각했고, 광야의 시험을 통해 영적 존재인 것을 확인했기에 귀신을 쫓아냈고, 불의한 일에 채찍을 들었으며, 사회로부터 버림받은 죄인들, 여인들을 온몸으로 사랑할 수 있었습니다. 또한 안식일의 진정성 회복을 위해 종교 제도의 거짓됨을 폭로했으며, 그로써 상처받은 하나님의 거룩함을 회복시켰습니다. 묵시문학적 자의식을 갖고 하나님의 영을 체험한 예수, 그러나 그분은 하나님을 대상적으로 믿지 않고 오로지 하나님을 직접 아는 사람이었습니다. 인간이 무엇을 안다는 것은 자신이 경험한 것만큼만 아는 법입니다. 자신이 행한 것 그 이상으로 안다고 주장할 수 없는 것이지요. 오늘날 지식인들의 거짓은 머리로만 알고 만족하는 데 있습니다. 예수는 하나님이 진정으로 원했던 모든 것을 행함으로써 하나님을 충족히 알았던 존재였습니다. 바로 이런 예수가 이스라엘은 물론 전 세계를 다시 일으켜 세운 존재가 되었다는 것이 기독교가 말하는 복음입니다.

묵시문학적 자의식이 예수에게서 일어났듯 이제 하나님의 영, 불고 싶은 대로 부는 그의 영은 그런 자의식을 오늘 우리에게도 허락하실 것입니다. 그렇게 되면 우리 역시도 이전처럼 교리, 신조의 틀 속에서 예수를 믿는 사람이 아니라, 예수를 진정으로 아는 사람이 될 수 있습니다. 크리스천이란 예수, 그가 원했던 것을 자신도 원하고, 그분이 미워했던 것을 미워하며 살아가는 사람이어야 합니다. 그래야 절망적 사회에 대안적 삶의 양식을 만들 수 있습니다. 대안을 만들어 가는 힘, 대안적 문화 양식의 창조야말로 이 땅을 살리는 길이자, 예수가 선포했던 하나님 나라의 비전을 실현하는 일입니다. 지금까지는 풍요, 성취, 축복 등의 인습적 지배 가치들이 기독교의 이름으로 정당화되었고, 그 위에서 교회의 위상이 터 닦여졌다면, 이제 교회는 시대를 거스르며 재창조하는 대안 문화의 활성자로서 역할을 해야 옳습니다. 21세기 제 삼천 년대의 비전과 희망은 바로 여기서 판가름날 것입니다. 이 땅을 허무는 사람들이 아니라 다시 세우는 일에 우리의 힘을 다할 수 있어야 할 것인바, 바로 이것이 교회의 존재 이유라 할 것입니다. 다석 유영모는 순수 우리말 '깨끗하다'를 깨어져서 끝이 나서 전적으로 새롭게 되는 것이라 했습니다. 이 말을 '거룩'이란 말보다 더 좋아했습니다. 진실된 절망을 통해 새로운 환상, 즉 깨끗한 한국교회의 모습을 새 천 년의 마지막 날에 맘껏 기대해 봅니다.

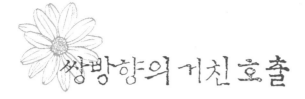

쌍방향의 거친 호출

2013년, 우리가 원하던 시작은 아니었으나 그래도 예전보다 나아질 것이란 믿음을 갖고 맞았던 시간이었습니다. 하지만 그 해가 다가는 지금, 지난 세기 70년대를 살아 본 사람들은 지금이 오히려 그때 같다고들 합니다. 물론 유유상종이라 비슷한 생각을 하는 사람들뿐이어서 그렇기도 하겠으나 이처럼 답답한 이야기들로 송년의 밤이 무르익습니다. 엊그제 만났던 김형태 변호사는 국정원이 바빠지니 자신도 함께 분주해졌다고 말하며 도처에서 제기된 종북 관련 송사 문제로 정신없이 뛰어다니는 자신의 일상을 소개했습니다. 우리는 출애굽 과정에서 애굽 땅에서 먹던 고깃국을 그리워하며 모세에게 배고프다 원망했던 이스라엘 백성들을 기억합니다. 밥을 위해 자유를 포기했고, 자신을 위해 타민족을 희생양 삼았던 히틀러 정권하의 독일 백성들도 그들을 닮았습니다. 그리고 지금 그 망령이 우리에게 다시 덧입혀지고 있는 듯합니다. 앞으로 더 좋은 밥을 줄 것이니 정부가 행한 것 일체에 대해 잠잠하길 강요받고 있는 까닭입니다. 정권의 애완견 역할을 자청한 종편 방송들의 종북從北몰이는 참으로 가관입니다. 그들로 인해 밀양의 할머니들 곁에 서 있는 사람들, 국정원 선거 개입을 말하는 거리의 촛불들조차 자유민주주의 질서를 부정하는 종북 세력이 되고 말았지요. 지난 세월 피 흘려 지켰던 지고한 정신적 가치들이 졸지에 허물어지고 있음을 보며 그간 천덕꾸러기, 혹은 골동품처럼 취급받던 종교(인)들이 말하기 시작했습니다. 어쩌면 이제 정부는 다시 종교(인)와 싸워야 할지도 모를 일입니다. 죽어가던 종교를 이 땅의 독재가 다시 살려 놓았습니다. 종교란 본래 배부르고 안락한 곳에서는 제 역할을 할 수 없는 법, 이제야 제 갈 길을 찾은 것입니다. 혹자는 말합니다. 2014년, 바로 이 해가 동학 농민혁명이 일어난 지 120년 되는 시점인 것을요. 그래서 우리 모두는 한해의 끝자락에서 '소망을 전하는 성탄'이 우리 곁에 있음을 크게 감사해야 할 것입니다.

본론에 앞서 얼마 전 고인이 된 만델라 대통령 이야기를 하지 않을 수 없습니다. 그의 죽음이 성탄을 앞둔 우리에게 하늘의 메시지를 전해주는 까닭입니다. 백인이 지배하는 자기 조국에 항거했으나 흑인 통치 체제에도 반대했던 만델라, 모두가 평등한 나라를 위해 죽을 각오로 싸워 이룬 그의 조국 남아공은 우리 시대에 성탄의 신비와도 같은 리얼리티입니다. 그가 꿈꿨던 세상은 인간에 의한 인간 억압이 사라진 곳, 누구도 차별받지 않는 평등한 '무지개 나라'였습니다. 휴머니즘이란 이상理想을 수치스럽게 만들며 살아왔던 인류 역사에 종지부를 찍었던 만델라, 그는 죽음으로써 성탄의 절기에 하늘이 준 선물이 되었습니다. 불신과 대결의 문화를 조장하는 한국 정부의 공안정치 한가운데서 죽음으로 가르친 그의 삶이 반면교사가 되었던 까닭입니다. 공권력의 횡포, 갑을 관계 그리고 불통의 상태가 도를 넘어선 우리 현실이 인종차별의 치열한 현장에서 백인들조차 그의 죽음을 애도할 만큼 갈등을 극복했던 남아공의 진실을 외면하지 않았으면 좋겠습니다. 이런 의미에서 저는 만델라 대통령의 죽음이 오히려 성탄의 신비이자 선물임을 재차 강조하고 싶습니다. 이는 복음의 씨앗인 한 아기의 탄생이 그 옛적의 현실을 지금 이 땅에서 재현시켰던 까닭입니다.

성령으로 잉태된 마리아의 이야기를 떠올리며 저는 '쌍방향의 거친 호출'이란 말을 생각해 보았습니다. 역사를 돌이켜보면 세상이 어두울수록, 모두가 두려움에 휩싸여 있을 때 하늘은 누군가를 거칠게 불러내곤 하였습니다. 어느 경우 몰아 세웠다고 말할 수도 있을 것입니다. 결코 세미한 음성이 아니라 강권적으로, 때론 본인의 동의도 구하지 않은 방식으로 인간을 세상 한가운데로 불러내곤 하였지요. 바벨론 포로기를 거쳐 앗수르, 그리스를 거쳐 로마의 압제에 이르기까지 수백여 년을 종살이하던 이스라엘 백성들 다수는 급기야 자기들의 의지처였던 성전 지도자들로부터 죄인으로 내몰리게 되었습니다. 로마의 '정치'와 성전의 '종교'가 결탁한 결과였던 것이지요. 성전세를 바치지 않았다는 죄목으로 공동체 밖으로 쫓겨났고 불가촉천민과도 같은 '땅의 사람'(암하레츠)이라 불리게 된 것입니다. 현실에서 아무것도 할 수 없게 된 이스라엘 백성들은 하늘을 처다볼 수밖에 없었고 약속된 메시아 도래를 간절히 대망했습니다. 높은 하늘에게 낮은 땅이 되어 달라는 요구를 했던 것입니다. 저는 하늘을 향한 힘없는 백성들의 간절한 열망, 이것이야말로 하늘을 불러내는 강력하고도 '거친 일차(방)적 호출'이라 생각합니다. 물론 당시에도 메시아를 거추장스럽게 생각한 이들이 없지 않았고, 오늘 우리의 모습처럼 사적 공간에 매몰된 이들이 다수였겠으나 하늘을 향한 절박한 이들의 바람과 절규가 하늘을 움직이는 '거친 목소리'가 되었음이 분명합니다. 오늘 우리가 드리는 예배 속의 기도, 더욱 예배하는 우리의 몸짓 전부가 하늘을 움직이는 거친 부름이 될 것을 바라고 있습니다. 그러나 말하였듯 하늘 역시도 우리의 '거친 호출'에 '거칠게' 응답하십니다. 생각지도 않던 우리를 당신의 일 앞에 내세우곤 하는 까닭이지요. 하늘이 기꺼이 땅이 되겠으니 너희도 이제 하늘이 되라고 말씀합니다. 우리는 종종 그것을 성령이 하는 일이라 고백합니다. 인간이 납득할 수 없는 방식으로 인간을 호출하시는 하나님, 바로 그것이 우리가 축하하는 성탄의 신비입니다. 하나님과 인간 간의 상호 절박한 호출, 서로 이해할 수 없는 방식으로 발생하는 역지사지易地思之의 신비, 그 신비를 느껴 알라는 것이 바로 성육신의 사건일 것입니다.

이렇듯 하나님의 거친 호출을 받은 이가 바로 마리아란 여인이었습니다. 그녀는 다윗 가문의 청년과 약혼을 했던 여인, 자신만의 미래를 계획 중인 사람이었습니다. 혼인을 앞둔 행복한 여인의 삶을 떠오려 보십시오. 하지만 어느 순간 갑자기 천사가 나타나 하나님 은혜를 입은 여인이 되었으니 기뻐하라고 합니다. 그러나 그것은 결코 기쁨이 될 수 없었습니다. 두려운 사건이자, 자신의 미래를 송두리째 빼앗기는 고통의 순간일 뿐이었겠지요. 성서는 이런 거친 호출을 일컬어 성령께서 하시는 일이라 말합니다. 인간으로서는 생각도, 납득도 할 수 없는 방식으로 불현듯 일어나는 사건, 그것이 바로 남자를 알지 못했던 한 여인의 잉태 이야기였습니다. 마리아의 항변이 거듭 이어지나, 아니 수없이 지속되었겠으나 한번 시작된 하늘의 거친 호출은 마리아의 거부보다 집요했고, 철저했습니다. 결국 마리아는 자신을 거칠게 몰아세우는 그분의 종임을 선언하며 호출에 응하겠다고 대답합니다. 이후 어떤 조롱과 고통과 핍박이 다가올지라도 하늘의 호출이 자신을 통해 실현될 것임을 답한 것이지요. 이렇듯 첫 번째 성탄은 인간과 하늘, 쌍방향 간의 거친 호출의 상호 응답을 통해 시작되었고 이후 그것은 인류 역사 속에 끝없이 반복, 재현되고 있습니다. 그 시대가 필요로 하고 시대를 달리 만드는 새 아기의 탄생A child is new born이 지금 우리 속에서도 일어날 수 있고, 일어나야 한다는 것이 바로 성탄의 신비입니다. 거친 호출은 올해도 비탄과 탄식의 공간인 이 땅에서 일어날 것이고, 일어나야 마땅한 일이 되었습니다.

이후 마리아는 예전의 모습이 아니었습니다. 거친 호출에 응한 사람은 그가 연약한 여인이었을 지라도 누구보다 강해질 수 있었습니다. 부름과 호출 그것은 새로운 능력과 결코 다른 말이 아니었습니다. 자신의 불행과 고난을 걱정했던 마리아는 오히려 스스로를 가장 행복한 여인이라 자칭합니다. 자신을 몰아붙인 하늘의 호출이 앞으로 누구에게도 일어날 것을 선언하면서 말입니다. 그리고는 하나님의 백성들의 고통과 불통하며 그들을 오히려 '땅의 사람'으로 내쳤던 권력자들을 권좌에서 끌어낼 것을 천명합니다. 그리곤 '땅의 사람'들을 배부르게 하고, 부자들을 빈손으로 만들 것이나, 결국 이스라엘을 새로운 나라, 하나님이 함께하는 공의로운 나라로 세울 것을 만방에 전했습니다. 아마도 마리아의 이런 생각은 당시로써는 마음속에 떠올려서도 아니 될 무서운 이야기일 것입니다. 오늘의 정부가 종북좌파로 낙인찍는 것보다 훨씬 무거운 대가를 치러야 할 죄였겠지요. 당시 유대 왕이 메시아 탄생 소식을 듣고 수없이 많은 아기들을 살해했다는 성서 증언이 그를 말해줍니다. 그러나 거친 호출, 곧 자신 속의 아기가 그런 일을 할 것이라 믿었기에 어미는 이런 위험 속에서라도 그 아이의 삶을 앞서 증언할 수 있었습니다.

성서에서는 마리아에 이어 비교적 낯선 또 한 사람의 인물, 시므온을 등장시킵니다. 예루살렘에 거주하는 경건한 사람으로서 기나긴 세월 고통받은 이스라엘 백성이 하늘의 위로를 받는 것을 보고 죽기를 소원하던 사람이었습니다. 하나님, 그가 지금과 같은 고통 속에 자기 민족을 그냥 두지 않으실 것이라는 확신을 누구보다 강하게 소유했기에 성서는 이런 그를 성령이 임재한 사람이라 하였습니다. 절망 속에서 희망을 보는 것이 누구나 가능치 않은 탓에 그는 분명 성령의 사람이었습니다. 시므온은 마리아의 아이를 보고 자신의 죽을 때를 직감했습니다. 그 어린 아이에게서 이스라엘의 미래를 보았고, 민중의 구원을 발견한 탓입니다. 30년 후 일을 앞서 생각하면서 그는 남은 힘을 다해 아이를 축복합니다. 정확히 말하면 쌍방향의 거친 호출을 통해 이 땅에 태어난 아이의 존재 의미를 명시화한 것이지요. 그의 말에 의하면 예수의 삶은 무엇보다 '비방 받는 표징'이 될 것이었습니다. 오늘처럼 우리가 예수를 믿고 찬양한다고 하지만 거친 호출의 실상인 예수의 삶은 비방 될 뿐 수천억 원을 들여 지은 성전에서 찬양될 수는 없는 노릇입니다. 지금처럼 권력자, 기득권자의 입에서 더구나 불법을 행하며 민주화의 가치를 훼손하고도 모른 체하는 정치가들에 의한 예수 찬양은 가당치 않습니다. 시므온이 말하는바, 예수로 인해 숨기고 싶은 우리 마음속 생각들이 전부 드러나게 될 것이고 그로써 그들 마음이 칼로 찔림을 받듯이 아프게 될 것입니다. 진실을 중히 여기고 아픔을 감당할 수 있는 사람들은 예나 지금이나 그리 많지 않습니다. 그렇기에 거친 호출의 화신化身인 예수는 그들에게 오히려 비난의 대상일 뿐 찬양과 숭배의 대상이 결코 될 수 없습니다. 오늘날 화려한 성전에서 드려지는 예배와 찬양은 어쩌면 진짜 예수를 찬양하는 것이 아닐 수도 있겠습니다. 조급한 마음에 십계명 대신 아론의 금송아지를 만들었던 구약의 이야기가 떠올려질 정도입니다. 죽음을 앞둔 시므온이 마지막 순간까지 증언한 것은 이 아기가 많은 이들을 넘어지게 하는 '걸림돌'이 될 것이라는 것이었습니다. 하지만 걸려 넘어졌다 다시 일어서는 이들로 인해서 세상이 달라질 것이라는 희망도 선포했습니다. 예수가 빛이고 희망인 까닭은 그가 우리들 일상의 '걸림돌'이 되었기 때문이란 역설입니다. 피하고 싶은 걸림돌, 우리를 아프게 하여 치우고 싶은 그것을 부여잡고 넘어지면서도 따르는 것이 그리스도인의 운명이 되었습니다. 이 운명을 사랑하는 것이 우리가 세상의 빛 된 이유이고 한 아기의 탄생이 성탄聖誕, 곧 '거룩한' 탄생이 된 이유일 것입니다.

한해의 끝자락에 있는 성탄은 새해를 위한 시작의 의미를 지닙니다. 개인의 삶에서나 교회, 국가적 차원에서 2013년의 성탄을 더 잘 준비할 필요가 있겠습니다. 2014년 이 땅을 종래와 다른 새로운 시·공간으로 만들어 가야 할 책임이 있는 까닭입니다. 그렇다면 성탄을 앞두고 쌍방향의 거친 호출이 필요합니다. 우선 하늘을 향한 거칠고도 간절한 소망이 표현되어야 마땅한 일입니다. 부족함이 없는 사람의 기도는 때론 멋져 보이나 절실하지 않기에 지속되지 않습니다. 지금 우리에게 필요한 것은 양을 지키며 밤새껏 하늘을 쳐다본 목자, 학문을 연구하며 시대 징조를 알고자 했던 동방박사들의 몸부림입니다. 2014년 강대국들의 이

해관계가 집중된 한반도의 미래가 예사롭지 않을 수도 있습니다. '종북 좌파'란 세몰이로 진실을 덮으려 한다면 이 정부도 시운時運을 다할 수 없을 것입니다. 이 일을 위해 하늘은 2014년에 누군가를 거칠게 부를 수도 있을 것입니다. 마리아처럼 그렇게 응답하는 이들이 생겨날 때가 되었습니다. 성탄은 지금 네 속에서 '아이를 잉태하라'는 호출이자 명령인 까닭입니다. 마지막으로『예수를 교회에서 해방시켜라』라는 책에서 한 문장을 인용하는 것으로 글을 마무리하겠습니다. 주로 성직자에게 하는 말이겠으나 우리 모두의 이야기로 들어 주었으면 좋겠습니다. 이 책에서 오늘의 제목 '거친 호출'이란 말을 배웠음을 알립니다.

> 나는 이 책을 목회를 자신들의 평생의 직업으로 선택했지만, 다른 시대에서 온 해롭지 않은 골동품들로 간주되고 싶어 하지 않는 모든 남·녀 목회자에게 바칩니다.
> 모든 직업 가운데서 가장 크게 오해를 받고 있으며, 위험하며, 숭고한 일을 위해 수고하는 모든 목회자들이 우리의 머리와 우리의 가슴이 신앙 안에서 동등한 파트너가 될 수 있다는 가능성에 용기를 얻고 또한 영감을 받게 되기를 바랍니다. 교회가 박물관으로 끝장나지 않도록 그리고 성직자들이 우스꽝스런 만화의 주인공이 되지 않도록 우리는 다시 한 번 이 '거친 호출'에 우리 자신을 헌신하게 되기를 바랍니다. 그것은 우리를 보다 안락한 생활에서 벗어나도록 만들어 철저하게 진실을 말하는 일로 이끌어간 호출이었습니다. 어떤 교리도 두려워 말고, 지적으로 정직하며, 감정적으로 만족시키며, 사회적으로 중요한 종교를 추구하는 일에서 우리가 서로를 지지하게 되기를 바랍니다.

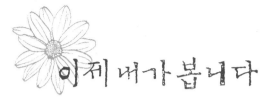

이제 내가 봅니다
(I see you)

2000년대에 들어선 것이 바로 엊그제 같은
데 벌써 강산이 변할 만큼 10년의 세월이 흘러갔습니다. 갓난아이들이
초등학생이 될 만한 세월이고, 초등학생들이 대학생으로 변하는 시간이
며, 40대 중년들이 초로의 상태가 되는 세월입니다. 또다시 시간은 흐를
것이고 몇 번에 걸친 송구영신을 통해 그때는 오늘과 다른 어떤 모습으
로 우리가 변해 있겠지요. 성서는 단연코 사람이 달라질 수 있고, 달라져
야 한다고 가르치는 책일 것입니다. 단지 몸상태의 변환이 아니라, 마음
의 큰 변화를 우리에게 가르치고 있지요. 38년 동안이나 자리를 뭉개고
앉아 요행을 기다리던 사람이 일어나 걷게 되고, 동료들의 피와 땀을 착
취하며 살던 세리 삭개오가 자신이 토색했던 것을 네 배로 갚겠다고 했
던 이야기가 실려 있습니다. 어부였던 베드로가 자신의 모든 것을 놓아
두고 예수를 따르는 일도 기록되었습니다. 예수 믿는 자기 동족을 잡으

러 가던 사울이 다메섹에서 예수를 만나 바울이 되는 사건도 발생했습니다. 이렇듯 성서에는 달라진 사람들의 이야기로 가득 차 있습니다. 성서는 결국 인간이 하나님을 만나고 그리스도와 소통하면서 어떻게 인생을 달리 살게 되었는가를 기록한 책입니다. 그렇기에 성서를 통해 예수를 알게 된 것은 우리 인생에서 큰 행운입니다. 단지 이곳에 구원이 있고, 영생이 있으며, 내세가 보장되고, 교회가 노아의 방주라서가 아니라 지금 여기서 삶이 다를 수 있고 달라져야 한다는 이야기를 듣고 배울 수 있기에 그렇습니다.

그뿐이겠습니까. 공동체로 불리는 교회 안에서는 같은 뜻을 품고 살아가는 길벗들, 삶의 도반들을 만날 수 있어 참으로 좋습니다. 요즘처럼 자신과 가족밖에 모르는 세상에서 길벗들과 함께 가족 이상의 삶을 나누고, 사랑을 나눌 수 있다는 것은 참으로 아름다운 일입니다. 이웃 되는 삶을 살기가 어려운 세태를 경험할수록 더욱 그렇습니다. 세상은 모두가 하나를 위해서 존재해야 한다(All for one)고 가르치지만, 교회는 반대로 약한 하나를 위해 모두가 존재하는 삶(One for all)을 우리에게 가르치고 있습니다. 물론 교회 밖에서도 길벗들을 만날 수 있습니다. 그러나 매 주일 얼굴을 맞대는 시간이 길어질수록 남으로 만났지만 가족 누구보다 가까운 사랑을 주고받을 수 있게 되었습니다. 성서가 좋은 것은 이렇듯 우리의 일상과 전혀 다른 세상을 꿈꾸며 살도록 하기 때문일 것입니다. 여전히 경쟁과 이기심으로 가득 찬 현실을 살고 있음에도 말입니다.

앙상한 나무 밑동에서 새 줄기가 솟아나듯 평화의 왕이 포로된 민중들의 삶 속에서 태어날 것을 믿고 기다렸던 이스라엘 민족의 인내는 참으로 대단했습니다. 죽은 것과 같은 나무 밑동에서 줄기가 나듯 폐허 속에서 평화의 왕이 세상에 임할 것이라는 그들의 믿음이 정말 아름답고 훌륭해 보입니다. 우리는 성탄절을 맞아 기지촌 할머니를 돌보는 햇살복지회를 방문했었습니다. 그곳에서 힘들고 어렵게 인생을 사신, 아니 인생을 산 게 아니라 버텨 오셨던 분들을 만났습니다. 그분들의 얼굴, 말투, 손에서 아프게 인생을 사셨던 흔적들을 본 순간 가슴이 무너져 내렸습니다. 이에 앞서 저는 성탄절 전야 용산참사 현장에서 유가족들과 함께 예배를 드렸습니다. 가톨릭과 개신교의 여성 사제들이 주관하는 아름다운 예배였습니다. 하나님께는 영광이요 땅에는 평화라는 말이 성탄의 본질이라고 한다면, 성탄 예배가 드려져야 할 곳은 삶을 버텨 온 늙은 여성들이 모여 있는 이곳이자, 용산참사의 현장이라 생각했습니다. 그곳이 바로 교회이고, 평화를 위해 예수가 태어나실 곳이라 여긴 탓입니다. 성탄이란 다른 세상을 기다리는 마음들이 탄생하는 시점입니다. 여하튼 성서를 읽고 예배하는 것은 내가 달라질 수 있는 것을 믿기 때문입니다. 길벗들을 만나 다른 세상을 꿈꾸고 성서 속 인물을 통해 자신의 미래를 예견하는 것은 즐거운 일입니다. 그럼에도 우리는 충분히 달라지지 못했고, 넉넉한 길벗이 되지 못했으며, 여전히 우리의 꿈은 부족하고 빈곤합니다. 아무리 해가 달라지고 시간이 흘러도, 삶이 결코 달라지지 못할 것이란 절망과 패배감이 우리를 지배합니다. 앞으로 3년을 살고 5년을 더 살아봐도 여전히 내 삶이 달라질까 의심하며, 절망하는 마음 또한 부정할 수 없습니다. 달라지라는데, 달라질 수 있다는데, 달라지지 못하는 자신이 괴롭고 안타깝습니다.

고린도전서의 '사랑장'에는 그리스도인이 세상과 소통하며 사는 방식을 소개합니다. 주지하듯 하나님은 세상과 여러 방식으로 소통하기를 원하셨습니다. 때로는 홍수도 일으켰고, 때로는 선지자들도 보냈습니다. 수많은 방식으로 자신의 파트너이자 길벗인 인간들과 소통하려고 애를 썼던 것이지요. 그러나 결국 소통하지 못했습니다. 그래서 마지막 그가 택한 방법이 스스로 인간이 되는 것이었고, 인간의 몸으로 죽는 일이었습니다. 그것으로 하나님은 당신이 지은 세상과의 관계를 옳게 만들고자 했습니다. 이런 하나님의 소통방식을 토대로 '사랑장'은 기독교인들이 세상과 관계하는 방식을 알려줍니다. 자신의 이익을 찾지 않고, 악한 것을 생각하지 않으며, 진리를 기뻐하고, 모든 것을 믿으며 사는 삶을 일컬어 사랑이라 했고, 소통하는 길이라 여겼습니다. 모두를 미혹하는 예언도, 고차원적인 세상의 지식도 그리고 별별 물질의 능력을 가진 사람도 사랑이 없으면 일고의 가치가 없다는 것이 예수의 말씀이었습니다. 예언하는 힘, 많은 지식, 자기를 과시할 수 있는 능력, 모두가 우리의 관심사겠으나 친히 인간이 되고 죽음으로 이 세상과 소통하셨던 그분의 눈에는 헛될 뿐이었습니다. 사랑만이 자신을 이기고 세상을 이길 힘이라 했습니다.

이렇듯 하나님이 세상과 소통하셨던 그 방식으로 나를 이기고 세상을 넘을 수 없는 것은, 성서의 말씀대로라면 깨달음이 없어서가 아니라 깨달음이 온전치 못해서입니다. 우리에게 그러한 믿음이 없는 것도 아닙니다. 우리에게 그러한 깨달음이 전무해서가 아닙니다. 아직 온전치 못해서 일 뿐입니다. 이런 깨달음은 시간이 흐르고 세월이 흘러갈 때 더 깊고 온전해질 수 있습니다. 어렸을 때 어린아이처럼 말하고 깨닫다가 어른이 되면 어린아이의 일을 잊고 그 시절의 삶을 버리듯이, 어른이 되면 우리의 깨달음 역시 더욱 온전해질 수 있을 것입니다. 그때는 거울을 통하여 보지 않고 얼굴과 얼굴을 맞대고 볼 것이며, 주님이 나를 아신 것처럼 나도 주님을 온전히 아는 순간에 이를 것이라고 했습니다.

인류는 언어를 만들었고 언어를 통해 기호를 개발했으며, 기호를 갖고서 전신, 전화, 급기야 인터넷까지 개발하면서 상호 간 소통의 기술을 획기적으로 발전시켰습니다. 그러나 소통은 결코 기술을 통해 완성될 수 없습니다. 자본과 권력이, 경쟁과 이기심이 우리의 일상을 식민화시키고 있는 탓입니다. 어느덧 자본과 권력의 힘에 종속되어 경쟁과 이기심의 노예가 되어 버린 탓입니다. 인류가 발전시켰던 소통의 기술이 억압이고 착취일 때도 다반사였습니다. 자기 말을 강요하고, 자신만의 생각을 주입시켰기에 타자는 항시 수단화, 대상화되었습니다. 그래서 거울을 통해 사람을 보는 상태로 우리를 머물게 했습니다. 그러나 성서는 얼굴과 얼굴을 맞대는 방식을 포기하지 말라고 말씀합니다. 일상을 식민화시킨 어떤 장치도 벗겨냄으로써 자신과 길벗들의 민얼굴이 출현하기를 기대하라 했습니다. 그의 기쁨이 내 기쁨이 되고, 그의 슬픔이 내 슬픔이 될 수 있는 순간이 찾아올 것이란 말인데, 구원의 때라 해도 좋겠습니다. 이 순간을 일컬어 성서는 주님이 나를 아신 것 같이 나도 온전히 주님을 알게 되는 순간이라고 했습니다. 성서 기자는 하나님께서 내 머리카락까지 헤아리신다고 고백했던 것입니다. 내가 나를 아는 것보다도 하나님께서는 나를 더 잘 알고 있다는 확신일 것입니다. 평생을 같이 살아온 부부 일지라도 서로 모르는 부분이 많습니다. 하지만 하나님은 나보다도 나를 더 잘 아시는 분이란 것이 성서 기자들의 증언입니다. 그렇기에 나에게도 하나님을 온전히 알고 내 길벗들을 온전히 알 수 있는 때가 찾아올 수 있습니다. 저는 이 말을 영어 표현 'I see you'로 표현해 보

있습니다. 이제 내가 너를 '본다', '나도 너를 안다'라는 말이겠습니다. 지금까지 우리는 나 자신도, 이웃도, 세상도 그리고 하나님도 부분적으로만 알았습니다. 거울을 통해서 만났던 것입니다. 좋고 유리한 쪽으로만 생각했고, 필요한 경우에만 만났으며, 내 존재를 알리는 맥락에서만 이웃과 소통했습니다. 하지만 하나님께서 나를 아신 것처럼 나도 나를 다시 알고 길벗들을 새로 알며 세상을 온전하게 알게 된다는 것이 오늘의 말씀입니다. 인간의 내면을 헤아리시는 하나님의 마음으로 세상을 보고 못난 나를 달리 보며 길벗들을 다시 알게 된다는 것, 이것이 구원이고 최고의 가치인 사랑이라 했습니다.

얼마 전 타이타닉을 제작했던 감독의 최근작인 '아바타'라는 영화를 새롭게 보았습니다. '아바타'란 가상현실에서 자신을 대신하는 또 다른 자기를 일컫는 말입니다. 많은 사람들이 이런 아바타를 한두 개 정도씩은 갖고 가상세계 속에서 활동하고 있는 모양입니다. 영화의 줄거리는 간단했지만 생각할 거리는 너무도 많았습니다. '판도라'라는 가상의 위성이 있었습니다. 그 위성을 점령하여 엄청난 가치의 광물들을 캐내려는 욕심 많은 지구인들이 등장합니다. 여기서 위성의 이름이 '판도라'란 것에 주목할 필요가 있습니다. 판도라의 상자를 여는 순간 불행한 일이 벌어질 것을 예측케 하는 것이지요. 마침내 '판도라' 위성에 거대한 자본을 지닌 사업가, 과학자 그리고 막강한 무기를 지닌 군대가 거주하게 되었습니다. 근대의 식민지 시대가 열렸을 때를 연상하면 좋을 것입니다. 기업과 군대 그리고 기독교가 삼위일체적으로 협력하여 아시아, 아프리카 지역을 점령했던 근대 역사가 우주 차원으로 확대된 것입니다. 본래 판도라 위성에는 우주 만물과 교감하며 살아가는 아주 특이한 원주민들이 살고 있었습니다. 비록 선진화된 기술은 없었지만 만물과 교감할 수 있었던 탓에 큰 새를 부리고 짐승과 소통하면서 자연의 힘을 통합시켜 그 힘으로 삶을 유지했던 지혜로운 족속이었습니다. 한 해병대 전역 군인이 이곳 원주민들의 형상을 한 아바타로 만들어졌습니다. 그는 신경망으로 연결된 아바타로서 그들 지역에 잠입했습니다. 판도라 위성 내의 광물을 얻기 위한 목적에서 말입니다. 그곳에서 우연한 기회에 원주민 추장 딸을 만나게 되었습니다. 낯선 존재로 찾아온 그를 원주민 공동체가 쉽게 받아들일 리 없었습니다. 우여곡절 끝에 추장 딸의 지도로 그들의 삶을 배우게 됩니다. 새를 타는 법, 동물과 교감하는 법, 낭떠러지에서 떨어지는 법 등등을 배웠고, 많은 난관 속에서 마을 공동체 일원이 되었으며, 마침내 추장 딸과의 사랑을 시작하게 되었습니다. 한편 아바타를 파견한 본부에서는 그에게 원주민을 추방시키라는 지시를 내립니다. 하지만 그는 원주민들이 자신들의 보금자리를 떠날 수 없음을 알고 있었기에 지시를 따르지 않았습니다. 그러자 위성을 향한 지구 군대의 무자비한 파괴와 공격이 시작되었지요. 그때부터 주인공은 자신의 종족인 지구인들과 맞서 싸우는 삶을 자청합니다. 원주민이 살던 성스러운 공간을 파괴하는 것이 옳지 않았음을 알았기 때문입니다. 이 과정에서 추장 딸은 사랑에 빠진 주인공이 애초부터 자기네 종족의 적이었음을 알고 배반감에 어쩔 줄 몰라 합니다. 아무리 애를 써 설명을 해도 좀처럼 주인공의 마음이 전달, 소통되지 않았습니다. 이미 군인들은 그곳을 공격하여, 수많은 동족들을 죽였으며, 동물은 물론 신성하게 여기던 나무들도 파괴하였습니다. 과학자와 착한 비행기 조종사의 도움으로 자신의 아바타 실험실을 통째로 원주민이 살고 있는 '판도라'로 옮긴 주인공은 원주민들과 더불어 본격적으로 맞서 싸웠고, 그들을 위해 일했습니다.

그때 그 순간 추장 딸과 나눴던 대화가 바로 'I see you'였습니다. 이제 '나는 너를 보았다', 이제 '나는 너를 알았다'는 것입니다. '나는 네가 정말 내가 되길 원한다는 것을 알았다' '네가 낯선 사람이었지만 진짜 우리 부족이 되길 원하는 것을 알았다'는 뜻이었을 것입니다. 서로가 서로에게 말했던 'I see you', 이로 인해 두 사람 간의 오해가 풀렸습니다. 결국 원주민 공간은 지켜졌고, 그곳에 주둔했던 군대는 지구로 쫓겨났습니다. 하지만 주인공은 자신의 현실인 지구로 돌아가지 않았고, 비록 아바타로서 이긴 하나 그곳에서 추장 딸 곁에 머물기로 작정합니다. 아바타로서라도 사랑이 있는 곳, 진정한 소통이 가능한 곳에 있기를 원했던 것입니다. 그는 비로소 자기가 누구인지, 어떤 존재가 되었으면 좋겠는지를 정확히 알았습니다. 본래 돈을 벌어 전쟁으로 다친 다리를 치료할 목적에서 험난한 판도라 위성에 지원을 했었으나, 그는 자신을 떠나보낸 지구(현실)로 돌아가지 않았습니다. 판도라의 원주민들이 있는 그곳을 자신의 현실이라 여긴 탓입니다. 아바타의 삶 속에서 그는 자신을 보았고, 사랑을 배웠으며, 우주의 실재를 경험했습니다. 아바타, 그것은 가상의 존재이기는 하지만, 진정 되고 싶은 우리의 모습이기도 했습니다.

우리도 새해에 아니 언젠가는 자신이 되고 싶은 모습으로 살아야 하지 않겠습니까? 나도 새롭게 만나고 길벗도 온전히 알게 되며 하나님도 옳게 만날 수 있는 그런 삶의 순간이 세월의 흐름과 함께 우리에게 찾아오길 바라야 할 것입니다. 성서가 인간이 달라질 수 있고, 달라져야만 하는 것을 가르치는 책이라면, 우리는 이 길을 오해하거나 피하는 어리석음을 범해서는 안 될 것입니다. 그런 의미에서 'I see you', 나는 너를 알았다는 고백을 나 자신에게, 나의 길벗들에게 그리고 하나님께 전하며 송구영신했으면 좋겠습니다. 그래서 우리가 정말 되고 싶은 모습의 삶을 만날 수 있기를 바라봅니다.

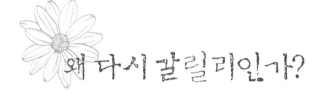

왜 다시 갈릴리인가?

우리의 역사가 봄꽃을 피우는 사월에 붙여준 별명이 있습니다. 잔인한 달이라는 것 말입니다. 얼마나 많은 고통과 역경 그리고 슬픔의 사건들을 경험했기에 꽃 피는 사월을 이렇게 불렀는지 모를 일입니다. 해마다 달라지는 부활절이지만 올 사월이 부활을 품었기에 아름다운 봄, 지구의 날을 맘껏 축하하는 절기가 되리라 생각했습니다. 하지만 눈부신 꽃봉오리 같은 아들딸들을 물 밑 깊숙한 곳에 놓아둔 채 부활절을 맞으려 하니 너무도 참담합니다. 부활의 날에 생명의 소식을 전할 수 있기만을 바랐건만 그리할 수 없는 현실이 되고 말았습니다. 그들이 다니던 안산 지역 교회와 사찰을 비롯한 방방곡곡에서 간절한 기도가 드려졌음에도 말입니다. 좌초된 '세월호' 사건으로 인해 이 땅의 총체적 부실이 다시 드러났습니다. 부모들에게 천추의 한을 남긴 우리 자식들의 죽음이 결국 인재였다는 것에 동시대를 살아온 우리의 잘

못, '내 탓이오'를 고백할 수밖에 없을 것 같습니다. 성서의 말씀대로라면 하늘나라(진리)의 잔치에 초대받았으나 우리는 저마다 밭을 샀기에, 소를 돌보아야 하기에 그리고 장가를 가야 한다는 이유로 초대받은 자리에 함께하지 못한 탓일 것입니다. 모두가 자기 일에 취해 함께 기쁜 세상을 만들 수 없었다는 말입니다. 그렇기에 '세월호'의 좌초는 겉만 화려했던 대한민국의 실상을 고발하는 사건이 되었습니다. 이를 위해 기막히게도 죄 없는 이들이 제물로 바쳐졌습니다. 하여, 이들의 희생을 헛(욕)되게 만들지 않겠다는 다짐이 우리 몫이 되었습니다.

평소 성서에 관심 있는 분들은 아실 것입니다. 본래 마가복음은 16장 8절로 끝을 맺었습니다. 그로부터 거지반 1세기가 지난 후 9-16절이 보태졌고 오늘의 모습이 되었습니다. 이 차이가 뜻하는 바가 있습니다. 최초의 마가서는 부활하신 예수 현현 기사에 큰 의미를 두지 않았습니다. 하지만 후대에 이르러 여타 복음서와 같이 예수 현현을 비롯해 승천, 기적 등의 이야기를 첨언하지 않을 수 없었습니다. 부활 없는 문서에 대한 공격이 심했던 탓입니다. 하지만 후대의 첨언된 마가서보다 저는 두렵고 참담한 심정을 여실히 표현했던 최초의 마가서에 마음이 끌립니다. 자신들이 믿고 따랐던 예수가 흉악한 죄인들에게나 해당할 법한 십자가에 달려 억울하게 죽고 말았으니 제자들 역시 실망과 두려움으로 십자가는 물론 예수의 무덤 곁에 얼씬도 할 수 없었을 것입니다. 그럼에도 불구하고 오직 예수 어머니를 비롯한 몇몇 여인들만이 이른 새벽 모두가 회피하는 무덤가로 발걸음을 옮기고 있었습니다. 이들이라고 두려움과 공포가 없었겠습니까? 그럴수록 우리가 먼저 기억할 것은 이들이 보여준 발걸음 곧 삶의 방향입니다. 성서는 우리에게도 여인들처럼 예수 죽음의 현장으로 발걸음을 옮길 수 있는가를 묻습니다. 그들이 찾았던 무덤은 비어 있었고, 흰옷 입은 낯선 이의 모습과 소리만이 있었습니다. 최초의 마가서는 이 여인들이 무서워 떨며 그곳을 도망쳐 나온 것으로 끝을 맺었습니다. 오늘 우리에게 부활의 증거이자 토대라 알려진 '빈 무덤'은 실상 용감했던 여인들에게조차 두려움의 장소였고, 누구에게도 말 못할 공간이었습니다. 예수가 다시 사셨다는 이야기는 두려움이자, 입으로 옮길 수 있는 말이 아니었습니다. 예수가 로마의 제국(황제) 신학과 유대의 성전(하나님) 신학을 거부한 중차대한 죄인으로서 죽었던 까닭이지요. 이것이 최초 복음서가 전하는 부활 아침 전경이었습니다.

하지만 마가서의 끝자락에서 중요한 메시지 하나를 찾을 수 있습니다. 후일 다른 복음서들, 마태와 누가 역시 받아들인 아주 중대한 메시지였습니다. 그것은 살아나신 분이 '갈릴리'로 가실 것이고, 그곳에서 그를 만날 수 있다는 것입니다. 후대의 문서들이 도처에서 부활하신 예수 현현을 기록했고, 심지어 요한은 예수 손의 못 자국, 옆구리의 창 자국을 확인하는 도마의 이야기를 담고 있으나, 이보다 중요한 부활의 첫 증언은 '갈릴리로 가라'는 언명이었습니다. 그렇다면 우리가 물을 것은 '왜 다시 갈릴리인가'하는 것이겠지요. 주지하듯 갈릴리는 예수께서 공생애를 시작하신 곳이며, 하나님 나라 운동을 선포하셨던 공간이었습니다. 그러다가 당대 종교지도자들에게 밉보였고, 결국 죽음에 이르게 되었던 장소이기도 했습니다. 예수는 사람들이 굶주리는 것을 원하지 않았습니다. 그들이 율법이라 불리는 종교 제도의 희생양이 되는 것 역시도 온몸으로 거부했습니다. 더욱이 종교지도자들이 로마 제국과 결탁하여 자기 백성을 옥조이는 현실을 묵인할 수 없었습니다. 굶주리고 가난한 이들을 위한 예수의 하나님 나라 운동은 로마에게도 위협이었고, 성전 지도자들에게도 여간 불편한 일이 아니었을 것입니다. 예수는 안식일과 일상의 구별을 철폐했고, 성전과 여타의 공간을 분리시키지 않았으며, 그의 밥상 공동체는 누구라도 환영했기에 예수는 당시의 유대 종교법(교리)으로 이해될 수 없는 골치 아픈 존재였습니다.

비유로 선포된 하나님 나라에 대한 이야기를 보면 더욱 분명해집니다. 되갚을 수 없는 힘이 없는 사람―가난한 이, 장애우―들을 위해 잔치를 베풀고, 길거리의 사람들이 하나님 나라의 주인공들이며, 하루를 살 수 있는 일용할 양식이 일에 관계없이 주어지는 세상이 바로 하나님 나라였던 것입니다. 체제를 유지, 존속시키려는 사람들에게 갈릴리 예수의 하나님 나라 운동은 마치 덤불처럼 커져 버린 겨자씨와 같이 불편하고 거추장스러웠습니다. 하나님 나라를 겨자씨로 비유한 것 역시 현실에 길들여지기보다 기존 체제를 불편하게 만드는 사람들이 될 것을 바라는 예수 마음의 징표입니다. 밀가루를 부풀게 하는 누룩의 비유 또한 현실을 달리 만들라는 이야기가 아니겠습니까? 그렇기에 하나님 나라를 선포한 예수의 행동은 과격했습니다. 안식일에 병든 자를 고쳤고, 평소 굶주린 자들을 먹였으며, 하나님의 공의가 사라진 성전을 뒤엎을 수 있었습니다. 열매 맺지 못하는 무화과나무를 저주하며 찍어 버리려 했던 예수 마음이 곧 가난한 이들을 위한 사랑의 표현이었습니다. 이런 하나님 나라 운동이 불편해졌다면 우리 역시도 자신의 신앙을 되돌아볼 일입니다. 본 회퍼 목사는 신앙을 예수와 동시성을 사는 일이라 풀었습니다. 성서를 읽으면서 예수의 삶과 동시성을 얻는 것이 성서를 영적으로 읽는 것이라 고백한 것입니다. 한마디로 영육의 구별이 불필요하다는 말일 것입니다. 최근 불법체류를 막기 위해 국내 체류 중에는 퇴직금을 못 받게 하는 이주노동자법이 국회에서 여야 막론하고 한 사람의 반대 없이 통과되었습니다. 법이 보장하는 퇴직금, 고국에 있는 가족들의 긴급(생존) 자금이 될 수도 있는 이것을 출국과 맞물리게 했다는 사실에 인권단체들이 분노하고 있습니다. 무수한 종교인들이 국회의사당에 의원 자격으로 앉아 있었을 터인데 말입니다. 이에 대해 시인 김석환은 '밥이야말로 무거운 법※이어야 한다'고 강변했습니다. 영육을 구별하고 성전에 안주하며 표만을 생각하는 정치인들에게서 인권, 인간의 존엄성을 기대하는 일은 연목구어이겠지요. 오로지 밥(육)을 법(영)이라 토로할 수 있는 시인의 마음과 성찰만이 하나님 나라를 닮아 있습니다. 우리에게도 이런 마음, 거룩한 분노가 불현듯 일어났으면 좋겠습니다.

이처럼 성서의 부활 기사가 전하는 첫 증언은 부활하신 그가 갈릴리로 갈 것이며, 그곳에서 예수를 볼 수 있다는 것이었습니다. 십자가에 달려 죽은 예수가 다시 살아나 공생애를 시작하던 갈릴리로 갔기에, 그곳에서 부활의 주님을 만날 수 있다는 것이 첫 증언이 된 것입니다. 갈릴리에서 활동한 예수의 삶을 살아내고, 그가 선포한 하나님 나라 운동을 지속하는 것이 부활신앙의 핵심이라는 것이지요. 사실 부활신앙은 예수를 죽였던 로마 백부장의 입에서 '저가 참으로 하나님의 아들이었다'고 고백하는 증언에서 잘 드러납니다. 예수를 죽인 로마 관리의 입에서 나온 고백을 통해 성서 기자들은 오히려 죽은 예수가 그를 죽인 로마를 이겼다는 메시지를 선포했습니다. 그렇기에 부활하신 예수는 다시금 갈릴리로 가서 하나님 나라를 선포했으며, 우리를 그 일의 동참자로, 협력자로, 아니 친구로 부르고 있는 것입니다. 이것이 선교이고, 교회의 존재 이유일 것입니다. 그래서 성서는 우리에게 묻습니다. 비록 두려움에 떨며 예수 고통의 현장인 무덤으로부터 한없이 멀어졌으나 다시 갈릴리로 발걸음을 옮기겠느냐고, 안식 후 첫날 모두가 피하고 싶은 무덤가를 찾은 여인들처럼 그렇게 삶의 방향을 달리할 수 있겠느냐고 말입니다.

어쩌면 오늘 이 시간 갈릴리는 억울하게 수장된 수백의 학생들 그리고 그들의 생존을 바라며 울부짖는 부모 형제들이 모인 진도 근처의 바닷가일 수도 있겠습니다. 너무도 엄청난 일이기에 탄식조차 할 수 없는 이들을 위해 대신 탄식하는 성령의 소리를 귀담아듣기 위해서라도 우리의 모든 감각이 그곳으로 향해져야 마땅할 것입니다. '세월호'의 좌초를 통해서 뭇 사람의 인간됨을 변별할 수 있었고, 우리 사회가 이처럼 총체적으로 부실했고, 무책임했는가를 여실히 알게 되었습니다. 사적인 욕심과 무관심, 무책임이 꽃봉오리 같은 학생들, 아이의 장래를 염려하며 귤농사를 위해 승선했던 젊은 가족, 아버지 홀로 키워 일찍 철든 아들, 임용고시를 끝내고 이제 막 교사가 된 소녀 같은 여선생의 꿈을 졸지에 삼켜 버리고 말았습니다. 하지만 십자가 처형 후 음부에 내려가셨던 예수는 바닷속의 사람들을 홀로 두지 않으실 것입니다. 그럴수록 우리 역시도 그들과 부모들의 절규를 대신하여 이 땅을 파국으로 만든 지배자들에게 한 번의 슬픔과 공감만으로 충분치 않음을 말해야 할 것입니다. 부활절 아침에 비록 그들의 생존 소식이 들리지 않아 고통스럽기 그지없으나, 이곳이 오늘의 갈릴리인 것을 깨닫는다면, 아니 이런 총체적 부실이 더 이상 반복되지 않는 사회를 만들고자 한다면, 예수의 삶과 동시성을 얻는 것이 부활신앙이라 생각할 경우, 오늘 부활절은 슬픔 속에서도 '예수가 이겼다'는 외침을 이어갈 수 있는 기쁜 날이 될 것입니다. 마지막으로 신학자 이신의 '나사렛 목수상*'의 시 일부를 소개합니다. 세월호 진실이 밝혀지기를 바라면서 말입니다.

사람이 이 세상에서
행하는 일은 항상 하나의 사실로서
그대로 있는 것입니다.
다른 사람은 몰라도 나도 잊었어도
사실은 어디까지나 사실입니다……(중략)
그리고는 마지막 숨을 거둘 때
하나의 결정적 인간상을 '사실'이라는 엄격성에
담아두고 떠나는 것입니다.
그것을 죽음으로 보지 않고 삶으로 본 것이
부활에의 깨침이었습니다.

그 제자들은
그분의 죽음의 사실을 통해서
이 부활을 깨달았습니다.

예수의 그렇게 힘차게 산 모습을 통해서
예수의 그렇게 당당하고 자랑스럽게 산 모습을 통해서
그분의 참으로 산 모습을 본 것입니다.

그분의 거룩하게 산 모습을 통해서
이분이 그저 사람이 아니라
하나님의 아들 아니 하나님 자신이었다고
결론을 내린 것입니다… (중략)

그래, 결국 한 사람이다

그분이 신이었다는 결론은
죽음을 몰랐다는 데 있는 것보다
그처럼 죽음으로 삶에 새로운 의미를
불어넣은 데 있습니다.

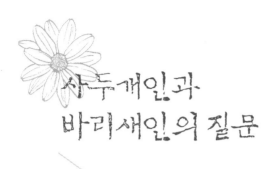

사두개인과
바리새인의 질문

인간은 신앙에 의해 자기 이상으로 하나님께 올려지며 사랑에 의해
자신 이하로 낮아진다(M. 루터).

숨 가쁘게 달려오던 신앙 여정이 부활의 날에 정점을 찍고 이제는 다
소 평정, 평상심에 이른 느낌입니다. 사순절, 고난절 그리고 부활주일을
지난 우리는 지금 부활하신 주님과 더불어 삶(生)을 새롭게 시작하고 있
습니다. 두렵고 낙담하며 자신의 삶을 허무로 내던진 제자들이 삶의 현
장을 찾아 그 방향을 되돌린 부활 사건이 그래서 우리에게 더없이 중요
합니다. 굳은 땅을 부드럽게 하는 봄의 기운처럼 부활의 주께서 올 한해
를 사는 우리 삶의 여정에 함께하실 것입니다. 힘겨운 중에서도 살아야
할 이유와 목적을 일깨우며 우리 삶을 간섭하는 예수가 심중에 깊게 자
리하길 바랍니다. 성서는 그렇기에 십자가에 달린 과거의 예수가 아니

라 삶의 동반자가 된 부활한 예수를 하나님의 영, 성령이라 부르며 오순절 사건으로 우리를 초대합니다. 내가 나를 아는 것보다 나를 더 잘 알 뿐 아니라, 한시도 나를 떠나지 않고, 떠날 수 없는 하나님의 영이 내주(內住)하는 삶이 된 것입니다. 그분은 더 이상 낯선 타자로서가 아니라 우리와 너무도 친밀한 존재로 함께하실 것입니다.

이런 믿음 하에 부활을 주제로 예수와 논쟁하는 사두개파 사람들과 바리새파 사람들에 주목해 봅니다. 사두개파 사람들에게서는 과학적 이성에 근거하여 부활을 거부하고 회의하는 현대인들의 모습이 보이고, 율법이 무엇인가를 묻는 바리새파 사람들 속에서는 현대판 교조주의자 내지 도덕주의자들의 실상을 엿볼 수 있습니다. 이들 두 부류의 사람들은 이스라엘을 구성하는 각기 다른 종족들로서 상호 갈등했으나 예수에 대해 공통적으로 적대적이었습니다. 창세기로부터 신명기에 이르는 모세 5경만을 경전으로 인정하며 제사장을 배출하던 사두개파 사람들보다 사실은 바리새파 사람들이 좀 더 진보적이긴 했습니다. 모세 5경 이외에도 후대에 성립된 경전들을 수용했고, 그 과정에서 생겨난 부활 사상을 믿었던 탓입니다. 그럼에도 모세 5경에 부활이 언급된 바 없다는 이유로 부활을 거부하는 사두개파 사람이나, 신적 '거룩성'을 지킨다는 명목으로 율법의 문자적 의미에 집착하는 바리새파 사람들은 모두 '부활'을 말하고, '사랑'을 전하는 예수를 불편한 존재를 넘어 적으로 간주했으며, 어떤 방식으로든지 그를 무너뜨리고자 했으니, 성서에 그 실상이 온전히 기록되어 있습니다.

'부활이 없다'고 믿던 사두개파는 관습에 따라 여러 형제와 차례로 결혼했던 여인이 장차 누구의 아내로 부활할 것인가를 따지듯 예수께 물었습니다. 그 질문으로 예수를 곤경에 빠트렸음을 알고 내심 기뻐했을 것입니다. 그러나 정작 예수는 저들이 성서는 물론 하나님 능력을 오해했다고 지적하며, 하나님은 죽은 자의 신神이 아니라 산자의 하나님인 것을 역설했습니다. 이로써 부활 논쟁은 죽음 이후의 문제로서가 아니라 살아있는 사람들에게 중요 관건이 되었습니다. 우리는 종종 부활을 합리적 이성의 잣대로 평가하여 그것을 부정하거나 혹은 초이성적 사건이기에 믿음으로 수용할 것을 요구받습니다. 그러나 이는 어느 쪽을 막론하고 '산자의 하나님'이란 뜻을 충족시킬 수 없습니다. 오히려 이런 선택은 죽은 자의 하나님을 말할 따름입니다. 부활이란 죽음 이후의 현실에 대한 언시言辭가 아니라 지금 여기서 발생하는 새로운 현실을 일컫는 까닭입니다. 하나님의 전적 새로움이 현재의 시간 속으로 뚫고 들어와 나 자신과 주변 현실을 전혀 다르게 만드는 사건이란 것이지요. 예수 제자들이 그분 부활을 목격하며 전적으로 다른 삶을 살았듯이, 부활은 지금 이렇듯 살고 있는 내 삶에 대한 도전이자 부조리한 현실에 대한 저항이어야 마땅합니다. 따라서 하나님께서 원하시는 '새 창조'에 합당한 삶의 열정 없이 부활을 단지 이성적으로 부정하거나, 그를 신조화 시켜 믿도록 강요하는 일은 '산자의 하나님'이란 언술과 전혀 어울리지 않습니다. 그것은 오히려 부활 논쟁을 통해 예수를 올무에 빠트리려 했던 당시 사두개파 사람들의 시각과 닮아 있을 뿐입니다. 지난한 삶의 도상에서 우리와 동행하는 부활의 하나님, 곧 살아있는 영靈이신 그분은 오늘을 살고 있는 우리에게 '하나님의 미래'를 선물로 주실 것입니다. 그래서 우리는 종종 길(앞)이 보이지 않을 때라도 하나님이 궁극적으로 우리 '곁'에 머물 것임을 의심치 않습니다. 하나님의 미래를, 죽어서가 아니라 지금 여기서 체험하며 사는 것이 오늘 성서가 부활 논쟁의 결말로서 '산자의 하나님'을 언급한 이유인 까닭입니다. 정말 하나님의 미래를 지금 여기서 살고 싶지 않습니까? 그렇다면 현대판 사두개파 인들의 사유 형태인 과학(합리)주의는 물론 인습적 신조(교조)주의로부터 벗어나는 것이 급선무일 것입니다.

예수를 옭아매려던 사두개파 사람들의 시도가 실패하자 이제 바리새파 인들의 공격이 시작되었습니다. 그들은 지금 어떤 율법이 가장 크고 훌륭한 것인가를 질문하며 예수를 몰아붙였습니다. 수시로 율법을 어겼으며 그를 무용지물로 만들곤 했던 예수 행적을 고발할 목적에서였습니다. 예수의 밥상공동체는 죄인도 여성도, 세리도 품었고 성전 밖에서 뭇 사람을 고치고 용서했으며, 안식일 법을 포기하는 등 당시 종교가 만든 일체 경계를 허물어 버렸기 때문입니다. 이는 율법의 시각에서 볼 때 하나님의 거룩함을 모독하는 가장 큰 범죄였습니다. 하나님의 거룩함을 지키기 위한 방책이 율법이었던 까닭입니다. 예나 지금이나 이렇듯 경계를 허무는 것을 기존 질서가 원할 리 없습니다. 특히나 예수께서 밥상 공동체의 경계를 허문 것은 대단한 사건이었고, 이를 깨트린 예수는 의당 바리새인들에게 위험한 인물일 수밖에 없었습니다. 따라서 그들은 예수에게 가장 큰 율법이 무엇인지를 물었고, 그가 부순 '경계'를 되찾고자 했으며, 만약 그것이 재차 부정될 경우 예수를 살려둘 수 없다고 판단했던 것입니다. 이들의 저의를 알았던 예수의 답변은 참으로 지혜로 웠습니다. 출애굽기에 나오는 십계명을 단 두 문장으로 요약하여 '마음과 목숨과 뜻을 다해 하나님을 사랑하고, 네 이웃을 네 몸처럼 사랑하라'고 했던 것입니다. 여기서 중요한 것은 하나님 사랑과 이웃 사랑이 결코 둘이 아니라는 것, 지금까지 예수가 경계를 허물며 사람을 사랑한 것이 바로 하나님을 사랑한 것이라는 명쾌한 답변이었습니다. 하나님을 오히려 경계를 부수는 존재로 고백하는 예수의 답변에 바리새파 인들의 입이 더 이상 열리지 못했습니다. 루터가 말했듯 '신앙은 인간을 자신 이상으로 높여 주지만, 사랑은 자신을 자기 이하로 한없이 낮추는 길'인 것을 하나님 스스로가 증명했기 때문입니다. 예수에게 하나님은 일상을 넘어서는 '거룩'의 존재만이 아니라 인간 삶의 전 여정에 마음을 다하시는 (Mindfulness) 사랑의 존재였던 것이지요.

며칠 전 시인 박노해와 함께 '나눔 문화' 공간에서 긴 시간 대화한 적이 있습니다. 꼭 보자고 하여 만난 저에게 앞으로의 비전을 말하며, 그곳 이 사장직을 맡아 달라는 것이었습니다. 박노해 시인을 좋아했고, 많은 이들을 그곳에 소개한 공은 있으나, 그런 직분은 가당치 않고, 일을 감당할 만한 절대 시간의 부족을 이유로 한사코 거절했습니다. 그럼에도 연구원들이 정말 원하는 일이라 했고, 부담 가지지 않도록 하겠으니 맡아 달라고 재차 부탁했습니다. 그래도 거절했지만 박 시인은 다음과 같은 이유가 아니라면 수락해 달라면서 이렇게 질문하였습니다. 자신과 관계했던 지성인들은 노동운동가로서의 박노해는 인정했으나, 야간 고등학교 졸업생인 자신이 영성을 말하고, 대안문화를 꿈꾸며, 인류의 문명을 논하는 것에는 불편해했다면서 역시 나도 그런 이유로 거절하는 것인가를 물었습니다. 이 질문을 받고 차마 더 이상 고사할 수 없었습니다. 종교(교리), 율법, 신분이 만든 경계를 허물며 그 시대 가장 위험한 인물이었던 예수, 인간을 사랑하는 것이 하나님을 사랑하는 것이라 믿었던 예수 그리고 하나님 미래를 지금 여기서 꿈꾸며 이룰 수 있다고 선포한 예수를 생각할 때 더 이상 고사하는 것은 예의가 아니라 생각했습니다. 더없이 훌륭한 사람들이 존재했겠으나 박 시인에게 그런 상처를 주었다면 부족하지만, 나라도 그 요청에 응답하자고 마음을 먹었습니다. 긴 세월은 아니겠으나 생각지 않게 주어진 이 과제로 어떤 삶이 펼쳐질지 두렵습니다. 시인 박노해와 제가 사상적으로 이렇게 엮어질 것을 어찌 상상이나 했겠습니까? 하지만 수락하는 것이 옳다고 생각했습니다. 하나님의 미래를 지금 여기서 체험하는 것이 부활신앙의 핵심이라 믿는다면 말입니다. 우리에게도 사두개파와 바리새인들의 시각을 넘어 산자의 하나님을 따르며, 거듭 경계를 탈脫하는 부활과 사랑의 삶이 펼쳐졌으면 좋겠습니다.

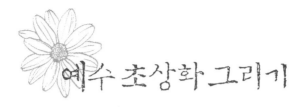

예수 초상화 그리기

 마가복음서는 예수의 마지막 일주일에 걸친
예루살렘 여정을 요일별로, 어느 경우는 시간별로 정확하게 묘사했습니
다. 예수와 함께 3년이라는 적지 않은 시간을 함께 했던 제자들의 실패
한 이야기가 주요 내용이지요. 제자들은 예루살렘으로 향한 예수의 마
지막 결정을 이해하지 못했습니다. 도상에서 베드로의 엄청난 고백도
있었습니다. '주는 그리스도시요 살아계신 하나님의 아들'이라 고백했으
나, 그 역시도 예수를 기쁘게 하지 못했습니다. 예외 없이 제자들 모두는
예수와는 전혀 다른 예루살렘을 꿈꾸고 있었기 때문입니다. 평생 제자
였으나 그들은 예수를 정말 몰랐습니다. 성금요일, 십자가에 달리신 날
에도 그들은 정작 선생 곁에 있지 못했습니다. 예수의 처형 소식을 접하
고는 두려워서 한없이 다른 길로 멀어지려고만 했습니다. 스승 예수의
죽음을 어처구니없어 하며 두려움과 절망 속에서 자기 속에 남겨진 예

수의 흔적과 기억들을 모조리 지우고 싶었습니다. 하여, 그들은 전혀 다른 방향으로 자신의 발걸음을 독촉했던 것입니다.

엠마오 도상의 제자들 이야기는 누가복음에만 나오는 내용입니다. 마가복음에 짧게 두 줄로 언급되어 있지만 정확지 않아 보입니다. 마가복음이 제자들의 실패, 두려움, 고난, 고통을 주제로 했다면, 누가복음의 경우 위안, 위로가 핵심입니다. 누가서의 엠마오 도상의 이야기가 바로 그렇습니다. 절망과 두려움에 예수 처형의 장소로부터 멀어지고자 발길을 재촉하던 제자들에게 한 낯선 청년이 나타났습니다. 그들은 낯선 청년이 자신들이 3년간 보고, 듣고, 같이 먹었던 예수인지를 전혀 알지 못했습니다. 그 낯선 청년, 예수가 제자들에게 묻습니다. "지금 너희들 무슨 이야기를 주고받으며 이 길을 걷고 있는가?"라고. 낙심하고, 괴로워하며, 두려워 떨면서 인생의 패배자 된 것에 절망하며, 다른 길로 도망치던 이들의 얼굴빛이 슬픔과 비통함으로 가득 찼다고 성서는 말합니다. 큰 슬픔이 3년을 따르던 스승 예수를 알아보지 못하게 했는지도 모르겠습니다. 고통이 너무 크고 두려움이 많으면 익숙한 얼굴도 익숙하게 보이지 않는 것일까요? 그럼에도 예수는 이들에게 계속 말을 건넸습니다. 길 가던 이들은 마지못해 자신들의 입을 열어 답했습니다. 그를 이스라엘을 구원할 분으로 믿었는데, 속절없이 십자가에 달려 죽고 말았다고 한탄한 것입니다. 몇몇 여인들이 안식일 새벽, 예수 묻힌 곳을 찾아갔더니 예수의 시신은 없고 예수께서 다시 사셨다는 천사의 소리를 들었으나, 그것도 확인되지도 않았다고 했습니다. 시신도 없어진 마당에 뿔뿔이 흩어져 제 갈 길을 가고 있는 중이라고 말했습니다. 이렇듯 절망하는 제자들과 예수는 끝까지 동행하였습니다. 성서에 보니 날이 어두울 때까지 예수는 그들과 함께 걸으셨고, 하룻밤 유하러 마을에 들어서셨던 모양입니다. 예수의 삶을 이해할 수 없었기에 그의 죽음도 알지 못했을 것이고, 부활하신 예수가 지금 자신들 곁에서 말을 걸고 있다는 사실도 알아챌 수 없었습니다. 삶을 이해하지 못했기에, 죽음도 알 수 없었던 그들, 그러니 부활하신 예수가 지금 옆에 있어도, 그를 전혀 낯선 사람으로만 여기고 있습니다. 마을에 머물며 예수는 그 제자들과 함께 떡을 나누었습니다. 그 순간 돌연히 제자들 눈이 밝아져 자신에게 말을 걸던 그 낯선 청년이 예수임을 알게 되었다고 했습니다. 그러나 정작 그들이 예수를 다시 보려고 했을 때, 예수는 보이지 않았습니다. 예수는 보이지 않았으나 그들은 비로소 예수와 함께했던 자신들의 삶을 기억할 수 있었습니다. 그래서 그들은 이렇게 말합니다. "조금 전 길에서 말씀하실 때, 우리 마음이 뜨겁지 않았던가?"라고. 그 뜨거운 마음이 예수와 함께한 지난 삶을 기억하게 했고 그들의 발걸음을 다시금 예루살렘으로 향하게 했습니다. 비로소 예수의 죽음이 무엇인지 이해할 수 있었고 예수의 삶을 뒤따를 수 있습니다. 이것이 바로 엠마오 도상에서 일어났던 부활 이야기입니다.

기독교 전통이 기념하고, 증거하는 부활은 예수의 부활이지만, 예수의 부활 사건은 동시에 나 자신의 부활이어야 한다는 것이 오늘 말씀의 핵심입니다. 내 마음이 뜨거워질 때만 부활의 주를 온전히 알고, 이해하고, 그와 사귈 수 있습니다. 빈 무덤에서가 아니라, 패배한 삶의 현장에서 부활은 사건이 되었습니다. 빈 무덤이 부활을 증명하는 사건일 수 없습니다. 부활은 낙심하고 절망하며 도망치던 제자들의 삶의 현장에서 일어났습니다. 무덤가에서는 누구도 부활한 주님을 만날 수 없었습니다.

그들이 떡을 뗄 때 오로지 눈이 밝아졌다고 했습니다. 아마도 이 사건은 예수의 최후만찬을 기억하게 했을 것이고, 오천 명을 먹였던 사건을 환기시키는 계기가 되었을 것입니다. 함께 먹는 자리에서 예수가 걸었던 예루살렘의 길을 진정으로 이해할 수 있었던 것이지요. 예수의 부활은 믿지 않은 사람들이 말하듯 헛된 망상이나 환영이 아니라 예수의 삶과 죽음이 무엇이었는지를 분명하게 각인시킨 사건이었습니다. 엠마오로 향하던 발길을 갈릴리로 돌려놓은 분명한 사건이었습니다.

어떤 사람들은 부활이 과학적 사실인지 어떤지를 묻습니다. 사실이라면 믿을 것이고 사실이 아니라면 믿지 않을 것이라 합니다. 부활을 과학적 사실처럼 믿는 근본주의자들도 문제이지만, 부활을 사실이 아니기에 믿을 수 없다는 무신론자도 문제가 많습니다. 보수 근본주의자들이나 무신론자들은 본질에 있어서 다르지 않습니다. 사실만을 진리로 여기겠다고 하는 것은 성서의 증언과는 거리가 아주 멉니다. 성서의 부활은 실패한 제자들의 삶을 전혀 다른 방식으로 바꿔놓았던 사건이었습니다. 이 사건이 없었다면 기독교는 존재할 수 없습니다. 이를 통해 비로소 예수를 옳게 알게 된 탓입니다. 두려움에 떨던 제자들도 마침내 예수와 같은 길을 걸을 수 있었습니다. 십자가에 처형된 예수를 공공연히 말하기 시작했습니다.

기독교 신앙의 본질을 추리고, 추리면, 그래서 기독교 신앙의 뿌리 중 뿌리를 이야기하라고 하면, 그것은 '하나님 나라'라는 메타포Metaphor일 것입니다. 이것을 학자들은 '뿌리 은유Root Metaphor'라고 합니다. 이 땅에서 이뤄지는 '하나님의 나라'에 대한 열정의 유무가 신앙인의 조건입니다. 아무리 소소한 일일지라도 하나님 나라에 대한 열정으로 일하고 또 그 때문에 어려움을 당할 수 있다면 우리는 부활한 존재들입니다. 하지만 옛날 제자들처럼 우리 역시도 실패를 거듭할 것입니다. 일상의 길이 자주 엠마오로 방향 지워지는 까닭입니다. 예수가 우리의 눈에 전혀 들어오지 않기 때문이지요. 예수의 말씀이 낯선 청년의 이야기처럼 우리의 실존에 와 닿지 않습니다. 그러나 예수는 자포자기하지 않도록, 자신의 욕망에만 빠져들지 않도록, 절망과 슬픔이 모든 것인 양 생각하는 올무에서 벗어날 수 있도록, 함께 아름답게 살 수 있는 세상을 위하여, 낙심한 우리와 긴 걸음 함께 걸으며 우리에게 말을 걸고 계십니다. 부활한 예수가 우리들 인생 여정 속에서 말을 걸고 있습니다. 길을 함께 걸으면서 말입니다. 함께 걸으며 말 거시는 목적은 단 하나, 자신을 바로 알리는 데 있습니다. 부활은 예수를 온전히 알고 온전히 보게 된 사건, 그 이상도 그 이하도 아닙니다. 오늘 우리가 함께 떡을 뗄 때, 부활하신 예수께서 우리에게 말 걸어 삶을 다르게 만들 것입니다.

얼마 전 저는 미술사학자로부터 초상화를 그리는 것이 가장 어렵다는 이야기를 들었습니다. 조선 시대 초상화를 연구했던 그로부터 오천원권 지폐 속 율곡뿐 아니라, 오만원권의 신사임당 초상화를 그렸던 동양화가 이종상 씨의 이야기를 전해 들었습니다. 한마디로 한국화 중에서 그리기 가장 어려운 것이 초상화인데 그 이유는 일차적으로 터럭 하나라도 틀리지 않게 묘사하는 것이 관건인 탓입니다. 하지만 더 중요한 것이 있다 했습니다. 그것은 그리려는 인물의 마음을 캐내는 일이었습니다. 터럭 하나도 틀리지 않게 그리는 것도 중요하지만, 사람의 마음, 얼의 골, 즉 얼굴 속 정신을 그려내는 일이 한국 초상화에 있어 핵심이란 것입니다. 초상을 그리는 화가는 실물을 보고 또 보지만, 마지막에는 실물 없이 마음만으로 사람의 얼굴을 그린다고 합니다. 사람의 얼, 마음을 표현해야만 우수한 작품이 되기 때문입니다. 초상화를 그린다는 것은 그만큼 힘들고 어려운 작업입니다. 그림이란 본디 '그를 그리워한다'는 뜻이랍니다. 그림은 그를 간절히 그리워할 때 그려진다 했습니다.

이렇듯 화폐 속 인물을 그린 동양화가 이종상은 앞서 원효 대사 또한 그린 적이 있었습니다. 아무리 그림을 그리고 그려도, 수백 번, 수천 번 고쳐 그려도 그림이 되지 않았답니다. 원효를 그리기 위해 그는 동국대학교 박사과정에 입학하여 수년에 걸쳐 불교학을 공부했으며, 그 지난한 과정을 마친 후 비로소 원효를 그릴 수 있었다고 고백했습니다. 이후 그는 우리나라의 자생적인 소재를 개발하여 한국의 산수를 그렸고, 딸의 갑작스러운 죽음으로 가톨릭에 귀의하면서, 그림과 종교를 아우르는 삶을 살았습니다. 화가의 최종 관심은 마음으로만 읽어낼 수 있는 사물의 원형을 그리는 것이었습니다. 그것을 동양화를 그리는 자신의 이유이자 과제라고 여겼습니다. 한국의 산하山河를 사랑했기에, 독도에 가서 독도의 모습을 수없이 그렸다고 합니다. 독도에 가보니, 봄의 독도가 다르고, 겨울의 독도가 다르고, 가을의 독도가 달랐습니다. 그러나 그는 계절마다 다른 독도의 형태를 그리는 일에 만족하지 않았습니다. 마음으로 읽어낸 독도의 본질, 독도의 원 형상을 담아내고자 했고, 마침내 독도를 원형으로 그린 작품을 남겼습니다. 한때 그는 술 먹고 비틀거리는 원숭이로 자기의 자화상을 표현한 적이 있습니다. 서구의 것을 흉내 내며 그림을 그렸던 자신을 반성할 목적에서였습니다. 마침내 어느 순간 정말로 영원한 것, 보이지는 않으나 원형적인 것, 사라지지 않는 세계를 마음으로 그려낼 수 있었답니다.

제가 초상화 이야기를 통해 하고 싶은 말은 부활이란 제자들에 의해 그려진 예수의 초상화와 같다는 생각 때문입니다. 그동안 수없이 예수를 보았고, 만났고, 같이 먹고 마셨으나, 그들은 예수를 그릴 수가 없었습니다. 마지막 일주일 동안에도 심지어 죽음의 순간에도 그들은 예수를 몰랐습니다. 주는 그리스도시요 살아계신 하나님의 아들이라는 고백이 있었지만, 이 역시 원숭이의 모방과 다르지 않았습니다. 오늘 우리들의 신앙생활도 이와 다름이 없습니다. 자신들이 마음대로 그려온 예수 상像, 그것은 우상이 되고 말았습니다. 이런저런 모임, 이 자리 저 자리를 기웃거리며 배웠던 것들은 남의 이야기를 모방하는 것에 불과했습니다. 엠마오 도상에서 제자들이 만난 예수는 우리가 그려야 할 참된 초상화였습니다. 우리의 삶이 낙심될 때, 두려울 때, 딴 곳으로 향하고 있다고 느낄 때, 뭔가 절실함으로부터 멀어지고 있다고 느낄 때, 부활한 예수는 함께 걸으며 말을 걸고 있습니다. 무슨 생각을 하고 있는가, 왜 두려워하는가를 묻습니다. 슬픈 얼굴빛을 하고 있는 제자들에게 끊임없이 말을 걸고 있습니다. 예수의 말 걸음, 이것이 바로 그의 사랑입니다. 그 말 걸음에 깊이깊이 응답하며 길을 걸어갈 때, 우리도 제자들처럼 예수를 옳게 알아 그의 초상화를 그릴 수 있습니다.

부활절은 내가 달라질 것을 다짐하는 날입니다. 예수의 부활을 교리로 믿는 것은 중요하지 않습니다. 부활절은 내가 달라지지 않으면 그 뜻을 상실합니다. 부활의 절기에 예수의 초상화가 바르게 그려지기를 소망합니다. 반복하고 모방하길 바라는 교리로서의 부활이 아니라 예수의 속을 알아채서 그가 온전히, 원형으로 그려지는 부활이 되었으면 좋겠습니다. 그를 그리워하는 것이 그림이라면, 우리가 그려야 할 그림은 예수의 초상화일 것입니다.

부활, 그 이후

기나긴 사순절 시간을 보내면서 역사적인 인물로서 로마와 싸웠고 성전의 지도자들과 갈등하며 사람들을 자유롭게 했던 예수의 생생한 모습을 복음서를 통해 찾고자 했습니다. 부활주일이 지난 지금 바울이 증언하듯 부활 이후를 사는 기독교인 됨의 모습에 관심을 가져봅니다. 바울은 그리스도의 부활 없이는 생각될 수 없는 인물입니다. 공간복음서의 부활 기사는 실상 바울의 증언을 통해서 재구성된 것이었습니다. 바울은 한마디로 기독교를 부활 사건의 산물이라 했습니다. 부활이 없었다면 기독교는 존재하지 않았을 것이란 말입니다. 기독교인으로 살아가는 우리에게 부활의 모티브가 없다면 기독교는 힘없는 종교로 전락할 뿐입니다.

하지만 바울에게 있어서 부활은 교리나 신앙적 전통이 아니라 지금도 끊임없이 일어나는 사건이었습니다. 다메섹 도상에서의 바울의 부활 체험은 뜻밖의 은총으로써 기대 밖의 사건이었습니다. 바울 이래로 그리스도의 부활은 유대인이든지 이방인이든지 한국인이든 서양인이든 누구든 간에 새 삶의 시작을 알리는 사건이 된 것입니다. 한 사람 아담으로 인해 죽음이 왔다면, 다른 한 사람 그리스도로 인해 생명이 주어진 사건, 그것이 바로 부활입니다. 이로써 우리는 하나님과 더불어, 하나님 아들의 구체성을 가지고 인생을 살 수 있게 되었습니다.

바울에게 있어서 죽음은 생물학적 차원의 죽음만을 뜻하지 않습니다. 오히려 육체의 죽음이란 스스로를 특별하게 생각했던 당대 두 집단의 삶의 양태를 지칭합니다. 그중에는 자신을 우주의 중심이라 여겼던 그리스 사람들이 있습니다. 그들은 질서를 말했고 로고스를 가졌다 뽐내던 존재들이었습니다. 또 다른 그룹은 율법을 자랑하며 선민사상에 투철했던 유대인들이었습니다. 바울이 그리스도의 부활에 의거, 육체의 죽음을 말한 것은 스스로를 예외적인 존재로 생각했고, 자신들을 중심이라 믿던 사람들의 담론과의 결별을 뜻했습니다. 의당 우리는 그리스인도 아니고 유대인도 아닙니다. 그러나 우리 속에 자신을 예외적인 존재라 여기거나 너와 다르다는 차별적 생각을 지녔다면 그리스도의 부활은 그것을 단박에 부서뜨릴 것입니다. 부활 사건에서 볼 때 그리스인들의 지혜나 로마법은 물론 유대인들의 율법 또한 죽음의 사유일 뿐 하나님 아들의 주체성과는 무관합니다. 하지만 우리는 늘 특화되기를 바라고 예외적인 대접을 받기를 원하며 존귀한 존재가 될 목적으로 살고 있습니다. 그러나 바울은 그것을 육체적인 죽음이라고 일컫습니다.

부활 사건은 자신을 중심에 놓거나 선민으로 여기는 일체 담론을 부수고 하나님의 주체성으로 우리 인간을 다시 태어나게 합니다. 스스로 구별되기를 원하는 인간 욕망을 죽음의 사유라고 부르고, 그로부터의 해방을 촉구합니다. 한마디로 예외적인 존재성에 대한 가차 없는 중단을 요구하고 있습니다. 바울이 예수를 육체로 알지 알겠다고 말한 것도 이런 맥락이었습니다. 성서는 한 사람의 부활을 통해서 유대인과 이방인, 남자와 여자, 노예와 자유의 구별이 철폐되었음을 역설합니다. 이로써 그리스도의 부활은 우리들 모두 속에서 보편적 사건이 되었습니다. 하나님 아들로서의 주체의식을 가지고 인생을 달리 살겠다는 것이 바로 부활신앙입니다.

로마서 3장에서 바울은 하나님이 유대인의 하나님은 물론, 이방 사람의 하나님도 된다고 하였습니다. 하나님은 한 분이라는 것입니다. 그가 한 분이라는 사실은 모두에게 예외 없는 존재라는 뜻이겠지요. 모두에게 말을 거시는 분인 탓입니다. 모두와 더불어 관계를 맺는 분이란 말입니다. 모두에게 예외가 없는 존재이며 모두에게 말을 거시는 분으로 모두와 관계할 수 있는 힘을 가진 그야말로 한 분 하나님인 것입니다. '유일신唯一神'의 하나는 더 이상 숫자적인 의미일 수 없습니다. 모든 존재가 궁극적으로 돌아갈 수밖에 없는 존재, 그래서 살아 있는 생명 전체와 관계를 맺고 깊이 연민하는 존재를 일컫습니다. 이런 점에서 부활 사건은 믿든지 안 믿든지 그가 누구든지 간에 '모두에 대해서', '아무런 이유 없이' 말을 거는 사건이라 하겠습니다. '모두에 대해'라는 말은 예수를 육체로 알지 알겠다는 바울 사상의 다른 표현입니다. 부활 사건은 이제 전적으로 다른 주체, 하나님 아들의 주체성을 우리가 잇게 되었음을 선포합니다. 이런 점에서 하나님은 일자一者, 한 분일 뿐입니다. 이방인, 헬라인, 유대인 모두가 한 분 하나님의 빛을 받고 있습니다. 바로 이런 이유로 바울은 로마법은 물론 유대인의 율법과 싸워야 했습니다. 율법은 인류 모두를 고려하지 않은 특수성에 근거한 하나님을 바라고 있기 때문에 그렇습니다. 특수성에 근거한 하나님, 이스라엘 민족만의 하나님, 그러한 하나님은 부활을 체험한 바울에게 진정한 한 분 주님이 될 수가 없었습니다.

로마서의 핵심은 죽음이 다시는 우리를 지배하지 못하게 되었다는 데 있습니다. 이때의 죽음은 바로 율법과 깊이 연루된 개념입니다. 특권화된 것으로서 율법은 선민의식이란 욕망을 불러일으키는 까닭입니다. 욕망 자체는 죄가 아닐지 모르지만, 특권화를 위한 욕망인 탓에 죄악일 수밖에 없습니다. 이처럼 욕망의 노예가 되도록 하는 것이 율법이었고 로마법이었습니다. 그래서 바울은 절규했습니다. "오호라. 나는 내가 원하는 것은 하지 못하고 원치 않는 것만 행하는 도다"라고. 성서는 이것을 죽음이라고 말합니다. 자유를 포기한 채 욕망의 노예가 되는 것이 바로 죽음인 것입니다. 인간을 특권화시키는 율법과 로마법은 한 분 하나님을 보지 못하게 했습니다. 그것을 바울은 죽음이라 한 것입니다. 자신을 특화시켜 예외적인 존재로 만든 사실 속에 죽음은 언제든 잉태되어 있습니다.

바울은 그리스도께서 우리를 죽음의 지배밖에 두었다고 말했습니다. 부활, 그 이후의 삶을 우리에게 말씀하고 있는 것입니다. 이제는 가장 약한 자의 모습으로서, 유대인에게는 유대인처럼, 헬라인에게는 헬라인의 모습으로 사는 삶의 양태를 일컫습니다. 그것이 바로 하나님 아들의 주체성을 사는 의미일 것입니다. 하나님의 주체성은 마치 물처럼 네모난 그릇에 들어가면 네모가 되고 둥근 그릇에 들어가면 둥근 모습이 되는 유연하며 약한 자로 살아가는 삶의 양태입니다. 하나님 아들의 주체성은 결코 우리 자신으로부터 비롯할 수 있는 어떤 것이 아닙니다. 그래서 이것을 '은총'이라고 불러야 옳습니다. 당연히 받아야 할 것을 받는 것이 아니라, 바울의 경우처럼 삶 속에서의 뜻밖의 사건이기 때문입니다. 사건을 가능케 하는 분으로서 하나님을 생각한다면 우리는 지금보다 다른 방식으로 기독교를 이해할 수 있습니다. 부활 이후 우리에게는 사건만 있지 교리라든가 전통, 관습 그리고 늘 익숙하게 살아왔던 삶은 더 이상 존재하지 않습니다. 불현듯 다가온 사건(은총)만이 우리 자신을 달리 만들 수 있을 뿐입니다. 이러한 부활 사건은 결코 욕망과 함께할 수 없습니다. 종의 멍에가 벗겨졌기 때문입니다. 이것이 부활 이후의 삶에 대한 증언입니다.

오월 첫 주가 되었습니다. 참으로 일 년 중에서 가장 아름다운 오월입니다. 어쩌면 부활 이후의 삶의 모습을 상상할 수 있는 가장 좋은 절기가 아닌가 싶습니다. 지난 4월, 잔인한 종려주일과 고난주일 그리고 부활의 아침이 있었다면, 이제 오월은 부활, 그 이후의 삶을 말하는 절기라 할 것입니다. 오순절의 축제가 우리 삶 속에 펼쳐질 것을 맘껏 기대해 봅니다.

그래, 결국 한 사람이다

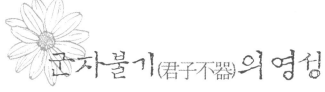

군자불기(君子不器)의 영성

기독교인의 재주체화

세월이 흐르면서 사람은 조금씩 달라지기 마련입니다. 좋은 방향으로 달라지는 것을 '변화'라 하고 좋지 않은 방향으로 달라지는 것을 '변질'이라고들 합니다. 사람들은 종종 자신이 변질되어 가는 것도 모르고 변화된다고 믿으며 살아갑니다. "오적"의 작가 김지하의 최근 행보를 보고 들으며 이렇듯 변질의 실상을 보게 됩니다. 저는 종종 학생들에게 '고양이가 되지 말고 호랑이가 됐으면 좋겠다'는 말을 합니다. 아마 대학 시절 읽었던 리처드 바크의 『갈매기의 꿈』이란 책 내용 때문이겠습니다. 해변에서 썩은 물고기 대가리만 쫓고 다니는 사람이 되지 말고, 멀리 나는 갈매기, 높이 나는 갈매기가 되었으면 좋겠다는 소망이 아직도 제게 남아있던 탓일 것입니다. 높이 나는 것을 자신의 삶으로 여기는 갈매기가 되는 것, 그것이 바로 호랑이가 되라는 것과 뜻이 같습니다. 백만 마리의 고양이가 나와도 세상은 변하지 않을 것이나, 한두 마리의 호랑이가 포효한다면 세상이 달라질 수 있다고 믿기 때문입니다. 저도 그럴 자신이 없으나 교회의 현실을 보면서 학생들에게 제 마음을 그렇게 전하며 살았습니다.

논어의 기본 정신이 있다면 그것은 호학好學, 학문을 즐거워한다, 공부하는 걸 즐거워한다는 말일 것입니다. 끊임없이 자신의 무지를 깨우치는 일이자, 인습화된 이념을 벗고자 하는 마음이 담겼습니다. 현상유지에 만족하지 않고 오십이 되었든 육십이 되었든 미래를 향해 자신을 던지는 삶의 자세라 하겠습니다. 그렇게 보면 호학은 믿음과 뜻에서 다르지 않습니다. 유교에서는 그것을 '학문의 길'이라고 설명을 했고, 기독교에서는 그것을 '믿음의 길'이라 말했을 뿐입니다. 이렇듯 호학을 하고 믿음의 길을 가려면 어떻게 해야 할까요. 사무사思無邪라는 말이 있습니다. 마음에 사특함, 간사함이 없다는 뜻입니다. 공자는 구약성서의 시편과도 같은 시경 600편을 다 읽고 한마디로 그 핵심을 '사무사'라 표현했습니다. 어떤 경우라도 마음에 사특함이나 간사함이 없는 그런 사람만이 정말 학문을 사랑할 수 있고, 믿음의 길에 들어설 수 있다고 하는 것입니다. 본래 믿음의 길이란 지금껏 살아온 자신의 성격과 삶의 태도를 바꾸는 일입니다. 하지만 믿음을 지녔다 해도 자기 성격과 고집대로 믿으며, 길들여진 삶의 양식을 따라 사는 이들이 많습니다. 공자는 사무사思無邪의 존재를 가리켜 군자君子라고 했고, 군자의 군자 됨을 일컬어 불기不器라 말했습니다. 한마디로 군자는 그릇이 아니라는 뜻이지요. 그릇이 아니라는 말의 뜻은 무엇일까요? 그릇은 정형화된 틀을 일컫습니다. 네모난 그릇 속에는 무엇이 들어가도 네모질 수밖에 없는 것입니다. 세모진 그릇 속에서는 무엇이든지 세모질 수밖에 없는 것이 그릇의 실상입니다. 그러나 군자는 그릇처럼 정형화될 수 없는 존재입니다. 어떤 틀에 갇혀 있지 않고 거듭 자신을 넘어서는 존재라는 것이 군자불기君子不器라는 말의 본뜻이겠습니다. 저는 이 말이 공자의 말로만 들리지 않고 고린도서에 있는 말씀으로도 들렸습니다. 유대인들에게는 유대인의 모습으로, 약한 자에게는 약한 자의 모습으로 어느 경우든 그들의 모습으로 살아간다는 것, 이것이 군자불기의 모습이라 생각합니다. 정형화된 틀을 가지고 살려는 한 우리는 결코 군자가 될 수 없을 것입니다.

바울 일생에서 가장 중요한 것은 유대인을 박해하러 가던 중 다메섹 도상에서 부활한 예수를 만나 눈이 멀었다가 다시 떠져 전혀 새로운 것을 보게 되었다는 사실입니다. 그것이 바로 바울에게 발생한 부활 체험이었습니다. 이후로 바울은 예수를 육체로 알지 않겠다 말했습니다. 부활을 교리로서가 아니라 누구에게나 일어날 수 있는 사건으로 여기겠다는 뜻입니다. 육체의 예수를 알지 않겠다는 것은 부활이 보편적 사건이 될 수 있다는 새로운 확신이라 할 것입니다.

부활 사건 이후 바울은 두 가지 현실과 싸우게 됩니다. 첫째는 그리스-헬라인들이 가진 지혜와의 싸움입니다. 둘째는 유대인들의 특권의식인 율법과의 싸움이었습니다. 바울은 자신이 직면한 두 가지 거대한 현실과 마주한 것입니다. 헬라인들의 지혜라고 하는 것은 무엇일까요? 그들은 우주를 질서로, 인간을 이성적인 존재로 보았고, 그래서 이성을 갖지 못한 존재들을 야만인, 형편없는 존재로 취급했습니다. 하지만 헬라인의 지혜는 획일적인 잣대를 들이댄 '거짓된 보편성'일 뿐입니다. 유대인의 율법 또한 자신을 예외로 보는 '특권의식'의 산물입니다. 편협한 하나님 이해로부터 비롯한 예외의식이었습니다. 이렇듯 헬라인의 지혜와 유대인의 율법, 이 둘을 부정하지 않고서는 바울의 부활 사건은 이해될 수 없습니다. 자기들만이 중심이고, 자기들의 특권을 주장하는 한 부활은 이와 공존할 수 없습니다. 이것이 하나님은 유대인의 하나님만이 되는 것이 아니라 이방인의 하나님도 된다는 바울 사상의 핵심입니다.

한국 철학계에 자생 철학자로 일컬어진 김형효라는 학자가 있습니다. 이분은 동·서양 철학을 두루 섭렵한 사상가로서 대가로 불려도 손색이 없을 것입니다. 프랑스 언어학자의 이야기를 빌어 은퇴 좌담회에서 이런 이야기를 들려주었습니다. 인간의 깊은 무의식 속에는 소유having와 존재being가 함께 얽혀 있다는 것입니다. having은 소유지향적 의식, being은 존재지향적인 의식을 일컫는바, 이 둘이 인간 무의식 속에 함께 얽혀 있다는 사실입니다. 다시 말하면 중생 속에는 범부凡夫의 종자와 부처, 예수의 종자가 함께 공존하고 있다는 말입니다. having은 일상 속 우리의 삶의 양상이자 범부들의 모습이며. being은 부처나 예수와 같은 분들의 실상이란 것입니다. 이 두 종자가 범부의 무의식 속에 함께 있다고 했습니다. 하지만 우리의 의식이 having을 지향하면 정말 범부가 되고 말 것이며, being을 선호하면 부처나 예수가 될 수 있다고 했습니다. 이 점에서 종교란 우리에게 having이 아니라 being으로 가는 길을 가자고 권유하는 안내판이라 했습니다. 하나님은 유대인의 하나님만이 아니라, 이방인의 하나님도 된다는 말이 바로 같은 뜻일 것입니다. 그렇기에 거짓된 보편성으로 상대방을 문명과 야만으로 나누고, 특권 의식에 사로잡혀 선악의 이분법적인 도식을 따라 사는 것이 바울에게 용납되지 않았습니다. 일체의 기득권, 거짓된 보편성, 특권의식을 버리라는 것이 바울 부활 사건의 본질입니다. 이런 사건이 우리에게도 가능하다는 것이 예수를 육체로 알지 않겠다고 하는 바울의 선언이었습니다. 만약 우리가 기독교라는 배타적 특권의식에 사로잡혀 있다면, 이 역시도 바울의 부활 사건과 거리가 멀다 하겠습니다. 성직자, 목사라고 하는 직분도 바울의 부활 사건에 앞에서는 예외일 수 없습니다. 정형화된 특정한 그릇에 자신을 제한시켜 사는 한 부활절을 수없이 경험했겠으나 그것은 부활을 사건으로 만들지 못한 삶의 징표일 뿐입니다.

바울은 이처럼 하나님은 유대인뿐 아니라 한국인의 하나님도 되신다는 새로운 보편성을 강조했습니다. 이것은 헬라인의 지혜에 근거한 거짓된 보편성이 아닙니다. 바울이 말한 보편성은 특권 의식을 깨는, 너 나를 분리하는 발상 자체를 깨부수는, 정형화된 틀을 버리는 데서 비롯합니다. 의인에게도 악인에게도 햇빛과 비를 내리시는 분인 까닭입니다. 모두에게 말을 거시는 분이며 심지어 새와 지렁이와도 관계하는 분인 탓입니다. 하나님은 지금 누구에게나 이유 없이 말을 거시는 사건으로 존재합니다. 이것이 바로 새로운 보편성이자 은총입니다. 하나님은 우리를 어떤 특정한 그릇에 가둬놓기를 원치 않습니다. 자신을 특정한 그릇 속에 가둬 놓고 그것을 나라 여기고 상대방을 좋다, 나쁘다, 많다, 적다, 같다, 다르다 평가하며 사는 우리를 불쌍하게 여기십니다. 그것은 유대인을 미워하던 다메섹 이전의 사울의 삶일 뿐입니다. 그것은 호학의 길, 믿음의 길과도 동이 서에서 먼 것처럼 멀리 떨어져 있습니다.

부활은 죽음이 다시는 우리를 지배하지 못할 것임을 알려 줍니다. 다시는 죄의 종노릇 해서는 아니 된다는 말입니다. 이 경우 죽음은 나를 중심에 놓고 타자를 열등하게 보는, 급기야 자기들의 욕망을 확대시키는 삶의 양식 일체를 일컫습니다. 거짓된 보편성은 모두에게 '나'처럼 되라고 말합니다. 거짓된 특권의식은 너희는 다 틀렸으니 이렇게 해야 구원을 받는다고 말합니다. 우리 역시 이런 식의 보편주의, 거짓된 우월의식에 사로잡혀 있을 때가 있었습니다. 아직도 대다수 교회에서 이런 기독교인을 양산하고 있습니다. 일상 속 우리의 삶도 다르지 않을 것입니다. 자신을 끊임없이 예외적인 존재로 만들고 싶은 인간의 욕망 탓입니다. 부활은 그런 삶이 나를 더 이상 지배하지 못하게 되었다는 선언입니다. 그래서 우리는 부활을 '죽음 이후의 부활'이 아니라 '지금 삶 속에서의 부활'이라고 해야 옳습니다. 우리 시대를 일컬어 '차이'를 소비하는 시대라 하는데 이것이 바로 구별되고 싶어 하는 우리들 욕망의 실상입니다. 그런 욕망이 존재하는 한 우리는 곤고한 사람이 될 수밖에 없습니다. 다시금 사망의 몸으로 전락하고 마는 것입니다.

다시금 논어에 나오는 '군자불기'라는 말과 고린도서 말씀을 연결시켜 보고 싶습니다. 부활 사건을 통해서 하나님의 아들 됨의 새로운 주체성을 얻은 바울은 사실 유대인이었고, 가말리엘 문하에서 헬라 철학을 공부한 유사 헬라인이었습니다. 그런데 바울은 지금 유대인도 아니고 헬라인도 아닌 하나님의 아들 됨의 새 주체성을 얻었고, 그 '주체성'을 오늘 우리에게 가르치고 있습니다. 예수를 육체로 알지 않겠다고 선언한 바울은 군자불기를 말하는 〈논어〉와 맥락이 맞닿아 있습니다. 바울은 지금 모두에게 모두의 모습으로 존재하길 원했습니다. 육체적으로 혈연적으로 태어난 유대인의 모습은 물론 헬라인의 모습, 로마의 시민권 역시도 벗고자 했습니다. 유대인에게는 유대인에게로, 약한 자에게는 약한 자의 모습으로, 율법 없는 자에게는 율법 없는 자로 살겠다고 말한 것입니다.

이것이 군자불기의 모습이고, 부활을 사건으로 경험한 재주체화된 기독교인의 모습이겠습니다. 하나님을 모두의 하나님으로 새롭게 경험한 바울에게서 하나님 아들의 '새' 주체성이 태동된 것입니다. 특정한 형식에 자신을 한정시키지 않고, 모든 이에게 모든 이의 모습으로 살아갈 수 있는 바울을 통해 많은 이들이 구원을 받았습니다. 이것이 바로 군자불기라는 논어 말씀의 뜻이기도 합니다. 이것이 호학의 정신으로서 살아가는 진짜 학문의 길이라 하겠습니다. 지금껏 우리는 나는 옳고 너는 그르다는 맥락에서 세상을 바꾸려 해왔습니다. 기독교가 특별히 더욱 그래왔습니다. 그러나 정말 중요한 것은 세상을 바꾸는 것 이전에 내가 나 자신을 바꾸어야 한다는 사실입니다. having에서 being으로 자기 마음을 바꾸는 일이 더욱 중요해진 것입니다.

사람들은 로댕의 조각상 '생각하는 사람'과 경주에 있는 '미륵반가사유상'을 곧잘 비교하곤 합니다. 로댕의 '생각하는 사람'이 만들어진 배경이 있습니다. 당시 로댕은 사회주의자였던 자기 스승의 생각을 이어받아 지옥과 같은 세상을 어떻게 바꿀까 고민 중이었습니다. 바로 그런 모습을 담은 것이 '생각하는 사람'이란 조각품이었습니다. 반면 신라의 미륵반가사유상은 자기가 만들어낸 자기에 대한 상, 그것을 아상我想이라 하는데, 아상을 제거하고자 몰두하고 있는 모습입니다. 다른 사람을 자기처럼 만들려는 것이 아니라 오히려 자신을 먼저 부정했던 것이지요. 자신의 아상을 끊임없이 벗겨 낼 때 약한 자에게는 약한 자의 모습, 힘 있는 자에게는 힘 있는 자의 모습이 되며, 누구에게나 누구의 모습이 될 수 있습니다. 자신의 아상을 벗고 이미 이방인의 하나님, 보편적인 하나님을 경험했던 바울 속에서 '미륵반가사유상'을 떠올려 보아도 좋을 것입니다.

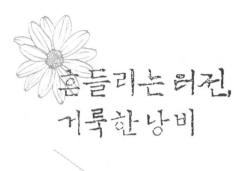

흔들리는 터전,
거룩한 낭비

옥합을 깨뜨린 여인의 이야기는 제게 있어서 아주 소중한, 특별히 좋아하는 성서 말씀 중 하나입니다. 최근에 한무숙이라고 하는 작가가 『만남』이라고 하는 소설에서 정약용 집안과 천주교의 만남의 과정을 기술했는데 그 책을 읽으면서 다시금 이 여인의 이야기가 의식 속에 떠올랐습니다.

이 여인의 이야기를 다시 접하며 '흔들리는 터전, 거룩한 낭비'라는 단어가 생각났습니다. 평소 '거룩한 낭비'라는 말 외에도 '거룩한 분노', '거룩한 허기' 등의 말들을 좋아해 왔습니다. 허기, 분노, 낭비 등, 이런 말들은 결코 좋은 뜻으로 사용되지 않습니다. 허기라 함은 갈증, 부족감으로 인해 허덕거리며 뭔가를 채워 보려는 마음 상태일 것입니다. 하지만 성서는 이런 식의 허기가 아닌 거룩한 허기에 대해서 이야기합니다. 가진 것 다 가졌던 유대인 관리 한 사람이 있었습니다. 그는 율법에 대해서는 전문가였고, 물질이 있어 부자였기에 부족함 없는 삶을 살고 있었으나 '영생'이 정말 궁금했습니다. 그래서 체면 불고하고 아무도 보지 않는 한밤중에 예수를 찾았고 영생에 대해 진지하게 물었습니다. 이 주제를 갖고 토론하는 유대인 관리에게서 우리는 거룩한 허기를 봅니다. 일상적인 허기가 아니라 '거룩한'이란 형용사를 붙여도 좋을 만한 허기라 생각합니다. 분노 역시 자기감정을 억제하지 못한 것이기에 부정적 의미가 큽니다. 어느 경우든 분노를 다스리는 것이 바람직하며 신앙인의 모습이라 할 것입니다. 하지만 하나님의 성전을 더럽히는 장사치들에게 채찍을 드셨던 예수의 '분노'에 '거룩'이란 말을 붙여도 좋을 것입니다. 그 분노가 과불급하지 않고 적절했기 때문입니다. 이런 식의 허기와 분노는 우리 신앙인의 삶에서도 반드시 필요한 부분이라 하겠습니다.

이에 더해 '거룩한 낭비'라는 말을 떠올려 봅니다. 절제하지 못하고 분수에 어긋나게 필요 이상의 물질과 돈을 쓰는 행태를 가리켜 낭비한다고 말합니다. 이 역시 피하고 싶은 부정적인 말입니다. 이런 식의 낭비는 삼가야 옳습니다. 하나밖에 없는 지구 생태계의 미래 역시 지나친 낭비를 줄여야 존립이 가능한 일입니다. 그럼에도 불구하고 삼백 데나리온이란 엄청난 값어치의 향유를 예수의 발에 쏟아 부었던 여인이 있었습니다. 데나리온이란 큰 화폐단위입니다. 부자들이 보석을 사고팔면서 흥정하는 단위의 돈이라 합니다. 수백 데나리온에 해당하는 기름이 한순간에 예수의 발에 쏟아 부어졌습니다. 가룟 유다가 말했듯이 그것은 엄청난 낭비였습니다. 가난한 이들을 수없이 구제할 수 있는 금액이었던 탓입니다. 그런데 예수는 이 여인의 행위를 아름답게 여겼고 복음이 전해지는 곳곳마다 여인의 이야기가 회자될 것이라 했습니다. 낭비에 '거룩'이라는 말을 붙여도 좋을 만한, 어색하지 않을 그런 이야기로 전해질 것이라 한 것입니다. 이렇듯 분노, 허기, 낭비와 같은 부정적인 단어에 '거룩'이란 말이 붙여지면 본뜻과 전혀 다른 값지고 멋진 말로 변합니다. 우리 역시도 부정적 개념들을 달리 만들 수 있는 신앙적 힘을 지녔으면 좋겠습니다.

성철 스님의 유명한 법어가 있습니다. "산은 산이고 물은 물이다." 그리고 "산은 산이 아니고 물은 물이 아니다." 그리고 또 마지막으로 다시 "산은 산이고 물은 물이다"란 것입니다. 처음 "산은 산이고 물은 물이다"란 것은 분별지를 갖고, 욕심으로 바라보는 세상을 말합니다. 그래서 성철은 '물이 물이 아니고 산은 산이 아니다'라 했고 우리가 보는 세상을 부정했습니다. 그럼에도 다시 처음 산이 바로 본래 그 산이었고 그 물이 바로 그 물이었다고 말합니다. 같은 물이고 같은 산이지만 탐심과 분별심을 버렸기에 전혀 다른 산과 물이 되었다는 것입니다. 성서의 이야기들 역시 탐심과 분별심으로 보았던 그런 산, 그런 물의 세계가 아니라 새로운 물과 산의 세계를 보여줍니다. 이런 점에서 옥합을 깨트린 여인의 이야기 역시 '새로운 세상'을 만난 거룩한 사건으로 기억해야 옳습니다.

유명한 신학자 한 사람이 떠오릅니다. 독일인으로서 미국에서 활동한 폴 틸리히Paul Tillich라는 분입니다. 그가 집필한 널리 알려진 두 권의 설교집이 있습니다. 하나는 『궁극적 관심Ultimate Concern』이고, 다른 하나는 『흔들리는 터전Shaking foundation』이라는 책입니다. 기독교 언어를 일상의 실존적 언어로 바꿔서 신앙의 본질을 설명하는데 천재적인 능력을 갖고 있는 신학자입니다. 이 두 설교집에서 그가 전하는 메시지는 아주 분명합니다. 종교란 본래 궁극적인 관심에 대한 이해란 것입니다. 어떤 사람에게 명예가 궁극적 관심이라면 그것이 본인에게 신과 같다고 했습니다. 만약에 물질(돈)이라는 것이 삶의 궁극적인 관심일 경우 그것 또한 그 사람에게 신일 수밖에 없다는 것이지요. 아무리 교회에 와서 하나님을 부르고 신앙을 말한다 하더라도 일상적인 것에 그의 궁극적인 관심이 향해질 때 그것이 그에게 실제로 하나님이란 것입니다. 심지어 어떤 사람이 이성을 철저히 신뢰하고 그것에 생사를 걸 때, 그 또한 신일 수 있다고 했습니다. 그래서 틸리히는 궁극적인 관심이 어디에 있는가를 치열하게 묻고 살폈습니다.

이런 맥락에서 옥합을 깨뜨린 여인의 이야기를 생각해 봅니다. 이 여인은 아마도 막달라 마리아라고 추정됩니다. 성서에 그렇게 기록된 바 없지만 성서학자들은 여인의 직업이 창기였을 것이라고 가늠합니다. 당시의 가부장적인 체제 속에서, 율법이 지배하는 현실 속에서 이 여인에게는 인간 이하의 삶이 일상이었을 것입니다. 인간 대접을 받지 못했을 것이며, 개만도 못한 인생을 버티면서 옥합에 기름을 사 모으는 일로 자기의 인생을 보상받으려 했을 것입니다. 여인에게는 옥합에 차곡차곡 쌓여가는 기름이 존재 이유였고, 그것이 자기 인생의 궁극적인 관심이었으며, 그것으로서 자기 인생을 보상받을 수 있다고 믿었고, 그 희망만으로 모진 세월을 견디며 살았을 것입니다. 예수를 만나기 이전까지 여인에게 궁극적 관심은 오직 옥합에 쌓여있는 기름뿐이었습니다. 그것이 모든 것 중의 모든 것이었습니다.

폴 틸리히의 설교집『흔들리는 터전Shaking foundation』의 제목처럼 옥합에 쌓인 기름을 궁극적 관심으로 믿고 살던 이 여인에게 삶의 터전이 흔들리는 사건이 발생했습니다. 성서 속 여인에게 자신의 기초가 흔들리는 대지진의 순간이 찾아온 것입니다. 예수와의 우연한 만남이 그녀에게 영향을 미쳤던 것입니다. 우리에게도 확고하다 여겼던 삶의 터전이 크게 흔들려진 경험이 있었는지 모르겠습니다. 흔들리는 터전 Shaking foundation 의 경험이 우리의 삶 속에 한 번쯤은 찾아와도 좋을 것입니다. 지금껏 인간 대접을 받지 못했고, 삶을 산 게 아니라 버텨왔던 이 여인을 한 남자, 예수가 따사로운 눈으로 바라봐 주었던 탓입니다. 그를 인간으로, 창기가 아니라 정말 사랑스러운 한 여인으로, 천하보다 귀한 생명으로 바라봐주는 눈길을 예수로부터 느낀 까닭입니다. 차곡차곡 채워진 옥합, 거기에 인생의 궁극적 관심을 두었던 이 여인의 터전foundation, 지금까지 자기 삶을 버텨주었던 삶의 토대가 그 따뜻한 눈길 한 번으로 흔들리기 시작했습니다.

글의 행간 속에 수없는 말들이 함축되었겠으나 수차례 흔들리는 터전의 경험 끝에 여인의 궁극적 관심이 달라졌습니다. 옥합에 쌓여 있는 기름이 아니라 자기를 전혀 다른 인간으로 바라봐 준 예수에게로 삶의 방향을 돌렸던 것이지요. 흔들리는 자기 삶의 터전을 주시하며 그녀는 과감히 옥합에 모아둔 향유, 삼백 데나리온이나 되는 엄청난 값어치의 기름을 예수의 발에 쏟아 부었습니다. 성서는 이것이 예수의 장례를 준비하기 위한 것이라고 했지만, 그것은 후대의 신학적 해석일 것입니다. 갑작스러운 터전의 흔들림 앞에서 예수의 장례를 생각할 겨를도 없었을 것입니다. 장례 이야기보다 중요한 것은 이 여인 속에서 생기한 '흔들리는 터전Shaking foundation'의 경험입니다. 옆에 있던 제자들마저 그것을 낭비라고 여겼고, 가난한 사람들을 도와주면 배불리 먹을 것이라고 비난했습니다. 그러나 예수는 그 여인의 이 낭비가 어떤 의미인지를 알았습니다. 여인의 낭비를 아름답게 기억하라 했습니다. 이 복음이 전파되는 곳마다 여인의 이야기가 전해질 것이라고 말한 것입니다. 흔들리는 터전을 통하여 궁극적 관심 자체가 달라진 구체적 사례가 되었기 때문입니다. 그래서 이 여인의 낭비는 거룩한 낭비가 되었습니다.

거룩한 낭비는 성서 속의 인물들을 통해서만 접할 수 있는 것이 아닙니다. 자기 삶을 거룩하게 낭비했던 사람들이 있었기에 오늘 우리의 삶이 존재할 수 있었습니다. 역사 속 두 인물을 통해 '거룩한 낭비'의 화신들을 언급해 보겠습니다. 먼저 한무숙의 소설에서 보듯 서학을 만난 정약용의 경우입니다. 유학적 가치관과 세계관을 지켜 살던 학자들이 스승인 성호 이익을 통해서 서학을 만났습니다. 지금까지 양반과 상놈의 차별 속에 살던 사람들에게 만민 평등이 선포되고, 현생밖에 없다고 믿던 이들이 저 세상과 영생이란 궁극적인 세계가 있음을 알았을 때 자기 터전이 흔들리는 경험이 있었습니다. 모진 고난과 갈등 속에서 그들은 서학을 받아들였고, 그 결과 제일 큰형 정약현과 정약용이 귀양을 갔으며, 바로 윗형 정약종이 아들 정하성과 더불어 순교를 당했습니다. 흔들리는 터전의 대가가 이런 식의 고통이자 죽음이었습니다. 유학자로서 살았던 이들이 자신의 일생을 낭비한 것입니다. 아마도 자신의 학문적인 전통을 이으며 살았더라면 무탈했을 것입니다. 흔들린 터전의 경험 탓에 그래서 궁극적인 관심이 달라졌기에 그들은 자기의 인생을 과감히 던져야 했습니다. 삼백 데나리온을 던진 여인과 같은 낭비가 이들에게도 있었던 것입니다. 일가족 전체, 정 씨 문중 전체의 거룩한 낭비를 통해서 오늘날 가톨릭교회가 존재할 수 있었습니다.

다른 하나는 3·1독립선언 당시 끝까지 망설이다 마지막으로 선언서에 서명했던 신석구 목사의 경우입니다. 선교사들이 가르쳐준 신앙의 지침에 따라서 그는 3·1독립선언에 참여하지 않으려 했습니다. 선교사들은 기독교인들에게 다른 종교인들과 같이 일할 수 없고, 정치적인 일에 관여해서는 안 된다고 가르쳤기 때문입니다. 이런 원칙이 이 땅의 목사들에게 강요되었던 것입니다. 따라서 그는 독립선언서에 서명할 수 없다고 판단했습니다. 하지만 깊은 고민 속에서 그 역시 흔들리는 터전Shaking foundation을 경험했습니다. 자신에게 주입된 신념 체계가 흔들렸던 것이지요. 민족의 장래를 위해 33인 중 제일 마지막에 서명을 했으나 끝까지 변절하지 않은 유일한 한 사람으로 기억되고 있습니다. 모진 고초와 감옥 생활을 견뎌야 했고, 병고에 고생했으나 그에게는 민족의 독립은 지켜야 될 궁극적 관심이었습니다. 실로 그의 인생은 망가졌고, 버려졌지만, 자신을 거룩하게 낭비함으로써 그는 나라를 지켜낼 수 있었습니다.

이렇듯 흔들리는 터전 탓에 새로운 일들이 가능했습니다. 거룩한 낭비의 화신들을 성서에서만이 아니라, 우리 역사 속에서도 찾을 수 있었습니다. 그들 덕으로 오늘 우리가 이렇게 살고 있는 것입니다. 하지만 작금의 우리에게는 분노도, 욕망도 거룩하지 않습니다. 매순간 분노하고 허기를 느끼며 낭비하지만 도무지 거룩하지가 않습니다. 예수께서는 이 여인의 이야기가 전파 되는 곳에 복음이 있고, 복음이 전파되는 곳에 이 여인의 이야기가 전해질 것이라고 했습니다. 그렇다면 거룩한 낭비는 우리 안에서, 우리 속에서 거듭 발생되어야 옳습니다. 이것이 3 · 1절을 지나며 드는 우리의 생각입니다. 언젠가 우리 삶 역시 거룩하게 낭비되어야 마땅합니다. 이를 위해 예수께서 조만간 우리의 터전을 흔들리게 하실 것입니다. 그때를 기대해 봅니다.

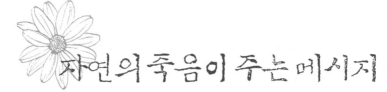

자연의 죽음이 주는 메시지
(dying message)

자연재앙이 닥칠 때마다 기독교인들은 창조 신앙을 생각합니다. 하나님께서 선善하게 창조한 세상에 이처럼 무질서한 악惡이 발생한 것에 대한 답을 얻기 위함입니다. 신학은 이를 신정론 Theodizeefrage의 주제로 삼고 오랜 시간 숙고해 왔습니다. 초기에는 인간 자유의지의 오용과 남용이 관건이었으나 점차 자연의 카오스(혼동)가 신정론의 주제로 부각되는 상황입니다. 그만큼 자연이 인간을 역습하는 빈도가 높아진 탓입니다. 이에 대한 답이 궁하다 보니 아전인수격의 해석이 난무하게 됩니다. 수만 명의 생명을 앗아간 강도 9가 넘는 이웃 나라의 대지진을 접하면서, 그것이 한반도에서 빗겨간 것에 안도하며, 그를 기독교인의 공로로 여기는 목회자가 있을 정도가 되었습니다. 신앙적 관점에서 기독교인 덕분에 한반도가 보호되었다는 언술은 실상 불가능하지는 않습니다. 하지만 남의 불행을 동일한 관점에서 재단하는 것은

그래, 결국 한 사람이다

객관적일 수도 없고, 신앙적이지도 않습니다. 그것이 오히려 하나님을 욕보이는 것임을 교계 지도자라면 거듭 숙고할 일입니다.

기독교 역사 속에서 성서와 자연은 본래 하나님을 알리는 두 지평이 었습니다. 성서와 자연이 함께 계시 공간이었다는 사실이지요. 필자는 이것을 적색 은총과 녹색 은총이란 말로 재再 언표한 적이 있습니다. 궁극적으로 예수 그리스도를 알리는 '성서'와 그것 없이는 삶 자체가 성립될 수 없는 '자연'이 각기 최상의 은총임을 적시할 목적에서입니다. 그래서 중세 가톨릭교회에서는 자연 자체가 하나님께 영광 돌리는 합목적성을 띠고 있음을 강조했지요. 자연의 능동성이 강조된 것도 이런 합목적성에 대한 신뢰 때문이었습니다. 인간 이성과 여타의 종교 문화 역시 이런 합목적성의 구조에서 긍정되었고 그로부터 가톨릭 자연신학의 토대인 '존재유비'Analogia Entis'가 발원되었습니다. 하지만 17세기 초엽 자연의 합목적성을 붕괴시킨 대지진이 경건한 가톨릭 신앙 지역인 포르투갈 리스본 지역에서 발생했습니다. 당시로써는 상상할 수 없는 인명피해를 초래한 까닭에 사람들은 더 이상 자연의 유기체성(합목적성)을 신뢰할 수 없었고, 오히려 지배해야 할 물질로 여기기 시작했습니다. 소위 근대의 기계론적 세계관의 탄생이 여기에 바탕한 것이었으며, 자연의 능동성을 거부하고 오직 은총, 오직 믿음을 강조한 종교개혁 신학의 토양이 된 것입니다. 개신교 신학의 정체성이 '존재유비'의 자연신학에 있지 않고 자연을 송두리째 부정하는 '신앙유비'Analogia Fidei'에 있음이 이를 증명합니다. 기계론적 세계관과 종교개혁 신학의 동거로 근대과학 문명이 시작되었다고 해도 과언이 아닐 만큼 양자의 관계는 남달랐습니다. 자연을 창녀의 메타포로 읽었고, 과학 기술의 힘으로 자연을 개조하는 것이 '땅을 지배하라'는 그리스도의 구원을 완성시키는 일로 이해할 정도였으니 말입니다. 하지만 이로부터 기독교는 자연이 하나님의 계시 공간인 것을 망각했습니다. 기독교는 오직 인간의 종교였고, 인간의 영혼만 관심하는 사적 종교로 축소되어진 것입니다. 기독교는 결국 자연, 곧 창조 공간을 과학에게 내맡겼고, 과학자들은 가치로부터 자유한 과학, 결코 미래를 책임질 수 없는 위험한 학문으로 과학을 전락시켰습니다. 이처럼 신학의 직무유기가 과학의 타락을 가져왔다는 사실은 개신교 신학이 크게 유념할 부분입니다.

20세기에 들어 과학자들에 의한 과학 비판이 제기된 탓에 신학이 과학에 종속되는 누를 벗을 수 있었고, 자신의 본래 영역인 창조(자연)를 되찾게 되었습니다. 자연 자체가 인과율로 해명될 수 있는 기계와 같지 않고, 여전히 불확실한 존재인 것이 밝혀진 까닭에, 기독교 신학은 그 불확실성을 신적 활동의 여백으로 생각할 여지를 얻은 것입니다. 물론 틈새의 신神으로 오독될 수 있는 개연성이 있었지만, 그보다 중요한 것은 인간 중심주의를 벗고, 하나님과 자연의 관계성을 신학이 재사유할 수 있게 된 점입니다. 최근의 과정신학에 따르면 하나님은 인간과는 인격의 방식으로 관계하나, 자연과는 자연의 방식, 즉 지렁이에게는 지렁이의 방식으로, 참새에도 각기 그들의 방식으로 교제하는 분이십니다. 물론 인간은 참새도 지렁이도 아니기에 그들과 관계하는 하나님의 방식을 알 수 없습니다. 하지만 그렇다고 하나님이 그들의 하나님이 아니라고 말할 수 없는 것도 분명합니다. 이렇듯 자연은 인간의 처분에 좌우되는 물질이나 소유물이 아니라, 참새 한 마리도 그분 뜻 없이는 떨어지지 않고, 들의 백합화 속에도 하나님의 영광이 있다고 보아야 옳습니다. 하나님이 만물 위에만 계시지 않고 오히려 만물을 통해 일하시며, 만물 안에 있다고 보는 성서의 하나님은 진화의 신神이기도 하며, 그가 여전히 '숨어 계신 존재Deus Absconditus'인 것을 알 수 있습니다. 그렇기에 이 지점에서 납득할 수 없는 대지진과 자연재해 같은 불가항력적 사건들 역시 이해할 수 있을 것입니다.

하나님이 인간에게 자유의지를 주셨던 것처럼 자연에게도 임의성이 존재할 수 있습니다. 자연이 더 이상 기계가 아니며, 결정적 실체로 여기는 것 역시 자연에 대한 오독이란 지적입니다. 달리 말하면 자연은 부분의 합이 전체란 등식을 넘어서 있다는 것입니다. 이런 자연의 임의성은 종종 인간에게 혼동(카오스)으로 인식될 수밖에 없습니다. 수만 명이 죽고 애써 모은 전 재산을 졸지에 쓰레기로 만들어 버린 자연재해 탓에 달리 부를 방도가 없을 것입니다. 하지만 아우슈비츠 경험 이후 신학은 하나님을 필연 이상의 존재로 고백했고(Gott ist mehr als notwendig), 자신 속에 임의성, 혼동, 악 등을 품고 있는 이런 하나님을 필연 이상의 존재로서 사랑이라 하였습니다. 인간이 범하는 악, 자연 속에서 발생하는 뭇 혼동이 하나님 자신의 본성 속에 내포되었다는 확신입니다. 하나님의 전능성이 십자가에 달린 예수 속에 있듯이 자주 발생되는 지진, 해일 역시도 하나님을 떠나서는 이해할 수 없다는 것입니다. 그럼에도 하나님의 전능성 자체를 무화無化시킬 수 없고, 오히려 그것 자체를 달리 해석하는 것이 옳다고 보았습니다. 자연 역시도 인간처럼 자유가 있어 혼동을 자초하며, 하나님은 그 자유 때문에 스스로 고통하시는 바 그것이 바로 그의 사랑이며, 전능성의 새로운 이해란 말입니다. 이처럼 하나님은 과거에서뿐 아니라 역사와 우주의 전 과정 속에서 거듭 십자가를 지시는 분입니다. 그렇다면 하나님은 자연이 일으키는 카오스를 어떻게 인내하며 미래를 향하시는 것일까요? 주지하듯 우리 기독교인들은 하나님의 새 창조를 믿는 사람들입니다. 하나뿐인 지구를 멸망시키는 존재가 아니라, 이를 전혀 다른 세상으로 만드는 분을 신뢰하여 왔습니다. 그렇기에 기독교는 부활의 세계를 새 창조의 비전으로 제시합니다. 부활을 미래에 이뤄질 세상에 대한 예시라 생각했던 것이지요. 하지만 현금의 자연재해는 이렇게만 보기에는 뭔가가 부족합니다. 오히려 자연 피조물에 가한 인간의 폭력으로 야기된 피조물의 탄식이라 보는 것이 적실한 해명일 것인바, 인간에 대한 뭇 자연의 역습이라 보는 것이 정확할 것입니다. 그럴수록 인간은 자연 피조물에게 영광된 미래를 선사하기 위해서 피나는 노력을 하지 않을 수 없습니다. 종래와는 다른 마음과 태도로 자연을 바라보고 성찰하는 인간 역할이 필요한 시점이 된 것입니다. 분명 탄식하는 그들이 바라는 것은 성서의 증언대로라면 이전과는 다른 가치관으로 사는 신新인간의 출현이겠습니다. 외형상 자연재해가 인간에게 폭압적인 듯하지만, 자연은 결코 인간만큼 악하지 않습니다. 인간은 자신만을 위해 자연을 탐하지만, 자연은 스스로를 희생시켜 인간의 미래를 경고하는 까닭입니다.

최근 주변에서 접하는 자연의 'dying Message'에 인류는 촉각을 세워 그 의미를 포착해야만 합니다. 우선 한국의 자연 생태계에서 토종벌들의 실종을 눈여겨보아야 할 것입니다. 청정 지역에서만 생존하는 벌들이 사라진다면 그것은 인류의 미래가 실종된 것을 뜻합니다. 이미 90%의 꿀벌이 자취를 감추었다 하니 그들이 주는 'dying Message'가 참으로 중대합니다. 여러 원인이 있겠으나 시골 곳곳에 이르기까지 휴

대폰 사용이 보편화된 탓에 전자파의 과용으로 지구 자장이 교란되어 일어난 현상이라니, 결국 인간이 그들을 죽인 셈입니다. 동물생태학자들은 바다에서 일어난 고래의 떼죽음 역시 예사롭게 보지 않습니다. 원자력 방사능 물질을 비롯한 오염된 강물의 바다 유입, 석유 개발로 인한 바다 오염 등의 이유로 바다 생태계가 교란되어 어류 감소, 산호초 폐사가 정도를 넘어서 있는 반증인 까닭입니다. 향후 지구 온난화가 바다 생물을 멸종시킬 것이고, 그럴수록 지진, 해일 등의 폐해가 가중될 것이란 것이 그들의 전망입니다. 최근 백두산 인근 야산에서 수천 마리 뱀 떼가 출현한 것 역시 대재난의 징조로 읽혀지고 있습니다. 백두산 화산 폭발의 전초라 여겨지기 때문이지요. 본래 뱀은 땅 속 변화에 민감한 동물입니다. 뱀의 출현은 그렇기에 인간의 무분별한 개발로 땅 속 면역력이 급속히 저하되고 있음을 뜻합니다. 이로 인해 바다나 땅이 스스로를 통제하고 정화하는 임계점을 넘어서 있고, 그것이 바로 지진, 화산 폭발과 같은 형태로 지구에 적신호를 보내고 있는 것이겠지요. 이뿐 아니라 소, 돼지를 비롯하여 닭, 오리 등의 조류의 집단 폐사 및 살殺처분으로 인해 인수人獸 공용 바이러스들이 얼마나 창궐하게 될지 가늠하기 어렵습니다. 이미 AI 조류독감이 인수 공용인 것이 밝혀졌던 것인바, 인간은 아직도 그것이 주는 교훈을 실감치 못하고 있습니다. 21세기 인류가 당면할 가장 큰 위협이 바로 이런 진화된 바이러스에 있으며, 그 원인이 동물 복지에 둔감한 인간의 탐욕의 탓이란 것을 직시할 때가 되었습니다.

이런 실상은 성서가 이미 충분히 고지해주고 있습니다. 하지만 기독교인들조차 성서를 제대로 읽지 못했음을 실토해야만 합니다. 교회 성장과 영혼 구원이란 이념에 매달려 세상을 온전히 보지 못했고, 창조질서가 파괴되는 것을 방조했던 까닭입니다. 성서 근본주의를 금과옥조로 받들면서 정작 성서의 가르침에 무지한 우리의 실상을 작금의 현실 앞에서 크게 뉘우칠 수 있기를 희망합니다. 주지하듯 성서는 인간이 하나님께 범죄하면 인간 간에 갈등이 생기고, 그 결과 자연이 인간을 어머니처럼 품지 않는다는 천-지-인 상관성의 진리를 담고 있습니다. 하나님처럼 되려는 인간의 오만이 인간 간의 평계와 반목을 낳았고, 인간이 땀을 흘렸으나 자연이 엉겅퀴와 가시덤불만 내었다는 창세기의 내용이 그것입니다. 역으로 인간이 하나님께 돌아올 때 대머리 같은 민둥산에서도 물이 샘솟곤 한다는 기사도 여럿 있습니다. 따라서 오늘날의 자연 파괴 및 역습은 인간이 하나님께 죄를 지은 결과이자, 인간 간의 반목과 투쟁의 실상이란 말입니다. 자연과의 잘못된 관계를 하나님에 대한 반역이라 믿는 것이 성서의 올바른 가르침인 것을 명심하십시다. 재차 강조하지만 자연은 죽어서 인간을 회개시키는 하나님의 마음을 닮았습니다. 인간처럼 자유의지를 지녔으나 자연은 그와 달리 인간과 지구를 위한 분명한 'dying Message'를 남기고 있기 때문이다. 이런 점에서 자연의 'dying message'는 우리에게 또 다른 십자가의 의미로 다가옵니다. 이런 메시지를 듣고도 여전히 인간 중심주의를 비롯한 일체의 '중심주의'라는 욕망의 자폐증에서 헤어 나올 수 없다면, 그것은 하나님의 미래를 더디 만드는 반反신학적, 반反기독교적 행태임이 틀림없습니다. 오늘 우리 기독교인들에게는 이 점에서 생태적 수치심이 오히려 은총인 것을 크게 자각할 필요가 있습니다. 생태적 수치심이야말로 피조물이 고대하는 인간의 변화의 첫걸음인 까닭입니다.

구약성서의 창조신앙에 해당하는 신약의 내용으로 흔히 산상수훈을

꼽습니다. 미래에 대한 걱정과 근심이야말로 세상을 창조하신 하나님 신앙에 대한 도전이란 것이지요. 그렇기에 예수는 들의 백합화와 공중 나는 새를 보라고 하셨습니다. 길쌈도 하지 않고, 농사짓는 수고도 없이 가장 좋은 옷을 입고, 넉넉한 양식을 취하는 모습을 보고 하나님을 느끼 라는 것이었습니다. 이 점에서 자연 피조물은 결코 하나님은 아니나, 하 나님을 감感하여 지知하도록 하는 없어서는 아니 될 매개물입니다. 그러 나 점차 주변에서 이런 예수의 확신을 무색하게 만드는 일들이 빈번하 게 일어나고 있습니다. 오늘 하루에도 신종新種이 출현하는 속도보다 멸 종滅種의 속도가 100배 빠르다고 하니 자연에서 하나님의 숨결을 느끼 기에는 힘겨운 현실이 되었습니다. 자연을 하나님의 계시 지평으로부 터 탈각시킨 근대의 잔재가 지금껏 수정되지 않은 채 정도를 더해갔던 탓입니다. 필자가 생태적 수치심을 기독교적 영성의 출발점으로 삼자 고 제안한 것도 이런 이유에서입니다. 피조물의 탄식, 곧 그들의 'dying Message' 앞에서 기독교가 향후 어찌 달라져야 할지를 깊게 생각해 보 자는 것입니다.

우선 교회는 성도들의 눈길을 자연으로 향하도록 거듭 시도해야 옳습 니다. 모이는 교회, 그 교회에서 모든 것을 줄 수 있다고 생각해서는 오 산입니다. 자연이 목사의 설교보다 더 큰 메시지를 줄 수 있음을 겸허히 인정하란 말입니다. 필자는 그것을 녹색 은총이라 부른 바 있습니다. 지 난해 있던 풀 중에서 올해 보이지 않는 것이 무엇인지를 함께 발견하는 일도 중요합니다. 산과 바다, 들판에서 피고 지는 풀, 꽃 그리고 그를 토 대로 생존하는 뭇 곤충들의 이름을 불러주는 일들도 기독교 교육으로서 손색없습니다. 이런 일들을 바탕하여 뜻있는 성도들을 기독교환경연대를 비롯한 건전한 지역 환경 단체로 파송하고, 자연을 중심으로 세상을 보는 시각을 전문화할 필요가 있을 것입니다. 우리가 자연을 하나님의 계시 지평으로 인식, 고백한다면 말입니다. 환경단체가 의미 있는 정책을 펼친다면 교회는 그곳에 선교기금을 기부할 수 있어야 합니다. 인간을 위해 아낌없이 자신을 내어주고 심지어 죽으면서까지 인류와 지구의 미래를 위해 메시지를 전하는 가난한 자연을 위해 선교하란 말입니다. 매해 4월 22일은 지구의 날이며 6월 첫 주는 세계 환경주일로 지킵니다. 이 시점에서 자연환경을 주제로 제대로 된 메시지 하나 선포치 못한다면 교회는 교회로서의 자격을 의심받을 수 있습니다. 그렇다고 어느 목사처럼 함부로 하나님 재앙 운운하는 누를 반복해서는 안 될 것이겠지요. 하나님께서 일하시는 것은 결국 인간을 통해 일하신다는 말도 있습니다. 하나님의 일과 우리의 일이 처음부터 달리 있지 않다는 것입니다. 신학자 죌레D. Sölle는 인간의 일이 하나님의 일이 되는 세 조건을 다음처럼 제시했습니다. '일상적 노동 속에 자신의 본질이 표현되어 있는가? 그 일이 공동체를 위하고 있는가? 그리고 그것이 자연을 지키는 일인가?' 하는 것입니다. 이 세 조건에 부합된다면 인간의 노동은 곧 하나님의 일이 될 것입니다. 그러나 오늘 우리의 일은 어떠합니까? 죽어가는 자연의 소리를 듣지 못한다면, 우리가 하는 일이 결코 하나님의 일이 될 수 없을 것입니다. 모두가 성직을 잘 수행하고 있다고 믿고 싶겠으나 환경재앙이란 '불편한 진실' 앞에 불편한 심기만을 표출한다면 그것은 성직에 대한 모독이라 하겠습니다. 오히려 자연의 죽음이 주는 메시지에 귀 기울이는 것이 부활신앙을 전하는 선교의 기회라 생각됩니다.

II 부

내가 믿는 이것

내 그림자와 십자가 그늘

기독교 역사에 있어서 아이러니컬한 것은 역사적으로 생존했던 예수와 대면한 적이 없었던 바울이 예수에 대한 기록을 최초로 남겼다는 사실입니다. 예수를 만난 적이 없었다는 것은 바울에게는 한계이자 새로운 기회였습니다. 다메섹 도상에서의 종교 체험을 통해 바울은 예수를 직계 제자들과 달리 해석할 수 있었기 때문입니다. 그런 작업이 없었다면 예수는 유대의 한 종교 지도자로서 유대 문화를 새롭게 하려고 했던 지역 내 혁명가쯤으로 평가되고 말았을 것입니다. 갈릴리 유대 지역과는 전혀 다른 풍토, 곧 헬라화 된 신비 종교들의 풍토 속에서 그는 자신의 종교 체험을 새롭게 해석했습니다. 바울에게는 제자들이 복음서에서 사용했던 예수에 대한 표현들, '인자'라든가, '메시아', 또 예수가 전파했던 '하나님 나라'의 개념이 잘 드러나지 않습니다. 우리에게 익숙한 '퀴리오스kyrios', 주님이나 '그리스도' 같은 개념들이 상대적으

105

로 많습니다. 이들 개념은 당시 헬라화 된, 다시 말해 밀의(신비) 종교의 풍토 속에서 자주 사용되었던 것들이었습니다. 헬라 지역에 살고 있던 디아스포라 유대인들 그리고 헬라인들에게 익숙한 종교적인 이해를 바탕으로 다메섹에서의 하나님 체험을 해석했다는 말입니다.

바울만큼 부활을 많이 이야기 한 사람도 없습니다. 그러나 바울이 말했던 부활은 복음서의 제자들이 설명한 부활과는 내용이 온전히 같지 않습니다. 복음서에는 예수의 손과 옆구리에 난 창 자국과 못 자국을 통해 부활을 증언합니다. 또 빈 무덤이 부활의 증거라고 말하기도 했으나, 그것은 바울이 말하는 부활과 크게 다릅니다. 제국의 현실로부터 자유한가, 종의 멍에로부터 자유로운가 하는 것이 바울 부활 사상의 핵심입니다. 바울이 쓴 로마서는 신학적으로 정말 중요한 책입니다. 어거스틴은 물론 루터를 굴복시켰고, 감리교 창시자 요한 웨슬리의 마음을 사로잡았던 까닭입니다. '현실 속에서 모든 것으로부터 자유한가, 육체를 위해서 살지 않는가, 죄의 멍에로부터 벗어나 있는가, 더 나아가 율법을 지켰다는 의식, 옳은 일을 했다는 의식으로부터도 해방되어 있는가'를 묻고 있는 까닭입니다. 우리는 보통 옳은 일을 하는 사람을 일컬어 신앙적인 사람이라 합니다. 그러나 옳은 일을 하는 사람이 옳은 일을 했다는 의식으로부터 자유롭지 못하면 그것은 결코 옳은 일이 될 수 없다는 것이 성서의 본뜻입니다. 그래서 오른손이 하는 일을 왼손이 모르게 하라는 말이 있습니다. 이런 모습이 바울이 말한 부활의 실상이자, 자유의 길이었습니다.

문제는 부활신앙을 고백하지만 현실에서 누구도 자유롭지 못하다는 사실입니다. 죽음을 이긴 부활을 통해 인간이 종의 멍에로부터 자유롭게 되기를 원했고, 그래서 피차 사랑의 종노릇만 하라 말했으나, 여전히 부자유한 것이 우리의 실상입니다. 사람은 누구나 어두운 그늘, 자기만의 '그림자'를 만들며 인생을 살고 있습니다. 어느 한 면을 위해서 열심히 살다 보면 다른 쪽에서 내가 원치 않는 삶의 어두운 그림자, 그늘이 생겨납니다. 지금까지 만났던 누구를 봐도, 아무리 완벽해 보이는 사람일지라도, 그가 이룬 것이 다른 사람에 비해 크고 많을지라도 그늘이 없는 사람은 없었습니다. 자신의 이익을 추구하며 살다 보면 주변과의 불화를 피할 수 없으며, 가족들을 위해 살다 보면 자기 뜻을 이룰 수 없는 아픔을 평생 그림자로 달고 살게 됩니다. 일생을 살면서 이렇게 살든, 저렇게 살든 그림자로부터 벗어나기가 쉽지 않습니다. 어두운 기억이 우리에게 있을 것이고, 자기만이 아는 상처가 있을 것이며, 상대적으로 느껴지는 열등감도 나의 그림자일 터, 왠지 모를 불안도, 상실감도, 우리의 삶 속에서 저마다 만들어 놓은 그늘들입니다. 밝은 대낮에 어디를 걸어가든 그림자는 내 삶의 일부가 될 뿐입니다. 그림자를 벗겨 내려고 빨리 달려 보지만 그림자 역시 빠르게 달려 내 옆에 붙습니다. 얍복강변에서 하나님의 사람과 씨름했다는 이야기를 통해 그림자와 싸웠던 한 사람을 이해해 보고 싶습니다. 수많은 재산을 얻었고, 네 명의 부인을 거느렸으며, 열두 명의 자식을 품 안에 둔 그였지만 그것을 이루는 동안 너무도 큰 그늘을 만들어 왔습니다. 그늘로부터 자유하기 위한 야곱의 내적인 고투, 얍복강변에서의 씨름이 있었기에 그는 비로소 믿음의 조상이라 불릴 수 있던 것이지요. 그늘과 싸우기 위해 그는 역설적으로 자신이 이루었던 모든 것을 얍복강변 저편으로 떠나보냈습니다. 재산을 얻기 위해 살았지만 그로 인해 생겨난 그늘의 고뇌 앞에서 자신이 얻었던 모든 것을 포기했습니다. 피할 수 없는 선택이었을 것입니다. 대낮에도 자신을 뒤쫓는 그림자처럼 자신에게 드리워진 어두운 그늘을 너무나 잘 알았던 것이지요.

하지만 자신이 만든 그림자를 없애는 방법이 없지 않습니다. 그 방법을 생각해 보셨나요? 그것은 더 큰 그늘 밑으로 자신이 들어가는 일입니다. 큰 나무가 만든 그림자 밑으로 들어가면 내 그림자는 순식간에 사라져 없어집니다. 우리에겐 이런 큰 그늘이 십자가의 그늘일 것입니다. 내 인생보다 더 큰 고통과 아픔, 세상에 대한 연민을 갖고 사셨던 예수가 만든 그늘, 그 속에 들어갈 수 있다면 나의 그늘, 내 그림자는 순식간에 사라질 수 있습니다. 큰 그늘을 만나기 전까지 차이는 있겠으나 자신이 만든 그늘로부터 자유로워지기 위해서 발버둥 쳤던 것이 우리 인생입니다. 편차가 있을 것이고 정도의 차이는 있지만 크게 보아 쾌락주의와 금욕주의는 자신의 그늘을 벗기 위해 살아온 삶의 모습들입니다. 해보고 싶은 것 다 하고, 갖고 싶은 것 다 가지며 인생을 살아보려는 사람들이 있을 것입니다. 반면 종교의 이름이 되었든, 이웃의 이름이 되었든, 정통이란 이름을 내걸든 간에 억지로 금하고 삼가며 인생을 살아가는 그런 부류의 사람들도 있습니다. 쾌락주의가 타인을 배려하지 못하는 삶을 사는 것이라면 금욕주의는 반대로 자기 자신을 사랑치 않는 삶의 모습이라 하겠습니다. 남을 고려치 않는 것도, 자기의 감정과 삶에 솔직하지 못하는 것도 진정한 자유의 길은 아닐 것입니다. 이러한 방법으로 자신의 그늘을 내어 쫓고자 하나 성공할 수도 없고 의미 있지도 않습니다.

출라체는 에베레스트산의 한 봉우리입니다. 온통 빙벽으로 싸여 있어 오르기 어려운 곳이지요. 2km의 수직 빙벽을 올라야 하는 큰 봉우리입니다. 한때 프랑스인들이 많은 인원과 기구를 동원해서 오른 적은 있었

그래, 결국 한 사람이다

으나 최소한의 장비로 촐라체의 빙벽을 오른 사람은 두 명의 한국인이 처음이었답니다. 오르는 도상에서 한 사람이 미끄러져 위급할 경우 몸을 묶은 밧줄을 끊어 한 사람이라도 살 수 있게 하는 것이 허락되었습니다. 하지만 소설『촐라체』는 그런 상황이 발생했을 때 줄을 끊지 않고 온몸이 동상에 걸린 채 함께 살아나온 두 사람의 실화를 바탕하여 쓴 이야기입니다. 작가 박범신은, 어머니는 같지만 아버지가 다른, 그래서 서로 어머니의 사랑 때문에 증오하게 된 두 형제를 촐라체를 오르는 등산가로 설정했습니다. 형은 의붓아버지의 사랑을 얻기 위해 갈망하다가 결국은 그것이 그림자가 되어 이혼한 상태로 촐라체로 떠났으며, 동생 역시 사람을 죽인 후 도피하고자 촐라체로 향했던 것입니다. 두 사람은 빙벽에서 동생의 실수로 생사를 눈앞에 둔 채 루프에 함께 매달려있습니다. 오르는 과정에서 서로 앙금을 쏟아냈으며, 품었던 미움을 토해내었고, 상대방으로 인한 고통이 얼마나 컸었는가를 토로했습니다. 하지만 마지막 죽을 지경에 이르렀을 때 밧줄을 끊지 않고 같이 살아남았다는 이야기가 소설『촐라체』의 중심 내용입니다. 소설에서 두 형제는 자신의 그림자를 피하기 위해, 떨쳐버리기 위해 산을 올랐습니다. 화급한 지경에 이르러서도 서로 욕하고 미워했지만 서로를 살려냄으로써 그들은 촐라체 빙벽에서 자신의 그림자를 떨쳐냈고 진정한 사랑을 경험할 수 있었습니다. 그 큰 산 촐라체 빙벽 속에서 자신의 그림자를 떨쳐냈던 것입니다.

다메섹 도상에서 자신의 눈을 멀게 했던 하나님을 체험한 바울이 요구했던 바가 있습니다. 주께서 자유를 주셨으니 다시는 종의 멍에를 메지 말라는 것입니다. 인생에서 더 이상 그늘을 만들며 살지 말라고 했던 것입니다. 바울은 예수가 우리에게 너무도 큰 그늘인 것을 확신한 사람이었습니다. 예수, 그분의 품이 세상의 모든 그늘을 품을 만큼 넉넉하다고 믿은 것입니다. 그렇기에 자기가 만든 그늘, 그 그림자에 고통받지 말라고 하셨습니다. 어정쩡하게 살지 말라는 것입니다. 우리의 삶 속에도 얍복강변의 씨름이 필요하고, 촐라체와 같은 어마어마한 산이 필요합니다. 자신의 그림자를 벗는 길은 더 큰 그늘로 들어가는 길밖에 없습니다. 이것이 촐라체가 지닌 구원의 상징이자, 십자가의 본뜻입니다. 하지만 큰 그늘은 우리에게 지금과는 다른 삶, 다른 생각, 다른 마음을 요구합니다. 빠르게만 살던 우리에게 느리게 살라 하며 증오와 미움과 불안이 전부였으나 그것들을 사소하게 느끼라고 권면합니다. 결국 그분은 그림자를 만드는 너 자신을 한 번 없이 하면 되지 않겠느냐고 묻습니다. 그림자를 만들었던 너 자신을 없이 한다면 그림자 역시 없어질 것이 아니냐는 것이지요. 내가 존재하는 한 그림자는 필연적입니다. 내가 없으면 그림자도 사라질 것입니다. 증오와 미움을 품고 경쟁을 야기했던 존재들이 촐라체의 정상과 얍복강변에서 사라져버린 것을 기억하십시다.

최근 큰 그늘 밑에 들어가서 그 스스로 큰 그늘이 된 '영등포 슈바이처'라 불리는 요셉 병원장을 가슴 깊게 만났었습니다. 그를 보면서 '사람만이 희망이다'라는 말을 다시 한 번 믿게 되었습니다. 20년간 도시 빈민, 노숙인, 외국인 노동자 43만 명을 여러 후원자들의 도움을 받아 무료로 치료해온 의사, 가톨릭 교우인 그는 자신을 찾는 환자들을 하나님 주신 선물로 생각하며 살았습니다. 의사에게 아무것도 가져다줄 것도 없고 아무것도 해줄 것이 없는 그런 환자야말로 진정으로 의사에게 필요한 존재라 여겼습니다. 그들이 오히려 자신의 존재감을 일깨워준 선물이라 생각한 탓입니다. 예수라고 하는 큰 십자가 그늘에 들어가 자신의 그늘을 없애고 나니 그는 예수처럼 큰 그늘이 되었고 길을 가다가 스스로 길이 되었던 것입니다.

우리 역시 이런 삶을 다짐해 보면 어떻겠습니까. 아직은 요원한 목표이겠으나 주변에 이런 사람이 있다는 것이 희망이자 도전이 되었으면 좋겠습니다. 끊임없이 그림자를 만들며 살아온 인생을 이제 그만해도 되지 않겠습니까. 종의 멍에를 벗자는 것입니다. 이것이 바로 바울의 부활신앙이고, 케리그마이며, 복음입니다. 우리 기독교인들에게 이런 의욕이 없다면 예배가 무슨 소용이 있겠습니까? 시간이 흐를수록 정은희 선생님이 자꾸 생각이 납니다. 홀연히 우리 곁을 떠났으나 그는 우리보다 자유롭게 살았던 분입니다. 물론 그 역시 많은 그늘을 가지고 인생을 살았겠지요. 하지만 그는 우리보다 십자가 그늘 밑에 훨씬 다가선 분 같습니다. 일생 그늘을 만들며 살았으나 마지막에 이르러 죽음으로부터 자유한 모습을 보였기 때문입니다. 도망가려고 기를 써보지만 그럴수록 우리 곁을 떠나지 않는 것이 그림자입니다. 큰 그늘, 내가 너를 자유케 했으니 다시는 종의 멍에를 메지 말라고 하는 복음 속으로 들어가야만 우리는 자유할 수 있습니다. 성서는 이를 사랑으로 서로 종노릇하라는 말로 표현합니다. 사랑으로 종노릇하는 길은 자기가 사라진 길입니다. 자기가 없어졌다는 말입니다. 그리스도 안에서 새로운 자기가 탄생하는 순간이겠습니다. 나는 내가 아닐 때 진정한 내가 될 수 있을 뿐입니다. 이것이 복음인 것이지요. 이 경험이 종교의 멋이자 맛이고 기독교를 기독교답게 하는 진정한 힘입니다. 영등포 슈바이처처럼 무거운 멍에일 수밖에 없는 환자들을 하나님의 선물로 생각하며 인생을 산다면 더 이상 우리를 옥조이는 그림자는 생기지 않을 것입니다. 그림자를 없이 하는 예수의 큰 그늘 속으로 우리 인생이 초대된 것에 감사하십시다.

그래, 결국 한 사람이다

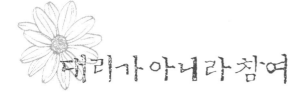

대리가 아니라 참여

　　'오병이어의 사건'이라고 불리는 성서 속 이야기가 있습니다. 아마도 예수 공생애의 중심부에 있었던 사건일 것입니다. 고난 주간의 목요일, 예수께서 당신의 제자들과 더불어 마지막 식사를 나누는 '최후의 만찬' 역시 이와 무관치 않습니다. 전자는 예수의 삶의 중심부에서 일어났던 일이고 후자는 예수의 삶의 끄트머리에서 일어난 사건이었습니다. 그러나 제가 믿기에, 또 제가 읽기에 이 두 이야기는 서로 다른 사건일 수 없습니다. 떡 다섯 개와 물고기 두 마리를 가지고 오천 명을 먹인 사건을 통해서 최후의 만찬 시 제자들에게 그들의 할 일을 말씀하고 있다는 생각을 했기 때문입니다. 오천 명을 먹인 기적 자체에 대해서 이견이 분분합니다. 이것을 해석하는 방법도 여러 가지가 있는 줄 압니다. 여기에서는 기적의 가능성 여부보다는 최후의 만찬과 오천 명을 먹이신 사건 간의 관계를 상호 연관지어 생각해 보렵니다.

예수께서 한적한 곳에 가서 쉬기를 원하셨습니다. 사람들에 시달려 피곤하신 탓이겠습니다. 당시 백성들은 예수가 어디를 가든지 따라갔었지요. 정말 쉬기를 원했고, 좀 편히 앉아 먹고 재충전을 원했을 터인데, 백성들이 그를 자유롭게 놓아주질 않았습니다. 귀찮기도 했겠지만, 예수는 이들을 불쌍히 여겼습니다. 도대체 이들은 누구였을까요? 거처를 이리로 옮기면 이리로 오고, 저리로 가면 저리로 따라오는, 이들은 도대체 누구였겠습니까? 우선 로마 지배하에 있던 식민지 백성이었겠지요. 로마와 결탁한 성전 지도자들과 율법학자들에 의해서 고통을 당하던 사람들이었습니다. 더구나 지식 사회학자들에 따르면 예수 당시 최소한 2~3년 동안 집중적인 가뭄이 일어났을 것이라고 합니다. 이들의 고통이 얼마나 심각했었는가를 가늠할 수 있는 대목입니다. 예나 지금이나 성전은 기도가 행해지고 회개가 이루어지는 곳이며, 하나님의 용서와 은총이 발생하는 곳이었습니다. 종교 지도자들은 하나님의 은혜와 용서 그리고 회개가 오로지 성전 안에서만 일어날 수 있다고 가르쳤습니다. 하지만 예수와 세례요한은 성전 밖에서 '하나님의 도래'를 외쳤고 죄의 용서를 선포했습니다. 성전 안에서 이뤄져야 할 회개와 용서의 행위가 성전 바깥에서 선포되고 행해졌던 것입니다. 이로 인해 예수와 세례요한은 당시 성전 신학, 교회 중심의 신학의 틀에서 죄인일 수밖에 없었습니다. 지금 우리에겐 별것 아닌 듯 여겨지겠으나, 성전 밖에서 그런 행위를 했다는 것 자체가 신성 모독이었습니다. 예수에게 신성을 모독한 죄가 덧씌워지게 된 것입니다. 지금도 성직자들은 교회를 구원의 방주로 여기며, 교회 밖에는 구원이 없다고 당당히 말합니다. 당시의 성전 지도자처럼 그렇게 말입니다.

이런 정황에서 자신을 믿고 따르는 백성들은 너무도 불쌍한 존재였습니다. 날은 어두웠고 정작 백성들은 먹을 것이 없었습니다. 먹을 것이 있는지 없는지, 돌아갈 길이 얼마나 먼지, 잘 곳이 있는지 여부와 상관없이 예수의 입과 몸짓을 보고 따라왔던 그들입니다. 이런 지경에서 어린 아이가 빵 다섯 개와 물고기 두 마리를 내놓았습니다. 마가나 마태복음에는 어린아이라는 말이 나오지 않습니다. 여하튼 예수는 굶주리는 이들을 먹이고자 했습니다. 이를 위해 '밥상 공동체'를 만들어야 되었던 것입니다. 내가 어떤 사람하고 밥을 먹는가는 당시뿐 아니라 지금도 대단히 중요한 일입니다. 사람의 신분을 나타내는 표지가 되는 까닭입니다. 예수는 세리와 가난한 이들과 더불어 밥을 먹었다는 이유로 율법을 어긴 죄를 걸머져야만 했습니다. 그럼에도 말씀에 굶주렸고, 실제로 배가 고파 굶주리며 하나님의 나라를 기다렸던 사람들을 향해서 예수는 먼저 이렇게 물었습니다. 너희가 가진 것이 있느냐고 말이지요. 예수께서 굶주린 백성들을 먹이기 위하여 물었던 말씀이 '너희가 가진 것이 무엇이냐'라는 것이었습니다.

저에게는 예수의 이 질문이 참으로 중요하다 생각됩니다. 오병이어의 사건이 기적인가 아닌가는 중요하지 않습니다. 근본주의적 신앙을 가진 사람들은 사실이기 때문에 믿는다고 하고, 무신론자들은 그것이 사실이 아니기 때문에 믿지 않는다고 말합니다. 하지만 팩트fact가 진리일 수는 없습니다. 근본주의적 신앙이나, 무신론자가 똑같은 것은 팩트를 진리로 여기고 있다는 사실입니다. 그러나 오늘 본문은 그보다 더 큰 의미가 있습니다. 예수께서 우리가 가진 것이 무엇인가를 먼저 물었고, 축사하셨으며, 그것을 가지고 사람들을 다 먹이셨고, 남은 음식이 열두 광주리가 되었다고 말합니다. 여기서 중요한 것은 그가 당신의 일에 우리를 참여시키려 한다는 사실입니다. 너희가 가진 것이 무엇인가? 우리가 갖고 있는 그것으로 굶주린 사람들을 먹이고자 하셨습니다. 굶주린 이들을 먹이려는 예수의 일에 우리를 참여시키신 것입니다. 마가는 바울서신의 존재를 알고 있던 사람이었습니다. 동시에 예수의 구체적인 삶과 죽음을 기억하던 공동체의 일원이기도 했습니다. 바울은 믿음으로 그리스도의 몸과 하나가 되는 구원을 강조하였으나 마가는 우리 각자가 예수의 일에 구체적으로 참여하기를 바랐던 것입니다. 이것이 바로 이방인을 상대로 했던 바울의 공동체와 예수에 대한 살아 있는 기억을 사십 년 이후 자기의 공동체에게 전했던 마가와의 차이였습니다.

멜 깁슨 감독의 영화, 〈패션 오브 크라이스트The passion of Christ〉라는 영화를 보고 감동받은 적이 있을 것입니다. 많은 분들이 영화를 보며 눈물을 흘렸습니다. 눈물을 흘린 이유는 예수의 패션passion을 예수의 '수난' 혹은 '고난'으로 이해했기 때문에 그렇습니다. 우리 죄를 위해서 예수가 인간으로서 감당키 어려운 고통을 당했기에 슬펐던 것입니다. 하지만 '패션'이란 말을 '열정'이라고 번역할 것을 성서학자들이 권면합니다. 그리스도의 열정, 그것은 무엇을 위한 것이었을까요. '하나님 나라'에 대한 열정이었습니다. 그가 우리의 죄를 위하여 고난을 받았다고 믿기 이전에, 예수는 하나님 나라의 열정 때문에, 그 열정이 로마 제국주의자들과 성전 지도자들을 불편하게 했기 때문에 고통을 받았던 것입니다. 예수는 백성들을 괴롭히는 당시의 기득권자들인 이들을 불편하게 하는 방식으로 백성을 자유롭게 했고, 해방시켰으며, 고통을 벗겨주려 했습니다. 이것이 예수가 지녔던 '열정'의 구체적 내용입니다. 우리는 〈패션 오브 크라이스트〉에서 '그리스도의 수난'보다 '그리스도의 열정'이 무엇이었는가를

그래, 결국 한 사람이다

먼저 느끼고 배워야 할 것입니다. 죄라고 하는 것도 또한 우리가 알고 있는 의미와 같지 않습니다. 오히려 체제에 길들여지고 운명에 매여 자기의 현실에 체념하는 그것을 일컬어 예수는 죄라 했던 것입니다. 앞서 본 대로 남자만 오천 명이고 실상은 그 몇 곱절 되는 사람들이 피곤에 지쳐 쉬길 원했던 예수를 찾아왔습니다. 그들을 먹이는 일이 예수에게는 정말 중요했습니다. 밥상 공동체를 만들어 그들을 배불리는 것이 하나님의 일이었고, 예수의 패션, 열정의 표현이었습니다. 그런 예수가 지금 우리에게 내가 지닌 열정과 함께 할 수 없느냐고, 네가 가지고 있는 것이 무엇이냐고 묻고 있는 것입니다.

마가복음 후반부에 있는 '마지막 만찬'은 예수 삶의 중심부에 있었던 오병이어의 말씀을 재차 환기시켜줍니다. 최후 만찬 역시 당신을 따르던 제자들과 함께했던 밥상 공동체였습니다. 앞서 오천 명을 먹인 밥상 공동체와 결코 다르지 않았습니다. 여기서 예수는 떡과 포도주를 자신의 살과 피라고 말씀했습니다. 오천 명에게 먹였던 떡과 생선이 이제 그리스도의 살과 피가 된 것입니다. 떡은 몸입니다. 어떤 신학자는 여기서 창조 신학의 본질을 찾고자 했습니다. 누구나가 육체를 갖고 있기에 누구도 굶주리지 않는 세상을 만드는 것은 절실한 일입니다. 모두가 먹을 수 있으며, 누구도 굶주리지 않는 세상, 이것이 바로 하나님이 원하는 정의로운 세상입니다. 따라서 최후 만찬은 예수가 세상을 창조하신 하나님의 일을 하고 있다는 증거입니다. 피는 억울한 이의 절규를 뜻합니다. 죄 없이 죽은 아벨의 피가 대지에서 소리치고 있다는 구약의 이야기를 떠올려봅시다. 의로운 자의 죽음은 언제든지 피로 얼룩진 대지에서 소리를 칩니다. 예수께서 '이것은 내 피다'라고 한 것은 의로운 자의 죽음을 기억하고 억울한 이의 절규를 들어 그들의 한을 구원하겠다는 표시였습니다. 억울하고 고통스러운 사람들의 소리를 잊지 않겠다는 증거로서 예수는 포도주를 자신의 피라 했던 것입니다. 모두가 굶주리지 않고 어떤 고통과 슬픔도 해결되며 빈부귀천 없이 누구나 함께하는 밥상 공동체의 실상입니다.

마지막 만찬은 종려주일의 목요일에 있었던 사건입니다. 이날 예수는 자신을 배불리는 떡, 억울한 이들의 절규를 해결하는 피로 내주면서 우리의 몸도 그와 같기를 바랐습니다. 너희가 가지고 있는 것이 무엇인가를 물었던 예수께서는 당신을 따랐던 열두 명의 제자들에게 자신의 몸과 피를 내주면서 그들 역시 그렇게 살기를 바랐던 것입니다. 이것이 바로 예수의 열정, 그리스도의 열정을 따르려는 제자도의 모습입니다. 사순절 기간은 예수가 원했던 이 길을 다시 배우는 때입니다. 그런데 우리는 정말 그 길을 걷고 있는지 모르겠습니다. 예수의 하나님 나라 열정에 참여하고 있는가를 더욱 여실히 물어야 할 때입니다.

오늘의 교회는 대속(대리)만 알 뿐, 참여를 부담스럽게 여겨 외면하고 있습니다. 예수께서 나를 위해 죽었다는 대속 사상만을 은혜로 믿을 뿐입니다. 예수를 따랐던 열두 제자들도 절망하며 그의 열정으로부터 등을 돌렸습니다. 그 열둘의 모습이 오늘 우리의 자화상이겠습니다. 모두가 어려운 시대를 살고 있습니다. 수많은 실직한 사람들, 더 많아지는 비정규직 노동자들, 대학을 졸업하지만 희망이 없는 젊은이들, 대학에서 가르치는 뭇 강사들, 소수를 위해 존재하는 중·고등학교 학생들, 홀로 된 가장들, 몰락하는 개인사업자들로 세상이 넘쳐납니다. 그러나 하나님 나라의 열정을 가지고 사셨던 예수는 이들도 배부를 것을 원하고 있습니다. 이들이 바로 예수 주변에 모여든 이 시대의 오천 명이고 오병이어의 기사 이적을 경험해야 될 주인공들입니다. 이들이 있는 한 예수는 쉬고 싶어도 쉴 수 없을 것입니다.

마가복음 11장은 무화과나무를 저주하는 예수의 진노를 보여줍니다. 유월절 절기에는 단연코 무화과나무 열매가 존재할 수 없습니다. 절기상 무화과나무 열매가 맺혀질 수 있는 때가 아닌 것이지요. 그것을 모르고 예수께서 열매 없는 무화과나무를 저주할 리 없습니다. 그런데 왜 열매 없다는 이유로 저주를 퍼부었을까요. 그것은 성전(교회)이 성전(교회)답지 못한 것에 대한 질책성 비유였습니다. 나무에 열매가 없다는 것은 성전에 하나님의 의義가 없음을 의미합니다. 나무를 베어버리고 싶을 만큼 회칠한 무덤 같은 성전이 가증스러웠던 것이지요. 사람들은 교회를 천국이라 믿으며 만사형통을 위해 교회로 발걸음을 옮깁니다. 지친 삶을 위로받고자 반복하여 교회를 찾습니다. 하지만 열매 없음을 저주하셨던 예수는 거짓된 안전 의식에 빠진 우리를 오히려 질책합니다. 정의가 없는 예배, 하나님 나라에 대한 열정을 잃어버린 교회를 예수는 열매 없는 무화과나무로, 베어져야 할 나무로 비유했던 것입니다.

예수는 삶의 마지막 순간에 자신의 살과 피를 내어놓으셨습니다. 그것으로 모두가 배부르고 한스러운 절규들이 치유되기를 바랐던 것입니다. 바로 이런 열정으로 우리는 부름 받았습니다. 그 부름 앞에 응답하는 것이 우리의 몫이 된 것입니다. 대리, 대속 사상에 앞서 예수의 길에 참여하는 것이 필요합니다. 이를 위해 사순절에 예수 그리스도의 열정이 우리의 가슴 속에 되살아나야 합니다. 거짓된 안전 의식에 젖어, 정의 없는 예배를 드리고 있는 우리의 모습을 부끄럽게 생각할 일입니다. 자신의 몸과 피로 하나님의 열정을 표현하셨던 예수의 삶을 따라야 할 때입니다. '너희가 가지고 있는 것이 무엇인가'를 물었던 예수의 질문 앞에 우리가 대답했으면 좋겠습니다. 물론 그때도 실패했듯, 지금도 실패할 것입니다. 그럼에도 불구하고 다시 시작하십시다. 이것이 예수를 따르는 우리의 운명입니다.

Never Ending Story

미정고(未定稿)

노무현 대통령께서 서거한 날 오후 다섯 시 한 라디오 프로그램에서 첫 곡으로 'Never Ending Story'라는 노래를 틀어주었습니다. 노 대통령의 삶이 오늘 우리에게 아직 끝나지 않은 노래Never Ending Story가 되었고, 또 예수의 삶이 우리에게 끝나지 않는 이야기로 전해지는 듯싶어 그 노래 제목을 갖고 예수를 말해보고자 합니다.

교회력으로는 성령강림주가 지났습니다. 추모예배를 통해서 우리는 노 대통령의 삶과 죽음을 깊이 애도했습니다. 이후 우리에게 노무현의 정신을 기억하고 살아내는 일이 중요해졌습니다. 그러한 마음으로 성령강림의 의미를 생각해 보려 합니다. 3년 동안 공생애를 살다 죽음을 앞둔 예수께서 제자들과 이별하는 고별 설교가 있습니다. 요한복음서에 담긴 대단히 중요한 내용입니다. 자신의 죽음을 두려워하는 제자들에게 죽음 이후를 유언처럼 전달하는 내용을 담고 있습니다. 예수는 우리들을 고아처럼 홀로 내버려 두지 않겠노라, 그래서 보혜사 성령을 너희와 함께 있도록 하겠다며 당신 부재 이후의 상황을 안심시켰습니다. 이런 고별 말씀은 성령 강림을 경험했던 마가 다락방 내의 오순절 사건을 떠올리게 합니다. 각기 다른 언어로 말을 했지만 모두가 이해했고, 소통하였으며, 새 술에 취한 사람처럼 되었다는 사도행전 말씀과 요한복음서의 고별설교는 맥이 닿아있는 것입니다. 소통부재의 시대에 사는 우리에게 다른 언어로 이야기했으되 새 술에 취한 사람들처럼 상호 이해하게 되었다는 말씀에 마음을 모으고 싶습니다.

고별 설교에서 크게 주목하고 싶은 바는 예수께서 자신의 제자들을 향해서 "너희는 나보다도 더 큰일을 할 수 있을 것이다"라고 하신 말씀입니다. 우리는 예수를 교리적 차원에서 마침표로 이해하는 데 익숙합니다. 그가 모든 것을 다 이루었고, 구원이 그에게서 비롯하며 교회 출석이 내세를 보증하는 것이고 예수만이 종착점이기에 다른 것들을 무의미하다 여기면서 예수에게 마침표를 찍습니다. 그러나 예수의 마지막 말씀을 보면 너희가 내 안에 있고, 또 나를 믿으면 너희는 내가 하는 일도 할 것이며 내가 했던 일보다 더 큰 일도 할 것이라 했습니다. 이것은 예수의 일이 마침표로 끝난 것이 아니라 그것이 '아직 끝나지 않은 이야기Never Ending Story'로서 우리에게 남아있다는 말입니다. 아직 마치지 못한 일, 끝나지 못한 일 그래서 누군가가 계속해서 더 크게 할 일이 있다는 이야기인 것입니다. 그래서 다석 유영모 선생은 이 말씀을 좋아하면서 '미정고 未定稿'라는 선생님 특유의 한문으로 표현했습니다. Never Ending Story 라는 말을 선생님 식으로 표현한 것입니다.

세상의 모든 일이 그렇듯이 기독교 역시도 아직 끝나지 않은 이야기를 말하는 종교입니다. '정의 · 평화 · 창조 · 질서의 보전JPIC'을 위한 전 세계 기독교인의 모임을 주관했던 바이체커Carl Friedrich von Weizsäcker는 "기독교 정신은 아직 구현되지 않았다. 기독교의 구원은 아직도 이루어지지 않았다"고 했습니다. 세상을 위협하는 정의의 문제, 평화의 문제, 생명의 위기가 존속하는 한 기독교 정신은 실현되지 못한 것이며 따라서 기독교의 구원이 아직 요원하다는 것입니다. 그럼에도 우리는 마치 기독교가 구원을 독점한 종교인 것처럼 마침표로 이해하는 데 너무나 익숙해져 있습니다. 기독교 역시도 아직 끝나지 않은 이야기를 하고 있는 미정고의 종교입니다. 언제 끝날 수 있을지 누구도 모릅니다. 하지만 성령강림은 이 일이 언제 끝날 수 있는지, 이 일이 어떻게 끝날 수 있는가를 우리에게 가르쳐 줍니다. 우리 각자가 진리의 영인 보혜사를 지닌 존재라는 자각을 갖고, 예수가 원했던 것을 우리도 원하며, 그분이 진정으로 꿈꿨던 것을 우리도 꿈꾸고, 그분이 가고자 했던 길을 우리도 같이 걸을 때 비로소 마침표를 찍게 될 수 있다 했습니다. "너희를 고아처럼 남겨두지 않고 너희와 늘 함께 있게 하겠노라"고 말한 성령강림의 사건이 그래서 우리에게 중요합니다. 진리의 영이신 그가 우리 안에 있다는 믿음, 내 안에 나보다 더 큰 존재의 힘이 내주한다는 확신, 그래서 우리도 올바른 꿈을 꿀 수 있고, 올바른 것을 바랄 수 있으며, 정의롭게 행동할 수 있을 것이라는 자신감, 바로 이것이 예수께서 마지막에 고별 설교로 우리에게 전하신 말씀의 핵심입니다. 그렇기에 예수는 너희가 내가 한 일을 할 수 있고, 나보다도 더 큰 일을 할 수 있다고 말씀하신 것입니다.

이 말을 달리 표현하자면, 우리 스스로 작은 예수가 될 수 있어야 한다는 것이고, 이제는 예수 믿기가 아니라 예수 살기로 나아가야 한다는 뜻일 것입니다. 내 안에 나보다 더 큰 힘, 진리의 힘이 내주한다는 믿음 하에서 예수 살기로 나아가자는 것입니다. 보혜사 영이 우리와 함께 있기 때문에 가능한 이야기입니다. 이 시대를 일컬어 영의 시대, 성령의 시대라고들 합니다. 2,000년 기독교 역사 속에서 교회를 강조하던 시대가 있었습니다. 또한 인간 예수를 강조했던 시기, 세상을 심판하는 초월적 하나님을 맘껏 강조하던 때도 있었습니다. 하지만 아우슈비츠 이후의 시대를 살고 있는 지금, 신학은 성령을 중심으로 사유하기 시작했습니다.

성령의 시대는 '영성의 시대'라고도 불립니다. 모두 속에 나 아닌 나보다 큰 어마어마한 힘, 그 어떤 것이 내재해 있다는 확신이 중요해진 것입니다. 편협한 개별아^我가 아니라 나보다 더 큰 존재와 함께 있다는 믿음을 가지고 인생을 옳게 살자는 것입니다. 나뭇가지가 흔들리는 것을 통해서만 바람의 존재를 알 수 있습니다. 우리 역시 맺힌 삶의 열매를 통해서만 자신 속에 있는 하나님, 자신 속에 살아있는 하나님의 영의 존재를 확인할 수 있을 것입니다. 흔들리는 나뭇가지를 통해서 바람을 느끼듯 내 안에 있는 나보다 더 큰 힘의 존재는 우리가 맺는 삶의 열매를 통해서만 드러나는 것입니다. 이것이 성령 시대의 기독교적인 삶의 모습입니다. 교리, 머리로 아는 지식이 아닌 삶(열매)을 통해 자신의 존재를 증명하는 일이 화급한 시대가 된 것입니다. 각자가 작은 예수가 되고, 보통명사 노무현이 되고, 그래서 그 옛날 예수 혼자서 행했던 일을 나누어 짐으로써 그보다 더 큰 일을 감당할 수 있어야 합니다. 그동안 예수 홀로 너무도 큰 짐을 지웠습니다. 나라의 대통령 한 사람에게도 너무 무거운 짐을 지도록 했습니다. 그럼에도 다들 그들에게서 등을 돌렸습니다. 우리가 예수에게 그랬던 것처럼 한 사람 노무현에게 너무나 무거운 짐을 지웠고 그것을 나누지 못했습니다. 세상과 작별하면서 예수는 무거운 짐을 나누어 질 것을 간절히 바라고 있습니다. 하지만 예수에게 무거운 짐을 지우고, 정작 우리는 너무도 가볍게 살고 있습니다. 믿기만 하면 된다고요? 바로 그런 사람들이 노무현 정신을 땅에 묻었고, 예수를 죽었던 죽였던 것입니다.

이런 맥락에서 성령에 대해 좀 더 말해 보겠습니다. 사도행전 초반에 기록된 오순절 사건을 창세기의 바벨탑 신화와 더불어 읽을 때 성령의 의미가 좀 더 선명해집니다. 사람들이 바벨탑을 쌓아 스스로 하나님처럼 되려고 할 때 하나님께서는 사람들의 언어를 흩어 서로 통할 이치를 끊으셨습니다. 그것이 바로 바벨탑 신화의 핵심입니다. 서로 간에 소통할 수 없게 된 근원적인 이유를 창세기는 이렇듯 신화적으로 알려줍니다. 반면 오순절 사건은 서로 다른 언어들로 이야기했으나 그들 사이에 소통이 가능했음을 보여줍니다. 자신들 속에 자신보다 더 큰 영의 존재가 임하게 된 탓에 스스로 할 수 없었던 일들이 가능했다는 이야기입니다. 생김새가 달랐고, 피부색이 달랐으며 심지어 종교적 이념에 차이가 있었을지라도 더 큰 무엇을 위해 '사람 사는 세상' 속에 소통이 시작되었다는 이야기입니다. 소통이 될 때 '미정고'로 남겨진 문제는 비로소 해결됩니다. 예수 그리스도가 남겨놓은 Never Ending Story가 우리로 인해 마침표를 찍을 때가 온 것입니다. 하지만 오순절 성령의 임재를 말하나 더 큰 리얼리티, 무한한 힘에 사로잡히지 못하고, 오히려 그것을 파묻고 있는 것이 오늘 우리의 죄된 실상입니다.

저는 거의 30년 전부터 시인 김지하와 친분을 갖고 지냈습니다. 큰 어른이고, 위대한 족적을 남겼던 분이라 존경도 했습니다. 그렇지만 이제 그와의 관계를 접고자 합니다. 그동안 이런저런 방식으로 많은 관계를 맺었던 사람입니다. 지구의 날을 기념하여 지구 헌장도 같이 썼습니다. 그의 율려사상에 대한 논평도 했었지요. 그러나 얼마 전 부산일보에 실린 그의 글, 더욱이 최근 박근혜 정권을 추종 비호하는 그의 언사는 큰 리얼리티를 파묻는 어처구니없는 일이 되었습니다. 이제 누구도 김지하의 생명사상을 믿을 수가 없게 되었습니다. 나보다 더 큰 리얼리티에 의해 사로잡힌 사람은 누구보다 세상과 소통을 잘할 수 있습니다. 막힌 담을 헐어낼 책임과 사명이 있는 까닭입니다. 오순절 다락방에서 서로 피부색이 달랐고, 언어가 달랐으며, 혹은 종교가 달랐겠으나 능히 소통할 수 있었습니다. 그래서 끝나지 않은 이야기를 끝낼 수 있는 힘들을 그들이 서로 나눠 갖게 된 것입니다.

하지만 로마서에는 하나님의 영의 탄식이란 말이 자주 나옵니다. 우리를 고아처럼 남겨두지 않고 더 큰 일을 위해, 하나님의 영, 진리의 영을 주고 떠났지만, 정작 그 영이 오히려 탄식하고 있다고 했습니다. 성령이 말할 수 없는 탄식으로 우리를 위해 간구하고 있다는 것입니다. 인간을 비롯한 피조물 일체가 탄식하는 것이 오늘의 현실입니다. 자기 소리만 내고 인생을 살아왔기에 남의 소리를 남의 소리로 제대로 듣지 못한 것입니다. 마음을 다하고 뜻을 다해 남의 소리를 남의 소리로 듣는다면 우리에게 들리는 소리는 온통 비탄과 탄식과 신음의 소리뿐이란 것이 성서의 말씀입니다. 자기 소리만 크게 내며 살았던 탓에 자기 밖의 피조물의 고통 소리를 들을 수 없었습니다. 성서는 이런 신음소리를 듣는 것이 우리 시대의 성령체험이라 합니다. 자신 속에 내주한 영의 존재를 깨닫는 사람들은 이런 소리를 들을 수 있습니다. 그래서 진정으로 탄식하는 피조물들과 소통하는 사람이 될 수 있습니다. 다석 선생님은 믿음을 '믿음' 곧 '바닥의 소리'라고 풀었습니다. 믿은 아래이고 음은 소리인 것이지요. 아래 소리, 바닥 소리, 이것을 믿음이라 한 것입니다. 인간 내면 깊은 곳에서 나오는 소리, 우리 사회 밑바닥에서부터 터져 나오는 고통의 소리라는 뜻일 것입니다. 자기 내면 깊은 곳에서 들려오는 세미한 소리를 들을 때, 비로소 삶의 바닥에서 들려오는 탄식과 아픔의 소리와 소통할 수 있습니다.

예수가 꿈꿨던 세상, 노무현 정신이 이루려 했던 것이 여전히 Never Ending Story로 남아있습니다. '미정고'입니다. 우리에게 남은 일은 그보다 더 큰 일을 하는 것이고, 할 수 있다는 것이 예수의 마지막 고별 설교의 가르침입니다. 우리 속에 우리보다 더 큰 존재가 함께합니다. 하지만 그것이 고통하며 신음하고 있습니다. 우리 속에 있는 영을 자유롭게 해 주어야만 합니다. 이는 바닥 소리, 신음하는 피조물의 소리와 소통함으로써 가능한 일입니다. 이제부터 외면적인 권위는 버리고, 살아있는 하나님의 영의 힘으로 살기를 다짐합시다. 그래야 이 불통의 시대에 소통할 수 있는 사람이 되며 오순절 시대를 살아가는 기독교인이 될 수 있습니다. 삶의 소리, 바닥의 소리를 듣고 그로부터 현실을 보는 눈을 갖기를 바랍니다. 성령의 시대를 살아가는 우리에게 이러한 '바닥 소리'가 들려지기를 바랄 뿐입니다.

결국 한 사람이다

지난 열흘 가까이 터키 이스탄불과 바울의 유적지 에베소 지역을 다녀왔습니다. 이번 여행은 세간의 오해와는 달리 이슬람 국가인 터키, 특별히 이스탄불 주변의 도시들 속에서 기독교를 비롯한 다양한 종교들의 공존 모습을 직접 체험하며 그들 지도자들과의 대화가 주목적이 있었습니다. 터키 안에 있는 가톨릭교회를 비롯하여 아르메니안 정교회, 유대교 회당 심지어 장로교회가 이슬람 성전인 모스크와 같은 지역에 이웃한 모습은 놀라웠습니다. 이스탄불에 있는 소피아 성전은 박물관이 되어있으나 한 때 동방 기독교교회의 성전이었다가 얼마 전까지 이슬람 사원으로 사용되기도 했던 곳으로 기독교 예술과 이슬람 예술이 어우러져 있었습니다. 본래 이스탄불은 AD 4세기경 콘스탄티노플이라 불리던 지역으로서 이곳에서 최초 기독교 공의회가 열리기도 했었지요. 이처럼 터키는 동로마제국의 본산지로서 기독교와 이슬람 종교가 교차하는 문명사적으로 중요한 곳이었습니다. 지중해를 끼고 있기에 경관 역시 아름답기 그지없고 사람들도 좋았습니다.

유럽과 아시아를 제패했던 오스만 제국의 멸망 후 터키는 이슬람 국가 중 유일하게 세속주의를 국가 이념으로 채택했습니다. 주변 이슬람 국가들이 이슬람 종교를 국교로 했던 것과 달리 터키는 종교를 개인의 자유 영역에 맡기는 정책을 펼쳤던 것이지요. 하지만 이슬람 원리주의로의 회귀를 원하는 세력들이 적지 않았고 그들에 의해 수차례 쿠데타가 일어나는 비운을 겪어야 했습니다. 이런 연유로 터키는 과거의 영광을 회복치 못한 채 세속주의와 이슬람 원리주의 간의 갈등으로 지금까지 고통 중에 있습니다. 이슬람교도들이 기독교인들을 죽였고 시아/수니파의 갈등이 지속되었으며 빈부 격차 역시 극에 이르렀고 군부가 민간을 억압하는 현실이 반복되곤 했었습니다. 세속주의로 인해 백성들이 지나칠 정도로 비종교적으로 되는 것도 문제였으나 그렇다고 이슬람 원리주의로 되돌아가는 것도 터키로서는 바람직한 일은 아니었습니다. 이런 딜레마 속에서 터키를 구한 한 사람이 있었습니다. 그는 종교지도자이자 학자였던 귈렌이란 사람이었습니다. 세속주의를 극복하되 이슬람 속에서 인류 보편적 가치를 추구하는 방식을 통해 양자 간 갈등이 아닌 관용을 터키에게 선물한 인물이었습니다. 이슬람 국가인 터키가 소수의 기독교 종교를 품으며 사회적 약자들에게 기회를 주는 나라로 발돋움할 수 있었던 것도 그 한 사람에게서 시작된 것입니다. 그는 무지와 가난 그리고 갈등을 터키 민족의 현실로 직시하고 학교를 세워 교육을 통해 무지를 극복했고 나눔에 의거, 가난을 이겨냈으며 온갖 갈등을 대화로 풀어냈던 것입니다. 금번 여행은 바로 이슬람 종교 속에서 원리주의가 아닌 보편적 가치를 찾았던 귤렌의 업적과 유산, 그의 영향 속에 생겨난 학교, 방송국, 신문사, 자선 모금기관을 방문하고 그 정신에 따라 사는 터키 사람들의 가정과 사업체를 찾아 그들에게서 귤렌이란 사람의 이야기를 전해 듣는 것 역시 주목적이었습니다.

이런 귤렌이 최근 만해 불교 대상을 받았습니다. 한국 불교계가 어찌 귤렌이란 인물을 찾아 연을 맺게 되었는지 모를 일이지만 이 일로 인해서 터키 언론과 방송에 의해 한국은 물론 한국의 불교가 널리 소개되었습니다. 함께 갔던 조계종 소속 스님 한 분은 어디서나 주목을 받고 관심의 대상이 되었습니다. 현재 터키 국민 중 700만 명 이상이 귤렌의 정신에 따라 살고자 한다니 그들 나라의 미래를 가늠할 수 있을 것 같습니다. 한 예로 귤렌의 정신으로 세워진 터키 내 유명한 고등학교의 실상을 소개하고 싶습니다. 성적 상위권 학생들이 평균 이하의 친구들과 늘 함께 공부했으며 선생님들과 학생들이 기숙사에서 생활하며 한 학기 동안 평균 30권 이상의 책을 읽었고 매점에서 무엇을 사 먹고자 할 때 돈 없어 먹지 못하는 학생들을 위해 자기 것 외에 하나를 더 사서 맡겨 놓는다 했습니다. 이렇게 졸업한 학생들이 사회에 나가 후배들을 위해 매년 300명을 위한 장학금을 기탁하고 있으며 무슬림이 아닌 소수의 다른 종교를 믿는 친구들을 위해 그들의 방식으로 예배할 수 있는 길을 배려하고 있는 것이 바로 이 학교의 실상이자 모습이었습니다. 지금 현재 터키 내에 이런 학교가 200개나 있고 심지어 한국을 포함하여 터키 밖에도 50여 개의 학교를 세웠다 합니다. 종족, 종교, 성별을 비롯해 어떤 차이도 차별이 되지 않도록 하기 위해, 오로지 인간의 가치 실현을 위해 이런 학교들을 다른 나라에 세운다는 것이 학교장의 설명이었습니다. 무지와 가난 그리고 갈등을 없애는 것이 바로 학교의 목표이자 귤렌의 가르침이었던 까닭입니다.

이렇듯 길게 터키 여행담을 소개하는 것은 터키의 오늘을 대변하는 한 사람 귤렌에 대한 감동이 컸기 때문입니다. 수많은 기자들과 작가들이 지금도 그를 좇아 살며 그 정신을 대변하고 있습니다. 하지만 그는 정작 터키에 돌아오지 못한 채 세계를 떠돌고 있다고 합니다. 그를 정치세력으로 보는 집권자들의 두려움이 그의 입국을 거부했기 때문입니다. 그러나 터키 가정을 방문하고 그들의 기업을 찾으면서 우리는 귤렌이란 한 사람이 뿌린 씨앗이 얼마나 견고하게 그들 일상에 뿌리내렸는지 확인할 수 있었습니다. 세속주의와 근본주의 양 극단에서 갈등하던 자신의 조국에 차이를 보듬는 사랑과 관용의 정신을 설파한 한 사람, 귤렌에 의해 지금 이슬람 종교는 보편적 가치로 거듭나는 중이며 터키는 자신의 국가를 넘어 세계를 품고 있습니다. 인간 역사 속에서 언제든 문제가 없던 적이 없으나 그것의 해결책은 결국 한 사람으로부터 비롯합니다. 그렇기에 좌우 살필 필요 없이 그 한사람이 바로 자신인 것을 생각하라는 것이 오늘 주신 말씀의 뜻일 것입니다.

100세에 얻은 아들인 이삭을 제물로 바치라는 부름을 듣고 어린 이삭을 앞세워 모리아 산으로 가는 아브라함의 모습을 떠올려 봅니다. 제물로 바칠 이삭에게 불쏘시개로 사용할 장작을 짊어지우고 아브라함은 찢어지는 가슴을 달래며 힘겹게 걷고 있었습니다. 신학자 키에르케고르는 이 대목을 상상하며 『공포와 전율』이란 책을 쓰기도 했지요. 영리한 이삭이 아버지 아브라함에게 묻습니다. "불과 장작은 여기 있는데 정작 번제에 쓰일 제물은 어디 있느냐?"는 것이었습니다. 아들의 질문에 가슴을 쓸어내리며 아브라함은 에둘러 대답합니다. '하나님께서 제물로 바칠 양을 준비하실 것이다'라고. 이런 말을 주고받으며 아버지와 아들, 두 부자는 오랜 시간을 함께 걸었습니다. 짧지 않은 시간 동안 과연 이들 부자는 무슨 생각을 하며 걸었을까요? 자식을 바쳐야 하는 아브라함의 고뇌, 아버지는 애써 부정하나 그 제물이 자신일 것이라 예견하는 영특한 이삭, 납득할 수 없는 현실 앞에서 침묵하며 이들 사이에 말없이 오고 간 무수한 이야기들이 떠올려집니다. 성서는 종종 하나님을 위해 자신의 일부가 아니라 자신의 모든 것을 바치라 명합니다. 그래서 아브라함은 자신의 전부인 이삭을 바치고자 모리아 산으로 향했고 이삭 역시 자신이 제물 될 수 있음을 스스로 수용할 태세입니다. 한 가족을 위해, 어느 공동체를 위해 나아가 세상을 위해 바로 자기 자신이 제물이 되어야 한다는 것이 아브라함과 이삭 이야기의 핵심인 것이지요. 물론 성서는 풀에 걸린 수양을 이삭 대신 제물로 바친 이야기로 종결되나 이 이야기의 요지는 역시 '자신이 바로 제물'이라는 사실에 있습니다.

하지만 오늘날 이 본문은 달리 이해될 필요가 있습니다. 과거 제물을 요구하는 주체가 하나님이었으나 오늘 우리가 처한 상황(현실)이 우리를 제물로 부르고 있기 때문입니다. 성서의 말씀이 지금 우리에겐 안전하지도, 정치적이지도, 인기 있는 것도 아니지만 옳다는 이유만으로 어쩔 수 없이 수용해야 할 '입장'이 있다는 말로 들려져야 할 것입니다. 그렇기에 잘못된 현실 앞에서 개인에게 요구되는 피할 수 없는 입장이 궁극적인 신앙 행위이자 영성의 가장 고귀한 형태라 해도 과언이 아닐 것입니다. 오늘 우리 눈앞의 불의한 현실, 그에 맞서는 것이 안전하지도, 인기 많은 것도 영화로운 일도 아니지만 그것은 피해서는 아니 될 일입니다. 눈감거나 회피할 수 없는 현실이 있다는 것이 아브라함에게 이삭을 바치라 했던 하나님의 명령과 다를 수 없습니다. 터키와 비견되는 불의한 오늘의 한국적 현실 속에서 저항을 멈추는 것은 우리 영혼과 지성의 죽음을 뜻하는 것일 수도 있습니다. 올해로 마틴 루터 킹 목사의 유명한 연설 '나는 꿈을 가지고 있습니다(I have a dream)'가 발표된 지 50년이 된다 합니다. 그는 당시 백인들의 마음이 달라져 흑인들을 감싸 줄 것을 호소하고 기대했으나 그것이 잘못된 것을 간파했습니다. 오히려 그는 흑인들에게 스스로 힘을 기르라고 가르친 말콤 엑스가 옳았음을 토로한 적이 있었답니다. 차별 없는 세상을 위해 스스로 제물이 될 수 있다고 믿는 흑인들을 깨우치는 것이 백인들에게 호소하는 것보다 옳고 빠른 길임을 킹 목사는 아주 늦게 깨달았던 것입니다. 킹 목사는 자신의 마지막 고별설교에서 이렇게 말했습니다. "만약 우리가 옳다면 하나님이 우리 편이 되어 싸우실 것이다"라고.

오늘 현존하는 기독교는 세상의 보편가치와 너무도 등진 모습입니다. 기독교 근본주의가 기승을 부리며 자신만의 특별함을 강조하나 그럴수록 기독교는 세상으로부터 외면당할 것입니다. 귈렌이 세속주의를 벗되 근본주의로 회귀하지 않고 보편적 가치를 위해 저항했던 30여 년의 역사흔적을 보면서 결국 저항하는 한 사람, 자신을 제물로 인식하는 한 사람에 의해 세상은 달라진다는 확신을 얻었습니다. 불의가 만연한 시대 하에서 피할 수 없는 입장을 갖고 저항하는 일이 오늘 우리들에게 기독교적 영성의 다른 이름이 되어야겠습니다. 하나님은 오늘 우리에게 피할 수 없는 입장을 갖도록 요구하십니다. 그것이 바로 세속에 물들었기에 고독하지 않고 현실에 길들여진 것에 저항치 못하며 이들 속에 완전히 빠져버렸기에 새로운 것을 상상할 수 없는 우리들에게 주신 하나님의 명령입니다. 자신의 가장 소중한 것, 이삭을 바칠 것을 명하는 것이 옳기에 저항하라는 말씀으로 들려지기를 바랍니다.

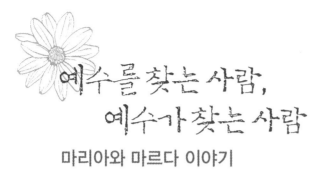

예수를 찾는 사람, 예수가 찾는 사람

마리아와 마르다 이야기

장마가 좀처럼 끝을 보이지 않고 우리가 간구하는 바 정정오 선생의 병세도 어찌 진행될지 알 수 없어 걱정스러운 시간을 보내고 있습니다. 병상에서도 웃음을 잃지 않고 최선을 다하는 정정오 선생의 인내, 늘 눈에 눈물을 머금고 대화하는 아내 김대영 선생의 모습을 떠올릴 때마다 무릎을 꿇고 하늘을 바라보게 됩니다. 문득 예배 후 간단하게 편지를 써서 우리 마음을 직접 전달하면 좋겠다는 생각이 들었습니다. 그 편지가 6개월, 1년 지속되기를 바라면서 말입니다. 이런 사랑의 마음이 지루한 장마를 견디게 하며 병상의 가족들을 버티게 하는 힘이 될 것입니다.

마리아와 마르다에 관한 이야기를 하고 싶습니다. 일전에 이에 대한 질문이 나왔던 것으로 기억합니다. 예수께서 마리아와 마르다를 달리 평가하신 것에 대해 평소 의문이 있었던 모양입니다. 저 역시 종종 그런 생각을 하였던 터라 조만간 답해 보겠노라고 응답했었지요.

성서에는 마리아란 인물이 자주 언급됩니다. 반면 마르다는 오늘 본문을 포함하여 두세 차례 나올 뿐이지요. 성서학자들에 의하면 마리아는 당시 유대 땅에서는 너무 흔한 이름이어서 그 이름을 칭할 경우 그의 출신지를 말하거나 누구 집의 마리아 등의 방식으로 언급했다고 합니다. 막달라의 마리아, 예수의 어머니 마리아 등이 그 구체적 예일 것입니다. 오늘 본문에 나오는 마리아가 옥합을 깨트린 여인 마리아와 동일한 존재인가 하는 물음도 제기 됩니다. 성서에는 마르다의 자매인 마리아와 옥합을 깨트린 이가 같다고 보는 대목도 있고, 무관한 사람처럼 언급한 저자들도 있습니다. 성서학자들에게 물어 알게 된 것은 두 사람을 같게 보는 것도 틀리지 않을 것이란 답이었습니다. 요한복음 초입에 마리아를 머리털로 주님의 발을 씻은 여인으로 그리고 있기 때문입니다. 하지만 그럴 경우에도 문제가 있습니다. 마가복음에 나오는 옥합을 깨트린 여인의 이야기는 예수 최후 마지막 일주일 안에 있었던 사건이었고, 누가복음에는 이 이야기가 전혀 언급되지 않았으며, 요한복음에는 옥합을 깨뜨린 사건이 머리털로 예수의 발을 씻겼다는 이야기와 별도(12장)에 기재되었고, 나사로의 죽음과 두 자매의 이야기를 요한 고유한 방식으로 예수 생애 중심부에 놓았기에 어느 시점의 마리아를 말해야 좋을지 혼동이 됩니다. 사람들은 주로 누가복음에만 나오는 마리아와 마르다의 이야기를 갖고서 질문합니다. 그럼에도 누가복음에서의 내용과 요한복음 속 두 자매 이야기를 함께 읽고 해석하는 것이 오늘 생각의 요지가 되겠습니다. 이로 인해 마르다의 억울함이 풀릴 수 있을 것인지, 혹은 이들 간의 차이를 달리 이해할 수 있는 길은 없겠는지 생각해 보렵니다.

그래, 결국 한 사람이다

누가의 기록부터 살펴보겠습니다. 예수께서 길을 가시다 두 자매의 집에 들렀던 모양입니다. 여기서 예수를 자신의 집으로 초대한 것은 마르다였습니다. 분명 기록대로라면 그는 열성적이고 활동적인 여인이라 하겠습니다. 예수를 초청했으니 먹을 것을 준비하는 일은 당연지사겠지요. 마르다는 부엌 일을 자신의 일로 여겼습니다. 그러나 동생 마리아는 손 하나 움직이지 않고 예수의 말씀만 듣고 있었습니다. 이쯤 되면 적극적이고 활달한 마르다도 부아가 치밀게 되지요. 동생도 나와 함께 일할 수 있도록 부엌으로 내보내 달라고 예수께 부탁할 정도까지 되었습니다. 그러나 정작 예수의 대답은 의외였습니다. 마리아는 오직 하나, 말씀에만 관심이 있으니 마르다는 하던 일을 계속하고 마리아를 그냥 놓아두라는 것이었습니다. 마리아의 선택이 옳고 마르다는 틀렸다는 지적입니다. 두 자매에 대한 이런 예수의 평가에 대해 청자들은 납득은 하면서도 불공평하다는 느낌을 지울 수 없을 것입니다. 봉사 없는 초대가 어디 있으며, 이 땅의 사람들과 먹고 마시기를 좋아했던 예수상과는 너무도 다른 모습을 보인 까닭입니다.

주지하듯 중세에 접어들며 기독교 신학은 명상과 관상기도에 치중하는 경향을 지녔습니다. 지금 우리가 경험하는 청원 기도와는 전혀 다른 기도법이지요. 오늘 우리가 일상의 번잡함으로부터 영성을 갈구하는 것도 이런 전통과 잇대어 있습니다. 분주한 일상 속에서 관조적 삶을 살고자 하는 열망이 우리 안에 생겨나고 있습니다. 중세는 관조적 삶과 일상(활동)적, 세속적 삶을 대별하며 관조적 삶에 무게 중심을 두는 신학적 입장을 선호하였습니다. 국가를 돌보고 가정을 지키고 이웃을 돕는 일보다 더 중요한 것은 그리스도에 집중하여—마치 유학의 주일무적主一無敵

이 그렇듯—그와 하나 된 상태로 몰입하는 것이었습니다. 이 경우 관조의 삶은 마리아로 대변되고 일상적 삶은 부엌에서 바쁘게 움직였던 마르다에 해당되었습니다. 이런 해석은 성속을 둘로 나눠 생각하던 중세에는 보편적이었습니다. 이런 에토스는 지금도 세상 무엇보다 교회만을 중시하는 목회 스타일에서 재생 반복되고 있으며 번잡함을 싫어하는 현대인들에게 자신을 찾고자 하는 열풍으로 나타나고 있습니다. 이 점에서 영성이란 것이 좋기는 하나 일종의 도피처가 될 수 있음을 유념할 일입니다. 지금껏 마리아는 교회를 위한 이데올로기로 기능했고, 자기몰입에로 이끄는 영성의 대명사로 자리 잡을 수 있었으나 이에 반해 마르다는 상대적으로 홀대받았습니다.

하지만 진정한 영성은 활동적 삶으로 이어져야 마땅한 일이기에 지금처럼 마리아/마르다를 가치론적으로 대별하는 것은 옳지 않습니다. 초월과 현실 중 어느 하나도 소홀하게 다뤄서는 아니 된다는 것이 기독교를 비롯한 제 종교의 가르침인 탓입니다. 종교란 자신을 극복하는 일이지만 그 실상이 시장 바닥과 같은 소란한 삶 한가운데서 그리되어야 하는 까닭이지요. 이 점에서 중세의 신비가 에크하르트는 당대의 해석을 뒤집는 파격적 해석을 시도했습니다. 오히려 마리아야말로 성속 이원론을 넘지 못하였고 따라서 원숙한 영성의 견지에 이를 수 없었다는 것입니다. 그가 말하려는 의도가 옳고, 그 진의를 모르지 않으나 이런 역전 역시 지나친 바가 없지 않습니다.

이 점에서 저는 누가복음의 본문을 요한복음 11장의 시각에서 재고해 보고 싶습니다. 여기서 두 자매는 여타 복음서와 달리 나사로의 동생들로 소개됩니다. 나사로의 죽음을 해결하기 위하여 이번에도 마르다가

138

먼저 예수를 찾아 나섰습니다. 여기서도 마르다는 당시로써 희귀한 인물임이 틀림없어 보입니다. 예수 당신이 빨리 이곳에 왔다면 오빠는 죽지 않았을 것이라 항변하는 대담함도 보입니다. 나사로가 다시 살 것이란 예수의 말씀에 '내가 믿습니다'라고 담대히 자신의 믿음을 표현합니다. 그러나 정작 예수는 마르다에게 마리아의 존재를 묻습니다. 마르다가 예수를 찾았다면 예수는 마리아를 찾으신 것입니다. 요한서를 읽으며 찾았던 저의 주제가 바로 '예수를 찾은 사람, 예수가 찾은 사람'이란 것이었지요. 왜 여기서 예수는 마리아를 찾으셨는가? 이 지점에서 혹자는 종종 마르다 콤플렉스를 말하기도 합니다. 지금 제 관심은 누가복음서가 말하는 기존의 두 자매 상을 요한복음의 시각에서 달리 해석하는 데 있습니다.

최초의 기록인 마가복음에 의하면 마리아는 누구도 예수 죽음을 알지도 믿지도 않으려 했을 때 예수 죽음을 준비한 가장 최초의 기독교인이었습니다. 성서의 증언에 의하면 그녀가 자신의 전 재산을 예수께 쏟아부은 것은 예수의 죽음을 준비할 목적에서였습니다. 이것이 바로 예수 부활 이전에 이미 예수의 이야기와 함께 전해질 첫 제자의 모습이었습니다. 오늘 요한서에도 마리아는 오빠의 주검을 지키며 한없이 슬픔을 표했고, 동네사람들도 그런 마리아를 위로하였다고 했습니다. 마리아는 그 상황을 누구보다 정확하게 파악했고, 그에 필요한 마음을 적절히 표현할 수 있는 힘이 있었던 것이지요. 그렇기에 예수 마음을 비통하고 안타깝게 했던 것은 마르다가 아니고 마리아였습니다. 누가와 마찬가지로 여기서도 예수의 마음을 움직인 존재는 먼저 그를 마중했던 마르다가 아니라 마리아였다는 것은 우연이 아닙니다. 저는 이런 차이를 근거로 '예수를 찾는 마르다와 예수가 찾는 마리아'란 제목이 떠올랐던 것입니다.

사람들은 누구나 하나님을 찾고 예수를 찾습니다. 필요할 때, 화급한 일이 생길 때마다 우리가 할 수 있는 바는 하나님을 찾고 부르는 일일 것입니다. 성서의 마르다가 그러했습니다. 누구보다 먼저 예수를 초대했고 빠른 걸음으로 달려가 자신이 필요한 바를 알리고 도움을 청했던 행위력이 뛰어난 존재였습니다. 이에 반해 마리아는 예수의 존재를 온몸으로 알기 원했고 그의 삶을 꿰뚫을 수 있는 힘을 지닌 사람이었습니다. 나사로의 죽음을 슬퍼할 수밖에 없었고, 그 참담한 현실을 온몸으로 체험하는 것이 그가 할 수 있는 전부였습니다. 마르다와 같이 교리적 믿음을 앞세우는 존재가 아니었고, 어떤 삶이든 그와 공감하는 여인이었습니다. 슬픔이 너무 커 하늘을 향해 고개조차 들 수 없을 때 예수가 마리아를 찾았다는 것은 요한이 전하는 놀라운 소식입니다. 다르게 표현하면 하나님을 믿으려 하기보다 하나님이 믿는 존재가 되라는 말일 수도 있겠습니다. 마르다가 행위를 뜻한다면 마리아는 존재 그 자체를 지시하는 것이라 봐도 좋습니다. 우리는 너무도 자주 자신이 원하는 바를 위해 예수를 찾고 그를 불러 댑니다. 약한 존재이기에 그리할 수밖에 없을지 모르겠습니다. 그러나 정작 예수가 우리를 찾을 때 우리의 존재는 너무도 희미해져 있습니다. 얼굴을 피해 숨거나 다른 일에 관심을 빼앗겨 그 부름에 답할 수 없을 때가 많은 것이지요. 그러나 마리아는 나사로의 죽음에 자신의 전 존재를 쏟아 부었습니다. 마치 예수의 발에 자신의 모든 것을 쏟아 부었듯이 말입니다. 마가복음에는 그것이 향유로 표현되었고 요한복음에서는 예수의 마음을 움직일 만한 슬픔이라 표현되었습니다. 믿음보다, 행위보다 중요한 것은 공감의 힘입니다. 흔히 중세를 믿음의 시대라 칭하고 근대를 이성의 시대라 하지만 탈현대 혹은 기독교 이후 시대를 일컬어 사람들은 공감의 시대라 부르고 있습니다. 이 점에서 마리아는 공감의 화신, 공감하는 여성의 전형적 모습을 보여주었습니다. 공감하는 힘을 갖고 세상을 보고 듣는 사람이야말로 예수님이 찾는 사람일 것이고 그를 통해 죽은 자가 살게 되고 세상이 바뀔 수 있다는 것이 마리아/마르다 두 자매 이야기가 오늘 교회에게 주는 메시지라 생각해봅니다.

진리가 주는 선물
자유!

사는 대로 생각하지 말고 생각하면서 살라는 말이 있으나 삶은 좀처럼 그리되지 않습니다. 하지만 그리 살지 못하면 어제와 오늘 그리고 내일의 모습이 조금도 달라지지 않을 것 같아 걱정입니다. 벌써 10월입니다. 한해의 시작이 바로 얼마 전인 듯싶은 데 어느덧 잎이 물들고 그 잎이 지는 절기에 이르렀습니다. 이러다 보면 인생의 마지막 순간도 불현듯 우리 앞에 마주할 것입니다. 데살로니가서가 말하듯 주님의 날이 도적같이 임할 수 있다는 말입니다. 그렇기에 주일마다 한 번씩 모여 예배드리는 것은 어쩌면 그냥 사는 것을 그치고 멈춰선 그 자리에서 다시 생각할 것을 요구받는 자리인지도 모르겠습니다. 일상이 중요하나 그곳에서 익숙해진 것과의 결별을 시도하라는 명령으로 우리는 안식일을 의미화할 수 있습니다. 그래서 우리는 내가 안식일을 지키는 것 같으나 실상 안식일이 나를 지킨다고 고백해야 옳습니다.

한 시절 철학자들은 성서가 말하듯 '도적같이 임하는 주님의 날'을 종말 앞에선 인간 실존의 토대로 이해했습니다. 이는 초대 기독교인들의 실존하는 모습이기도 했습니다. 하지만 그랬기에 오히려 그들은 현실에 매몰되지 않고 하나님의 미래를 현재 속에서 살아내는 역설의 신비를 체화시킬 수 있었습니다. 한 철학자는 성서의 이 말씀 속에서 새로운 진리 사건을 보았습니다. 기존에 없던 전적으로 새로운 것이 나타나 인간 주체를 근본적으로 뒤흔들어 놓을 수 있다는 것이지요. 전통적으로는 이를 감추어진 것이 드러난다는 의미로서 '계시'라 부르지만 이것은 예수 한 사람을 지칭하지 않고 모든 사람에게서 저마다의 방식으로 발생되는 사건이라 했습니다. 달리 말해 도둑같이 임하는 주님의 날이란 기존의 생각으론 품을 수 없는 전적으로 새로워질 자신의 삶을 통해 발생하여 자신을 전혀 달리 만들 수 있다는 것입니다. 이런 사건이 발생하는 순간을 내 속에서 진리가 잉태되는 시점이라 말할 수 있고 그 날이 바로 종말이자 안식일이라 말할 수 있을 것입니다.

요한복음에는 진리만이 우리를 자유케 한다는 엄청난 메시지가 담겨 있습니다. 나아가 그 자유함이 평화를 이루는 동력이란 것이 요한서의 핵심입니다. 당시 진리만이 자유를 선사할 수 있다고 전해 들은 유대인들은 하나님의 백성인 우리가 언제 종 된 적이 있었는가를 반문하며 오히려 분노했습니다. 자신들을 부자유한 종으로 바라보는 예수를 불편하게 여겼던 탓이겠지요. 오늘 우리에게는 진리, 자유 그리고 평화의 고리에 대한 예수의 말씀이 어찌 들리는지 모르겠습니다. 교리를 잘 안다고, 계명을 잘 지켰다고, 교회 예식을 잘 따랐다고 우리에게 진리가 있는 것이 아닐 것입니다. 진리는 우리에게 어느 순간 도둑같이 임하는 사건과 같은 것으로서 지금까지 자신의 삶으로는 감당할 수도, 이해할 수도 없는 상태로 찾아올 뿐입니다. 이런 진리 사건 없이 지금껏 살던 방식으로 살고 믿고 싶은 대로 믿는다면 자유도 없고, 평화의 길도 없다는 것이 요한복음서의 핵심 가르침입니다.

도둑같이 임한 진리 사건을 체험한 이가 바로 바울이었습니다. 다메섹 체험 이후 그의 주체성은 달리 표현됩니다. 유대인 중의 유대인 됨을 자랑하던 그였고, 헬라 지식을 누구보다 많이 습득한 존재였으나, 그는 오히려 이것들을 버렸습니다. 지금껏 자신을 대변했던 율법이 상징하는 예외적 특권, 지혜가 상징하는 강요된 보편성을 벗고, 이들 담론 속에 부재했던 새로운 길, 누구에게나 바로 그처럼 되는 자유의 길을 걸을 수 있었던 것이지요. 이는 예수가 말했듯 '기뻐하는 자와 함께 기뻐하고 슬퍼하는 자와 함께 슬퍼할 수 있는' 전혀 새로운 주체성을 얻게 된 것입니다. 바울에게 있어 다메섹 경험은 새로운 주체성의 탄생 순간이자, 진리로 자유함을 얻은 계시의 상태라 불려도 좋을 것입니다. 우리가 많이 사용하는 영육의 대비는 바로 '새로운 주체성'의 탄생 유무와 관계되는 말입니다. 지금껏 헬라적 이원론의 틀로서 생물학적 육체와 구별되는 별개의 영적 상태가 있는 것처럼 믿어왔으나, 바울의 기독교는 진리 사건이 우리에게 있었는가를 묻고 있을 뿐입니다. 바울은 계속하여 말합니다. 배우지 못한 자에게 배우지 못한 자의 모습이 되고, 가난한 자에게 가난한 자의 삶의 양태로 서겠다는 것입니다. 물론 '유대인에게는 유대인의 모습으로, 헬라인에게도 그들의 모습으로 거칠 것 없이 마주하겠다'고도 했습니다. 하지만 무엇보다 중요한 것은 기존 담론에서 배제된 약하고 천하며 억울한 존재들, 소위 있으나 없는 듯 취급당하는 비존재를 정당화시키려는 관심입니다. 체제 밖을 상상하라는 것도 이런 이유에서입니다. 체제 안에 머무르는 한 우리는 하나님의 아들이 되는 자유를 누릴 수 없습니다. 기존 담론과의 거리 두기로부터 우리는 종교가 궁극적으로 추구하는 평화의 길에 들어설 수 있을 뿐입니다.

　이런 관점에서 보면 우리 역시 누구에게 종 된 적이 없었으나 아직 자유한 상태에 이르지 못했습니다. 여전히 우리는 우리가 가진 것, 배운 것, 누리고 있는 것에 기초하여 세상을 바라보고 있는 까닭입니다. 마치 바울 이전의 사울이 유대의 율법과 헬라적 지혜를 갖고 당시 못 배우고 천한 크리스천을 박해하러 다메섹 길을 달려가듯 우리의 주체성은 아직도 영의 상태에 근접지 못했고, 전통적 언어로 육의 상태에 머물고 있습니다. 그래서 우리의 자유가 평화를 만들지 못하고 있다면, 즉 소리를 빼앗겨 존재감을 잃은 사람들의 소리를 되찾아 줄 수 없다면 진리 사건은 아직 우리에게 발생치 않은 것이라 하겠습니다. 지금껏 누구에게 종 된 적이 없었고, 아쉬운 소리 않고 세상을 살았으나 영원히 목마른 사람으로 살아갈 수밖에 없다는 것이지요. 이런 지적은 신앙적으로 불편한 일이겠지만 이런 진리 사건이 유일회적이 아니라 보편적으로 누구에게나 일어날 수 있는 사건이란 성서적 관점에서 볼 때, 우리가 열망해야 될 주제임이 틀림없습니다.

　그렇다면 자유를 선물로 주며, 평화를 이 땅에 가져오는 진리가 무엇인지를 신학적으로, 신앙적으로 어떻게 이해할 수 있을지 물어야 할 것입니다. 진리 사건이 과연 어떤 방식으로 우리 삶에 개입하는 것인지에 대한 구체적 설명이 요구됩니다. 한 철학자의 이야기를 빌어 다음 세 차원에서 말씀드릴 수 있겠습니다. 첫째로 주위를 돌아보면 돈을 포함하여 힘과 권력이 있어야 행복하며, 그것이 정의라 말하는 이들이 있는가

하면, 어떤 이들은 어떤 경우든 진실 되게 살아야 행복하며 그곳에 의로움이 깃든다고 믿고 있습니다. 이들 주장 사이에는 통약 가능한 교집합이란 없기에 삶은 종종 선택에 직면합니다. 이 경우 우리는 선택해야 하며, 그 선택에 대한 신앙적 이유를 갖고 있어야 합니다. 진리는 항시 실존적 선택을 요구하며 그에 대한 신앙적 명료성을 요구받는 것이 진리와 관계하는 삶의 첫 모습일 것입니다. 우리의 선택과 결정이 신앙적으로 명료한 것인지를 생각하라는 것입니다. 둘째로 권력과 진리 사이의 거리 두기입니다. 예컨대 국가적 권력이 창조적 사유를 위협할 때 권력 행위 밖에 서는 일이 필요하다는 것이지요. 이런 일이 있었답니다. 희랍 시대의 기하학자 아르키메데스가 모래밭 위에서 어떤 증명에 몰두하고 있었습니다. 당시 권력자 장군이 호기심이 발동하여 병사를 시켜 아르키메데스를 호출하였답니다. 병사가 와서 권력자가 당신을 부른다고 요청했으나 그는 오로지 증명에만 몰두했습니다. 분노가 치민 병사가 급기야 칼로 아르키메데스를 찔렀고, 넘어지는 그의 몸으로 인해 모래판 위의 증명이 모두 지워져 버렸다는 이야기입니다. 국가의 권력과 인간 내적인 창조적 사유 사이에도 어떤 공통분모를 찾기란 쉬워 보이질 않습니다. 하지만 권력에 쉽게 길들여지고 모두가 해바라기가 되는 현실에서 진리 사건은 그와 거리 둘 것을 요구합니다. 권력은 결국 인간의 내적 자유를 파괴하는 폭력이 될 개연성을 갖는 까닭입니다. 그렇기에 양자 간의 거리를 지켜내고, 지켜야 될 이유를 설명하는 것 또한 진리와 함께하는 삶의 모습입니다. 마지막으로 삶의 일상적 규칙들과 그로부터 벗어난 예외적 사건과의 관계에서 진리를 생각하는 일입니다. 일상적 규칙, 통용되는 담론의 틀을 벗어나는 것은 당사자로서는 힘겨운 일이고, 그를 지키려는 반대편 사람들에 의해서는 위험스럽게 판단될 것입니다. 하지만 일상에서 끊임없이 예외적 사건은 발생하고 있고, 그것이 현실입니다. 과거 신명기 사관에 익숙한 유대인들에게 욥은 예외자였으며, 예수 역시 유대교 성전 체제가 용인할 수 없는 존재였습니다. 역사는 항시 소수 예외자들을 발생시키나, 기존 질서는 그를 거부해왔습니다. 물론 기존 규칙과 담론을 강조하는 보수주의자가 될 것인지 아니면 새롭게 발생하는 예외를 사유할 것인지의 선택 역시 쉬운 주제는 아닐 것입니다. 그러나 성서는 예외를 사유하라고, 예외가 지닌 가치를 깊이 고려할 것을 주문합니다. 삶에는 연속성만 있지 않고 단절도 있으며 단절이 갖는 가치를 자신의 삶에서뿐 아니라, 사회체제 속에서 생각하라는 것이지요. 한국 사회가 '예외'를 멀리하고, 기독교가 '소수자'들을 배격할 때 이곳은 하나님 나라(天國)의 비전을 공유할 수 없는 보수주의자들의 공간이 되고 말 것입니다. 앞서 바울의 경우가 그랬듯 진리 사건은 한 개인을 과감히 예외적 존재로 부르고 있습니다. 그로써 그는 자신의 존재 전체로서 약자(비존재자)의 곁에 설 수 있으며(자유), 세상을 평화로운 공간으로 만들 수 있는 까닭입니다.

만약 우리가 사는 대로 생각하지 않고, 생각하며 살기를 원한다면, 그래서 함께 예배를 드리고 신앙생활을 하기 바란다면, 우리는 우리 안에서 발생되는 진리 사건을 기대해야 마땅한 일입니다. 그것은 자신에게 새로운 주체성을 탄생시키는 일이기에 사실 삶과 죽음의 문제이기도 할 것입니다. 사람은 인격(靈)적으로 살고 죽는 존재인 까닭입니다. 이를 위해 권력에 길들여지지 않고, 그와 영원히 거리를 취하며, 어느 하나를 선택하기 위해 다른 하나와의 단절을 시도하고, 끊임없이 예외를 사유하되 그들 편에 서는 일을 연습해야 할 것입니다. 이 가을, 기도하는 절기

147

에 우리 모두는 자신 속에서 진리 사건이 일어나길 하늘을 향해 간절히 빌었으면 좋겠습니다. 새로운 주체성의 탄생, 이것이 구원이고 영생이며, 삶의 실한 열매인 까닭입니다.

맛과 뜻

개인적으로도 친분이 있고 종교에 대해 혹독한 비판을 쏟아놓는 한겨레신문 종교담당 대기자 조현이라는 분이 있습니다. 그가 얼마 전에 한 책을 신문에 소개했습니다. 『레볼루션 교회혁명』이란 책이었습니다. 이 책의 저자는 미국 내 영향력이 큰 지도자 중 한 사람으로서 기독교 문제를 집중 연구하는 '조지 바나'라는 사람입니다. 이 책에 따르면 현재 자기 자신을 기독교 신앙인이라고 여기면서도 주일 예배를 참여하지 않는 교인들 수가 미국 내에 2천만 명에 달한다고 합니다. 기독교 신앙인이긴 하나 의도적이든 의도적이지 않든지 간에 교회 생활과 거리를 둔 교인들이 2천만 명이면 적지 않은 숫자입니다. 이 책을 조현 기자가 소개한 이유는 대다수 주류 교회 목사들이 교회 이탈 현상을 비난하지만, 조지 바나는 오히려 이것을 영적 혁명의 진행 과정이라 설명하기 때문입니다. 주지하듯 '교회에 나오지 않으니 잘못 되었다', 혹은 '구원과는 거리가 먼 사람들이다'라고 대다수의 교회 성직자들은 비난합니다. 그러나 조지 바나는 이런 현실을 오히려 교회가 책임져야 할 영적 혁명의 진행 과정으로 보았습니다. 교회로부터 거리를 둔 이들은 교리를 추종하는 인습적이고 관행적인 인간이 되기보다는 삶 속에서 진정한 하나님의 사람이 되기를 열망하고 있다는 것이 그의 분석이자 평가였습니다.

요즘 한국에도 기성 교회에 만족하지 않고, 주류 교파에 속해서 얻을 수 있는 이익이 있음에도 불구하고 불이익을 감수하면서도 독립교회를 자처하는 목회자들이 생겨나고 있습니다. 우리 대학원생 중에도 감리교단에 몸담지 않고 독립교회로 전향하는 사람들이 의외로 많습니다. 더군다나 정권의 기독교 편향 발언, 정책 등으로 인해 기독교 안에서도 서로 이견이 생기고, 그것을 계기로 교회로부터 일탈을 꿈꾸는 교인들 역시 주변에 많이 생겨나고 있습니다. 그렇다면 이들보다 앞서 이런 길을 걸었던 겨자씨교회의 행보는 많은 이들에게 주목을 받을 것입니다. 다시금 여타의 교회들처럼 관행적이 되느냐, 아니면 조지 바나의 분석대로 진정한 영적 혁명을 이루는 사람들로 변화될 것인가가 우리 앞에 놓인 문제입니다.

'아름다운 재단'이란 이름으로 널리 알려져 있는 박원순이란 변호사, 지금은 서울시장이 된 그에게는 '희망제작소'라고 하는 별명이 붙어 있습니다. 아름다운 재단이 기업의 이미지를 갖게 되었다고 부정적인 평가를 하는 흐름도 생겨났지만, 산적한 한국 사회의 제 문제에 직면하여 작지만 현실을 희망으로 바꾸어 내려는 그의 아이디어, 의지, 뜻은 참으로 교회가 배울만한 것이 많습니다. 교회로부터의 일탈을 경험했던 적

그래, 결국 한 사람이다

은 수의 우리들이 '교회와 사회 내에 어떤 희망을 만들 수 있는가?' 하는 과제를 걸머진 탓입니다.

한 글자로 된 순수 우리말로서 맛과 뜻이란 글자가 있습니다. 그 속엔 각기 상호 대조적인 의미가 함축되어 있습니다. 이들 간의 차이에서 혁명에로의 꿈을 찾고자 합니다. 이와 관련된 두 곳 성서 말씀을 앞서 생각해 봅니다. 하나는 '주여, 주여, 하는 자가 하나님 나라에 들어가는 것이 아니라 하나님의 뜻을 행하는 사람들이 가는 것'이라고 하는 말씀입니다. 다른 하나는 '씨 뿌리는 자'의 비유입니다. 첫 번째 말씀을 조금 더 읽다 보면 주의 이름으로 선지자 노릇을 했다 하더라도, 주님의 이름으로 뭇 사람에게 세례를 주고 큰 교회를 세우는 일을 했음에도 불구하고 그것은 하나님과 아무 관계가 없는 일인 것을 알게 됩니다. 그것들은 모래 위에 지은 집처럼 허무해질 수도 있다고 했습니다. 많은 이들이 교회를 떠나면서 영적 혁명을 갈구하는 이유를 이 말 속에서 새삼 느껴 봅니다. 후자의 비유에서도 어디에 뿌려지느냐에 따라 다른 결과를 낳는다고 말씀합니다. 길가에 떨어지면 새들이 먹을 것이고, 돌밭에서는 싹을 틔우나 뿌리가 마를 것이며, 가시덤불은 성장을 막을 것인바, 결국 옥토에 떨어진 씨앗만이 결실을 할 것이란 당연한 말씀입니다. 많은 사람들이 교회로부터의 일탈을 염원하고 영적으로 갈구하는 것은 지금 우리의 마음이 길, 돌짝밭, 가시덩굴과도 같아진 이유일 것입니다. 첫 말씀이 우리로 하여금 교회에 발 들여놓기를 거부하는 실상을 지적한다면 나중 말씀은 우리 자신의 내면을 보여준다 하겠습니다. 자신의 내면이 길가요, 돌짝밭이요, 가시덤불과 같다는 것이겠지요. 저는 이 두 본문을 맛과 뜻의 관점에서 다시 한 번 생각해볼 것입니다.

교회라고 하는 제도 속에 머물건 머물지 않건 간에, 신앙 형식에 따라 살든 살지 않든 간에 우리 인생은 맛을 좇는 사람과 뜻을 찾는 사람으로 나뉠 수 있습니다. 종교인이기에 뜻을 찾고 비종교인이기에 맛을 찾는 것은 아닐 것입니다. 교회라는 제도 안에 있더라도 여전히 맛을 찾는 사람이 있고, 교회 밖에 있지만 언제든 뜻을 찾는 사람들이 있다는 사실입니다. 신앙 유무, 신앙 형식에 상관없이, 교회라고 하는 제도 속에 있건 없건 우리 삶은 맛을 좇는 삶과 뜻을 찾는 삶으로 대별됩니다. 여기서 맛이란 보이는 것을 전부로 아는 인생관을 통칭합니다. 반면 뜻이란 눈에 보이지 않고 존재하지 않으나 있는 실재reality, 참, 진실을 찾는 인생관을 뜻하겠지요. 맛의 세계는 너와 내가 지금 갈등, 경쟁하며 살고 있는 현실이고 뜻의 세계는 나보다 더 큰 존재와 더불어 사는 실상을 일컫습니다. 맛의 세계는 지금 이 모습대로의 내가 사는 현실을 말하며 뜻의 세계는 나보다 더 큰 존재의 그늘 속에서 더불어 사는 현실을 지칭합니다. 한자어에 '견물불가생見物不可生'이란 말이 있습니다. 이 말은 자신의 마음을 바깥에 있는 사물에게 빼앗기지 말라는 것입니다. 밖의 사물에 대해 마음을 일으키지 말라는 것이지요. 그러나 우리네 일상이 어디 그러합니까. 어떤 이는 돈을 보고 돈맛을 좇고, 고기를 보고 고기 맛을 좇으며, 자기와 다른 이성을 보고 살맛을 좇는 것이 우리네 일상의 모습들입니다. 매 순간 내 밖의 사물에게 마음을 일으키고 빼앗기며 사는 것이 우리들 삶의 모습입니다. 우리는 종종 성性이란 말을 자주 언급합니다. 다석 선생으로부터 배운 바지만, 자신을 특징짓는 성미, 성깔이란 말에 모두 성性자가 들어 있는 것을 알 수 있습니다. 하지만 이들 모두가 좋은 뜻으로 사용되지 않고 있습니다. 성미라는 것은 저마다 맛을 추구하되 나는 너와 다른 맛을 추구한다는 것이지요. 나는 떡을 좋아하지만 너는 술을 좋아하는구나. 나는 짜게 먹지만 너는 맵게 먹는구나 등등. 이렇듯 성미, 성질, 성깔이 사람마다 다르긴 하지만 모두가 맛을 좇아 인생을 살고 있는 모습을 보여줄 뿐입니다.

저는 '견물불가생見物不可生'을 창세기 3장에 있는 선악과 사건과 비교해 보았습니다. 하나님께서 먹지 말라는 열매가 보암직하고 먹음직하여 먹었고, 이후 그들은 갈등했고 번민하게 되었으며, 서로 핑계하게 되었고, 하나님의 얼굴을 피해 숨는 존재가 되었다는 말씀이 기록되어 있습니다. 맛을 추구하는 우리들 삶의 전형이 바로 창세기 3장에 나타나 있는 아담과 하와의 선악과 사건에서 잘 드러납니다. 돈이든 사람이든 물질이든 간에 자신 밖의 사물에 마음을 빼앗겨 맛을 추구하는 인생에겐 뜻은 희미해져 버리고 맙니다. 그에게 옥토란 존재하지 않습니다. 주변에는 온갖 종교 형식을 갖고 있으나 실상 그 안에서 일어나고 있는 일들은 맛을 찾는 일들뿐입니다. 거룩의 옷을 입고 있으나 실상은 맛을 찾는 모습들로 가득합니다. 그렇기에 주여, 주여, 하는 자가 하늘나라에 갈 수 없고, 아무리 선지자가 종교적인 형식하에서 세례를 베풀고 주님의 일을 한다 하더라도, 그것은 나와 아무런 관계가 없다고 예수는 말씀했습니다. 학자들이라고 하는 사람들도 마찬가지입니다. 그들의 연구 역시도 진실을 추구하려는 것이 아니라 결국 맛을 좇는 삶, 더 잘 살고 명예를 얻기 위해서 그리하는 것뿐이지요. 오늘 우리 주변에는 온통 이런 삶만이 있습니다. 맛을 따라 사는 인생은 잘 살 것 같지만 사는 내내 삶은 시험입니다. 피하고 싶지만 우리는 이 길을 피하기도 어렵습니다. 비겁하고 자신을 소진하는 삶을 지속적으로 만들어 갈 뿐입니다. 그래서 성서는 맛을 좇지 말고 뜻을 찾으라 말씀합니다. 그것을 찾아야 자신을 구원할 수 있고 일생의 지속되는 시험으로부터 해방될 수 있다 했지요. 빈 쭉정이 인생이 아니라 30배, 60배, 100배의 결실을 할 수 있는 인생이 될 것을 충언했습니다.

요한복음 3장에 유대인 관원 니고데모의 이야기가 나옵니다. 바리새인으로서 유대 관원이었던 그는 충분히 맛을 좇아 인생을 살 수 있었지만 뜻을 찾고자 했습니다. 예수께 이런 질문을 했습니다. "내가 어떻게 하면 영생을 얻을 수 있겠습니까?" 심지어는 "어린아이처럼 어머니 배 속에 내가 다시 들어갔다 나와야 합니까?"라고 말입니다. 그는 물과 성령으로 거듭나라는 예수의 말씀을 들었던 사람입니다. 이것이 바로 맛을 추구하다가 뜻으로 삶의 관심을 전향한 한 사람의 실존적인 경우입니다. 뜻을 찾는다는 것이 과연 우리에게 무엇을 의미할까요. 우리에겐 이름이 있습니다. 이 아무개, 김 아무개 등. 다석^{多夕} 선생은 인간에게 이름이 있다고 하는 것을 이루어야 할 목표가 있다는 말로 풀었습니다. '이름'과 '이룸'을 같이 보신 것이지요. 인간은 이루어야 할 뜻이 있기 때문에 이름을 가진다는 것입니다. 이름은 이룸입니다. 이 말씀은 결국 우리 모두가 나 아닌 나를 찾아야 한다는 것이지요. 나를 나로만 알고 있으나 내 속에는 나 아닌 것이 있다는 말입니다. 내 속에는 본질에 있어 나 아닌 어떤 절대적인 것이 있다는 뜻입니다. 기독교건, 유교건, 불교건 이 점을 가르치는 데 있어서 아무런 차이가 없습니다. 표현하는 방법에서 다를지라도 내가 나의 전부가 아니고 나 아닌 다른 것이 내 속에 있다는 것을 가르치는 것이 종교의 본질인 것입니다. 인간에게는 하늘이 부여한 본성이 있습니다. 우리는 보통 그것을 순수 우리말로 '바탈'이라고 부릅니다. '바탈'은 '받할'을 소리 나는 대로 표기한 것이지요. 하늘로부터 '받아

그래, 결국 한 사람이다

서 할 것이 있다'는 '받할'이 '바탈'이 된 것입니다. 인간의 본성이란 받아서 할 것이 있는 존재란 것입니다. 기독교는 이것을 하나님의 형상이라 부르고, 그리스도 안의 존재라고도 합니다. 기독교는 하늘로부터 받아서 해야 될 것을 찾는 길을 우리 인간들에게 가르칩니다.

우리에게 낯선 힌두교라고 하는 종교의 세계관에 대해 잠시 언급하겠습니다. 요지는 다음과 같습니다. "네가 세속적인 부를 원하는가? 마음껏 추구해봐라. 네가 정말 세속적인 쾌락을 원하느냐? 한번 할 수 있는 만큼 경험해 보라. 부와 명예와 쾌락 그것 자체는 나쁘지 않다. 그러나 그것들이 인생에서 얼마나 소소한 것인지를 네가 알아야 할 것이다. 그것들이 얼마나 너의 인생에서 작은 것인지를 스스로 깨달아라. 원하느냐? 해봐라. 그런 이후에 그것이 얼마나 사소한 것인지를 뼈저리게 알라"는 것입니다. 그래서 과거 인도인들은 나이가 들면 평생 일궜던 모든 것들을 놓아두고, 심지어는 가족도 뒤로 하며, 빈손으로 방랑을 떠났던 것입니다. 그것은 이렇듯 살고 있는 내가 나인 것 같지만 그 속에는 나 아닌 존재가 있다고 믿기에 가능한 일입니다. 우리에겐 임마누엘이라고 하는 성서의 말씀이 익숙합니다. 하나님이 우리와 함께 계시다는 말입니다. 하나님이 한 번도 우리를 떠난 적이 없기에 깊은 곳에 나 아닌 존재가 머물고 있다고 믿을 일입니다. 맛을 추구하며 맛을 좇는 존재가 아니라 뜻을 좇는 존재로서의 내가 분명히 존재할 이유입니다. 이 점에서 십자가는 맛을 추구하는 인간이 뜻을 위해 매 순간 죽는 연습을 하는 것입니다. 맛을 추구하며 맛을 좇는 인생들에게 죽는 연습을 가르칩니다. 이것이 날마다 네 십자가를 지고 나를 따르라는 의미일 것입니다. 십자가란 결국 맛을 따라 사는 삶을 그만두라는 죽음의 연습입니다.

저는 '자기 십자가를 지라'는 말씀이 한문의 익힐 '습習'자와 의미가 같다고 생각해 봤습니다. 익힐 습習이라는 한자를 떠올려 보길 바랍니다. 날개 '우翔'자 두 개 밑에 자기 '자自'자가 있는 것이 익힐 '습'자입니다. 우리가 알고 깨달은 것을 거듭 익히는 것이 결국은 자신을 날 수 있게 만든다는 것입니다. 그것이 바로 구원입니다. 지속적으로 익혀 배우는 사람만이 세상을 이길 수 있는 사람이 됩니다. 익혀야 이길 수 있습니다. 익혀야 하늘을 날 수가 있습니다. 익혀야 우리가 구원을 받는 것입니다. 한 분야의 전문적인 지식을 가지고 있는 사람을 일컬어 전문가expert라 합니다. 배를 만들고, 비행기를 만들고, 공학을 발전시키는 사람들, 바로 그들이 전문가입니다. 그들의 기술은 정말 놀랍습니다. 우리 역시도 나름대로 전문가란 소리를 들어야 마땅한 일입니다. 어찌해야 우리가 전문가가 될 수 있겠는지요. 신학적인 지식을 많이 아는 것, 성경의 내용을 많이 외우는 것, 그것이 우리를 전문가가 되게 하는 길일까요. 결코 아닐 것입니다. 우리가 알고 배운 것을 익혀 하늘을 날게 될 때 비로소 전문가가 될 수 있을 뿐입니다. 이를 영적 혁명이라 일컫습니다.

정말로 날 수 있는 사람이 될 때, 주변의 많은 사람들에게 희망을 드러낼 수 있을 때 영적 혁명은 시작됩니다. 하지만 오늘 교회는 나보다 큰 그분의 뜻을 받들어 사는 데에 게으르고 인색합니다. 뜻을 받는데 그치지 않고 그것을 익히려고 하는 노력은 더없이 부족합니다. 익힘의 과정이 없다면 길가에 떨어진 씨앗이요, 돌짝밭에 떨어진 씨앗이요, 가시덤불 밑에 있는 씨앗의 현실로 머물 뿐입니다. 이런 우리에게 교회 혁명, 영적 혁명은 불가능합니다. 익히는 과정이 없으면 날지 못합니다. 이런 우리의 현실을 안타까워합시다. 어찌해야 익혀서 세상을 이길 수 있으며, 이름을 지닌 우리가 참뜻을 이룰 수 있을까를 깊이 숙고해 보십시다.

너무 빠르게 찾아온 추석입니다. 온 산하가 아직 충족히 열매를 맺지 못하고 있는 이때에 우리는 추석을 맞게 되었습니다. 언제까지 여전히 돌짝밭, 길가, 가시덤불에서 방황할 수는 없는 노릇입니다. 자연을 넘고 조상을 넘어 모든 것을 있게 한, 한 분이신 그분이 우리에게 선사했던 뜻, 바탈, 받아서 해야 할 것, 그것을 찾아 익혀야 할 과제가 우리에게 있습니다. 이것이 바로 오늘날 많은 사람들이 교회로부터 일탈하여 영적 혁명을 이루고 싶어 하는 열망일 것입니다.

내가 믿는 이것

스웨덴 노벨 위원회는 버락 오바마 대통령에게 노벨 평화상의 영예를 안겨 주었습니다. 이 일로 미국 내에서 찬반 논란이 많은 모양입니다. 그러나 이 상은 그가 미국 대통령이기 때문도, 그가 이룬 업적이 많아서도 아니었다고 생각합니다. 어떤 언론이 지적했듯, 그가 꾼 꿈, 그가 이루고자 하는 세상, 그가 품었던 가치를 존중하고 신뢰했기에 그에게 주어진 영예라는 것입니다. 그가 안팎으로 감당해야만 했던 것은 결코 작은 일이 아니었습니다. 국내적으로는 서민 의료 보험 제도를 개혁해야 했고, 궁극적으로 핵 없는 세상을 만들고자 했기 때문입니다. 미국은 기독교 국가였고, 최대 강국이었으나, 유럽이나 한국에 비해 의료보장 제도가 부족하고, 모자랐습니다. 돈 없으면 병원에 갈 수 없는 사람들이 너무도 많은 국가였던 것이지요. 더구나 세상을 멸망시키지 않겠다고 한 하나님의 약속을 비웃는 나라였습니다. 소련과 경쟁하느라 핵무기를 수없이 만들었기 때문이었습니다. 따라서 이런 국가, 이런 세상을 바꾸려 했던 그의 꿈에 최고의 상이 부여되었던 것입니다. 그가 내걸었던 캐치프레이즈 'we can do it'이란 말을 기억합니다. 그는 세상을 바꿀 수 있다고 확신했습니다. 그렇게 믿었던 사람이었습니다. 미국 사람들은 흔히 자기들 대통령을 성서에 나오는 인물과 동일시하는 습관이 있습니다. 지난 대통령 클린턴에게는 농담 삼아 돌아온 탕자 이미지를 중첩시켰다 합니다. 하지만 오바마 대통령에게는 아브라함의 이미지가 덧입혀지고 있는 모양입니다. 4대를 거슬러 올라가면 그의 선조들은 모두 노예였습니다. 그런 그가 상상할 수 없는 세계, 예측할 수 없는 미래를 만들어보려고 했으니 그에게 믿음의 조상 아브라함의 이미지가 부과될 만도 할 것입니다.

믿음의 장이라고 일컬어지는 히브리서 11장은 아브라함을 중심한 아벨, 에녹, 노아 등 모두를 믿음의 반열에 세웠습니다. 보이지 않는 세계를 위해서 보이는 것을 포기한 사람들이 바로 그들이었기 때문입니다. 아직 도래치 않은 것을 이미 실재한다고 믿고 살았던 사람들이란 말입니다. 그래서 그들은 믿음의 조상들 족보에 올랐습니다. 믿음을 바라는 것들의 실상이자 보이지 않는 것의 증거라 여겼던 사람들이었습니다. 믿음이란 결국 보이지 않는 것 혹은 볼 수 없는 존재, 아직 아닌 어떤 것들에 대해 마음을 열고 현실이 아닌 것을 현실로 인정하는 삶일 것입니다. 불확실한 약속과 미래에 자신의 삶을 거는 일, 불가능하다고 생각되는 현실 앞에 마주 서는 힘, 그것이 바로 믿음이겠습니다. 믿음은 단순히 한 개인의 주관적인 마음 상태와 태도를 넘어서 있습니다. 믿음은 전혀 다른 세상에 대한 열망과 관계 깊습니다. 세상이 달라질 수 있다는 확신

하에 무엇으로 세상을 바꿀 수 있는지, 그런 세상을 만들기 위해서 내가 가진 최상의 가치는 무엇인지를 묻는 태도라 할 것입니다.

이런 생각을 하는 중에 인디고 서원에서 엮어낸 책 *This I believe*를 이은선 선생한테 소개받아 읽게 되었습니다. 10대 또는 20대의 젊은이들이 무엇을 꿈꾸며 살고 있는지, 그 꿈을 위해서 자신은 어떤 일을 할 것인지 또 그 일을 하려면 어떤 가치관이 중요한지에 관한 이야기를 적어놓은 100페이지 분량의 소박한 책입니다. 어떤 친구는 자신이 하는 일에 하나님이 함께하심을 믿었고, 어떤 이는 작지만 방 하나를 밝힐 수 있는 작은 불씨의 힘을 믿었으며, 또 어떤 이는 세상에서 가장 빈곤하고 약한 자의 입장에서 세계를 바라볼 때 자신이 할 일이 너무도 많음을 확신했다 합니다. 어떤 이는 우리 모두가 로또에 당첨될 확률보다 더 낮은 확률로 태어난 특별하고 소중한 존재인 것을 깨달았다 했으며, 또 어떤 이는 세상과 맞짱 뜰 수 있는 도전하는 힘을 신뢰했고, 또 다른 이는 정직함이 지닌 힘을 의지했으며, 어떤 젊은이는 협동심의 무한한 힘을 믿는다 하였습니다. 자기의 몸이 우주임을 믿고 세상 속에 온갖 아름다움이 있음을 말한 이도 있고, 기다림의 힘을 믿는다고 한 사람도 있었습니다. 이런 믿음들이 있었기에 그들은 눈에 보이는 세계와 다른 세계를 꿈꿨고, 그런 세계를 만들고자 노력했으며, 그 가운데서 자신의 고유한 가치관을 세울 수 있었습니다. 이들 10대, 20대 초반의 젊은이들이 쓴 *This I believe*를 저는 현대판 믿음의 장, 히브리서 11장이라 생각해봤습니다. 과거 노아가 그랬듯이 이 젊은이들은 현실에 마음을 빼앗기지 않고, 현실 너머에서 오는 소리에 귀 기울이면서 다른 세계를 이루려고 노력하고 있었습니다. 그 옛날 아브라함이 현실에 만족하지 않고, 새로운 세상을 위해 삶을 떠받치던 고향을 떠났던 일이 새삼 기억납니다.

태백산맥의 저자 조정래가 자신의 자서전적인 소설『황홀한 글 감옥』
이라는 책을 출판했습니다. 지금껏 그가 쓴 원고지의 매수를 책 옆에 세
워놨는데 대략 자신의 키의 세 배 정도의 높이였습니다. 일생을 글 쓰며
살았던 자신의 삶을 돌이키며 자기 인생을 '황홀한 글 감옥'이라 표현했
습니다. 한 대목에서 그가 했던 말을 떠올려 봅니다. "역사란 단순한 세
월의 흐름이 아니다. 거기에는 우리의 역사 경험을 기억하는 영혼이 깃
들어 있고, 그 영혼이 우리의 유전인자가 되어 인간의 미래를 열어가는
불씨가 된다"고 했습니다. 우리 역사뿐 아니라 성서의 역사 역시 우리 자
신의 역사가 될 수 있음을 믿어야 할 이유입니다. 성서 말씀이 신앙 안에
서 역사가 되고 그 역사가 우리의 유전인자가 되어 우리의 새로운 미래
를 열어 갈 것을 믿어야 할 것입니다.

인디고 독서 클럽에서 말하듯 그들의 이야기는 성서적 유전인자를
가진 우리와 맞물려 있습니다. *This I believe*라고 하는 책 서문에 편집자
의 아름답고도 아픈 이야기가 실려 있습니다. 아마 실화라 여겨집니다.
19세기 말 사하라 사막 어느 한 부근에 우물을 파는 인부들이 있었답니
다. 그들은 수맥이 있다고 생각되는 곳을 찾아 땅 밑으로 대략 80m에
서 100m를 파 들어 갔습니다. 그 정도 파 내려가면 엄청난 압력으로 흐
르는 물줄기를 막고 있는 석회암 판까지 도달하게 되는데 그 지점에 다
다르면 모든 인부들은 땅 위로 올라가고 가장 나이 많은 한 사람만이 남
아 석회암 판을 부수는 최종 역할을 감당해야 합니다. 힘을 주어 석회암
판을 깨는 순간 엄청난 수맥이 터지고 그 순간 늙은 인부는 죽음을 맞을

수밖에 없습니다. 그의 숭고한 죽음으로 사람을 살리는 생명의 물이 터져 나올 수 있었던 것이지요. 마지막 순간에 늙은 인부는 무엇을 생각했을까요? 어둠 속에서 마지막 괭이질하는 노인은 한 모금의 물이 귀한 현실에서 모두가 살 수 있는 그날을 믿으며 마지막 순간을 맞이했을 것입니다. 흔히들 믿음은 갑작스러운 은총으로 생겨나는 것이라고 말합니다. 그러나 믿음은 자신이 구하고 찾고자 하는 것에 대한 깊은 고심과 몰두가 쌓일 때 분출합니다. 믿음은 생각의 깊이가 깊을수록 몰두의 강도가 강할수록 힘 있게 분출되는 법입니다. 그래서 히브리서를 읽을 때마다 스스로에게 묻습니다. '무엇을 고심하며 사는가? 몰두하는 것이 과연 무엇인가? 전혀 다른 세상에 대한 열망과 그를 위한 가치관이 자신 속에 준비되고 있는가?' 등등. 이것이 히브리서를 읽는 우리의 태도여야 할 것입니다.

예나 지금이나 믿음의 사람들은 바보들입니다. 현실에 마음을 두지 않고 빼앗기지 않았기에 늘 고달프고 힘겨웠습니다. 그러나 그 바보스러움이 세상을 변화시키고 역사를 바꿔왔음을 믿음의 선조들은 말했습니다. 에녹이나 노아나 아브라함 모두가 '보이지 않는 것'에 목숨을 걸었던 존재들이었습니다. 순결한 양심을 지닌 사람만이 믿음의 반열에 설 수 있습니다. 그럴수록 달라질 세상에 대한 희망을 늦추고 있지 않았는지 물어야 합니다. 희망이 부재한 세상 속에서 믿음을 운운할 수 없을 것입니다. 보이는 현실에 마음을 빼앗기는 사람이 어찌 믿음을 말할 수 있겠는지요. 우리는 성서 역사를 유전자로 지닌 사람들입니다. 기독교의 역사 속에 삶의 지표를 두고 사는 사람들입니다. 그렇기에 믿음은 결코 사적인 영역으로 밀쳐질 수 없습니다. 오바마가 바랐던 꿈, 그에게 주어진 영예를 생각하면서 우리는 믿음의 역사성을 생각해야 합니다. 바다의 모래알처럼 셀 수 없는 자손들이 태어날 것이란 믿음의 역사성, 유전인자처럼 주어진 믿음의 역사성을 교회를 통해 이루어갈지를 생각해야 할 것입니다. 믿음은 정말로 바라는 것들의 실상이요, 보이지 않는 것들의 증거입니다. 교회는 이런 믿음을 위해서 존재합니다. 이러한 믿음을 갖도록 가르침을 주는 곳이 교회입니다. 보이지 않는 세상, 꿈꾸는 세상, 그러나 그것이 있음을 믿고 떠났던 그 시작이 우리의 교회 안에서 일어나야만 합니다. 거듭 강조하거니와 고심하고 몰두하는 일이 없으면 믿음은 결코 분출되지 않습니다. 우리 시대 젊은이들이 'This I believe'를 외치며 썼던 글들을 곱씹어 보며 신앙인의 삶이 어떠해야 할지를 깊이 성찰하기 바랍니다.

하루살기

몇 주 지속된 올림픽 경기를 통해서 우리는 처한 현실을 잠시 잊고 선수들의 승리에 함께 도취하며 흥겨운 시간을 보냈습니다. 감동적인 경기가 여럿 있었습니다. 동메달을 딴 핸드볼 경기도 눈물나게 했고, 야구 경기 역시 극적인 감격을 더해주었습니다. 정부는 메달을 딴 선수단의 귀국행사를 거대하게 할 모양입니다. 하지만 평화를 주제로 한 올림픽이었음에도, 열리는 내내 미·소의 대리전 성격의 그루지야 전쟁이 일어났고, 중국의 소수민족에 대한 탄압이 도를 넘었으며, 국내에서조차 역사를 과거로 되돌리는 정책들이 쏟아져 나왔습니다. 정치가들에겐 올림픽이 자신들의 정책을 굳히는 좋은 기회인 것 같습니다. 여하튼 다시 일상이 되었습니다. 돌아와 보니 현실은 달라진 것이 아무것도 없습니다. 단지 더웠던 여름이 지났고 가을을 느끼게 하는 처서가 되었을 뿐입니다. 절기가 바뀌고 해가 바뀌는 경험을 저마다 삶을 산 횟수만큼 해왔습니다. 그럼에도 우리네 세상은 달라진 것이 없는 듯합니다. 그렇기에 늘 그렇게 살아온 세월에 대한 회한을 쉽게 떨칠 수가 없습니다. 수없이 해가 지나갔고 절기도 바뀌었어도 늘 그러함이 불안을 만들고 삶의 무력감을 가중시킬 뿐입니다. 그래서 "삶이 그대를 속일지라도 두려워하거나 노하지 말라"는 러시아 시인의 시 한 구절이 위로가 됩니다.

흔히 삶이 무력해지는 이유로 다음 세 가지를 말합니다. 첫째는 과거에 얽매여 살기에 그렇고, 둘째는 현재에 집중하지 못해서 그러며, 셋째는 미래를 신뢰하지 못해서 그렇답니다. 누구에게나 지금의 자기 삶을 형성했던 과거가 있을 것입니다. 세월을 살았던 삶의 흔적들로부터 오늘의 나는 자유로울 수 없습니다. 과거 흔적들의 영향을 받으면서 오늘을 살 뿐입니다. 만약 그것이 상처였다면 지금 나는 여전히 괴로울 것입니다. 과거가 화려했다면 그 화려했던 기억 때문에 오늘이 부족하게 느껴질 수도 있을 것입니다. 이렇듯 과거에 얽매이면 누구든지 현재에 집중키 어렵습니다. 현재에 집중하지 못하니 미래 역시도 신뢰할 수 없는 시간이 되고 말겠지요. 주어진 매 순간순간을 온전하게 살지 못하고 그런 경험이 축적되지 못한다면 우리 인생은 무기력해지고 힘이 없어집니다. 기독교를 위시한 모든 종교들이 구원을 말하고 해탈을 말하는 것도 바로 오늘을 온전하게 살아내는 길을 제시하기 위함입니다.

"내일 일은 내일 염려하라, 한 날의 괴로움은 그 날로 족하리라"는 말씀이 있습니다. 과거는 지나가 버린 시간입니다. 미래는 아직 오지 않은 시간이고요. 우리에게는 오직 오늘만이 있을 뿐입니다. 과거에 붙들려 있거나 미래의 자신에 목숨을 걸고 산다면 그에게 오늘은 없는 것이나 다름없습니다. 어제나 내일만 있고 오늘이 없는 삶을 살고 있으니 정작 살고 있는 것이 아니겠지요. 이러한 삶이 바로 우리의 모습이고 그것이 성서가 말하는 죄의 의미와 일치한다고 생각합니다. 종교에서 말하는 죄는 도덕적 차원의 죄와 거리가 있습니다. 종교는 도덕적인 잘못을 죄라고 말하지 않습니다. 어제만 있고 내일만 있고 오늘이 없는, 그래서 오늘이 없는 삶을 살고 있는 우리네 삶의 일상을 오히려 죄라 할 것입니다. 예수께서는 내일을 염려하지 말라고 했습니다. 그날그날, 매일매일, 순간순간을 온전하게 살라고 하셨습니다. 다가올 미래와 지나간 과거 사이에서 지금 여기에 내가 존재한다는 것만큼 분명하고 확실한 것은 없습니다. 아무리 넓은 세상이 있더라도 우리는 '여기' 있는 것이고 아무리 무한한 시간이 있더라도 우리에겐 '지금'이 있을 뿐입니다. 그래서 '지금, 여기', 곧 '오늘'은 절대 시간이고, 절대 공간이 만나는 자리입니다. 절대 시간과 절대 공간이 만나는 '영원한 하루', 그것이 바로 지금, 여기, 오늘입니다. 그래서 다석 선생님은 오늘을 가리켜서 '오! 늘'이라고 하셨지요. '오'는 감탄사요, '늘'은 '항상'이라는 뜻입니다. 오늘은 바로 '오! 늘'입니다. 오늘이 '영원한 하루'라고 하는 것이지요. 아무리 무한한 공간이 있고 무한한 시간이 있다 하더라도 나는 지금 여기를 살고 있을 뿐입니다. 이것이 바로 하루살기입니다. 삶의 무력감으로부터 벗어날 수 있는 것은 하루를 제대로 사는 길밖에 없습니다. 그런 경험들의 축적밖에 달리 길이 없습니다. 과거에 살지 말고 미래에 붙잡히지 말며 오늘을 영원히 사는 것, 이것이 종교의 핵심이자 기독교의 본질이라고 생각합니다. 이제는 내 안에 내가 사는 것이 아니라 그리스도가 살아 있다는 고백, 이제는 내가 그리스도 안에서 새로운 피조물이 되었다는 고백, 아침에 도를 들으니 저녁에 죽어도 좋다는 고백, 이 모두는 종교의 차이에도 불구하고 모두 다 오늘을 산 사람들의 이야기이자 '오늘'을 잘 살라는 말씀들입니다.

흔히 인간의 삶을 달걀에 비유하곤 합니다. 달걀은 깨어지기 마련입니다. 요리를 위해서도 깨어지고, 실수해서 깨어지기도 하며 병아리로 부화되는 과정에서도 깨어집니다. 이렇듯 달걀은 깨어지기 쉬운 유기체입니다. 하지만 말했듯 어미 품속에 있는 달걀은 깨어지나 전혀 다르게 깨어집니다. 깨어지되 생명으로 변화되기 때문입니다. 질적으로 달라지는 것입니다. 인간 역시 달걀처럼 깨어지기 십상인 존재입니다. 이렇게도 깨어지고 저렇게도 깨어집니다. 영원한 하루를 사는 사람은 하나님의 품, 어미닭 품속의 생명체와 닮았습니다. 이런 사람들은 속이 건강합니다. 겉사람은 부패하나 속사람이 항상 새롭습니다. 겉사람은 깨어진 달걀과 같으니 속사람은 병아리로 부활할 어미닭 속의 존재인 까닭입니다.

그렇다면 어떻게 해야 하루를 옳게 제대로 사는 것이겠습니까? '자기의 목숨을 사랑하는 자는 잃을 것이고, 자기의 생명을 미워하는 자는 영원히 살 것이다'라는 말씀이 있습니다. 우리에게 주는 메시지가 너무 커서 이 말씀을 감당키 어려워들 합니다. 하지만 자기 목숨을 사랑하는 자는 잃을 것이고, 미워하는 자는 영원히 살 것이라는 말씀은 한 알의 밀이 땅에 떨어져 죽어야 열매를 맺는다는 이치와 같습니다. 자기 생명을 미워하는 것과 한 알의 밀이 땅에 떨어져 죽는 것은 의미상 다르지 않습니다. 그렇다면 자기 목숨을 미워하라는 것은 도대체 무슨 말일까요. 참새 한 마리도 하나님의 뜻이 아니면 떨어지는 법 없다는 것이 성서의 가르침인 것인데 자기 생명을 미워하라는 것이 참으로 의외입니다. 이 말씀은 오늘을 어떻게 살 것인가 혹은 하루를 어떻게 살 것인가라는 물음과 관계가 있습니다. 다석 선생의 생각대로라면 자기 목숨을 미워하라는 말은 매일매일을 죽는 연습을 하며 살자는 뜻일 것입니다. 그것이 오늘을 온전하게 사는 길인 까닭입니다. 사람은 누구든지 죽을 날을 받고 태어납니다. 단지 그것을 모를 뿐이지요. 언제인지는 모르지만 분명히 우리는 그날을 받고 이 땅에 태어났습니다. 그날을 생각하며 매일매일 죽는 연습을 하며 살자고 했습니다. 선생은 제자 김교신을 가장 사랑했습니다. 신앙하는 방식도 달랐고 자기보다 나이도 많이 어렸으나 김교신을 존경했습니다. 김교신이 44세의 이른 나이로 죽자 그로부터 11년이 지난 다음 날인 1956년 4월 26일을 자신이 죽을 날로 정해 놓았습니다. 김교신이 죽은 날부터 자신이 산 날수를 계산하며 살기 시작했습니다. 2만일, 2만 5천일, 2만 6천일 매일매일 하루살이의 삶을 살았던 것입니다. 선생에게 하루하루는 죽는 연습을 하는 나날이었습니다. 그것은 과거와의 단절이었고 막연하게 다가올 낯선 미래의 시간과도 무관한 것으로서 오로지 지금 여기(오늘)에서 영원(하나님의 말씀)을 만나는 일이었습니다.

우리가 지금처럼 그냥 그렇게 산다면 정작 우리에게 다가올 마지막 날도 오늘과 조금도 다르지 않을 것입니다. 십 년을 더 살고, 이십 년을 더 살아도, 혹 삼십 년을 더 산다 해도 오늘 나의 마음과 조금도 다름없는 마음 상태로 그날을 맞이할 것입니다. 하루살이란 이렇게 사는 것을 끊는 일입니다. 그것이 선생에게 죽음의 연습이었지요. 시간을 끊어내는 것이 죽음의 연습이었습니다. 그것이 성서가 말하는 자기 생명을 미워하는 일이었습니다. 성서는 사람이 떡으로만 사는 것이 아니라 하나님의 말씀으로 산다고 했습니다. 말씀으로 산다는 것은 자기 목숨을 미워하는 일이고 죽음을 연습하는 일일 겁니다. 그냥 그렇게 살아가는 흐르는 시간을 끊는 일입니다. 지금 여기를 절대 생명이 탄생하는 시간으로 만드는 일입니다. 절대 생명이 되려면 우리는 어미 닭의 품속에서 깨어지기를 기다려야만 합니다. 자기 생명을 미워하는 일, 목숨을 미워하라는 말은 말씀으로 인생을 살자는 것입니다. 목숨으로만 살지 말고 빵으로만 살지 말고 '말숨'으로 인생을 살자는 것이지요. 그 말씀과 부딪쳐서 절대 생명을 탄생시키라는 말입니다. 달걀이 병아리로 바뀌듯이 그렇게.

사람들은 흔히 체면 차리기를 좋아합니다. 체면이라는 말의 순수 우리말은 얼굴입니다. 얼굴값 하라는 것이지요. 우리가 쓰는 얼굴은 다석이 말했듯 '얼'의 '골'입니다. '얼의 골짜기'란 뜻입니다. 얼, 그것은 하늘이 태어날 때부터 우리에게 준 것으로 하나님의 본성과도 다르지 않습니다. 하나님의 형상이라는 신학적인 용어보다 얼을 갖고 태어났다는 말이 더욱 마음에 와 닿습니다. 얼이라고 하는 것은 하늘이 부여해 준 인간의 본성과 같은 것이겠죠. 겉사람인 체면만을 중시하며 살아가는 탓에 우리네 인생은 하늘이 준 자신의 얼을 가꾸는 데 힘쓸 겨를이 없습니다. 체면을 위해 인생을 사는 경우, 수십 년을 더 살아도 삶은 달라지질 않습니다. 좌절하고 절망하며 무기력한 삶이 지속되는 이유입니다. 조금도 달라지지 않는 나를 경험할 때마다 좌절은 깊어집니다. 그럼에도 자신의 얼을 또렷이 하여 그 얼굴을 드러낸 한 존재가 있습니다. 바로 성서 속 예수였습니다. 다석은 예수를 '얼 솟은이'라고 불렀습니다. 얼이 솟아나니, '얼 솟은이'입니다. 예수에게는 체면이라는 것은 없습니다. 하나님의 아들이란 체면을 그는 다 버렸습니다. 인간의 몸을 입은 그의 얼굴은 아름답지도 고상치도 않았습니다. 그러나 선이 굵은 얼굴 속에서 우리는 하나님 얼의 흔적을 봅니다. 우리 역시도 말씀으로 사는 한 결코 죽지 않습니다. 죽는 것은 몸이겠지만 얼로서 거듭난 우리의 정신은 죽어도 살아 있습니다. 그래서 자기 목숨을 미워하는 자는 영원히 살 것이라고 요한서는 말했습니다. 하나의 밀알이 죽어서 많은 열매를 맺는 것과 같은 이치입니다. 자연이 열매를 맺음으로 자기를 이어가듯 사람도 그렇습니다. 하지만 사람이 자연과 다른 것은 정신, 얼, 얼의 골이 있는 까닭입니다. 예수가 '얼 솟은이'로 우뚝 서 있습니다. 그래서 그를 바라보고 그를 따를 수 있습니다. '얼 솟은이' 예수는 과거에 있던 한 존재로만 끝나지 않습니다. 우리 역시 '얼 솟은이'로 그 길을 잇고 있기에 예수는 우리의 얼을 통해 지금도 현존합니다.

하루 속에서도 영원을 만날 수 있습니다. 말씀과 부닥치는 경험을 하기 때문입니다. 얼굴, 얼골, 얼의 골을 지닌 사람이 되기 때문입니다. 그래서 몸은 죽어도 우리의 참된 생명은 죽지 않습니다. 열매를 맺는 사람이 된 탓입니다. 마지막 날에도 오늘과 조금도 다르지 않은 자신을 만날까 두렵습니다. 그리되면 우리의 삶은 통한과 회한뿐입니다. 그것은 구원이 될 수 없습니다. 그런 고통에서 우리를 구원하는 것이 예수의 십자가입니다. 목숨이 아닌 '말숨'으로 사셨기에 그는 십자가를 지셨고 영원히 죽지 않는 분이 되었습니다. 우리의 얼 역시 살려내야 할 것입니다. 겉사람, 체면, 그것들로 인생을 살려 하지 말고 속사람과 얼을 찾으라는 것입니다. 하나님의 품 안에서 달걀이 깨어지듯 깨어져 질적인 시간을 만나라 하십니다. 우리도 다석처럼 75세까지 아니 80세까지 사는 날수를 정해놓고 하루하루를 살아봤으면 좋겠습니다. 그리고 그 이상을 살 경우 하나님 은혜로 알고 다른 사람을 위해 맘껏 시간을 불사를 수 있었으면 합니다. 세상이 아무리 크고 넓어도 나는 여기에 있습니다. 시간이 아무리 무한해도 우리는 지금 이 순간에 있는 것입니다. 이것이 우리에게 절대 시간이고 절대 공간으로서 하나님의 은혜가 함께하는 자리입니다. 내일의 오늘이 오늘과 같지 않으려면 '오늘'을 절대 시간으로 만들어야 옳습니다.

꼴찌가 첫째 되고, 첫째가 꼴찌 된다

사상 초유의 긴 장마와 더워도 너무 더운 올 여름, 이곳 분향소를 지키며 동지들의 죽음을 헛되지 않게 하려 정신적, 육체적 사투를 감당하신 여러분들에게 죄송함과 존경을 담아 먼저 머리 숙여 인사드립니다. 오랜 세월 동안 목요일 저녁 쌍용차 사태의 정상화를 위해 시민, 종교단체와 함께 예배의식이 거행되어 왔습니다. 저 역시 간혹 이 자리에 있곤 했는데 천주교 사제들의 미사, 개신교회의 예배, 때론 스님들의 예불에도 참여했던 기억이 있습니다. 하지만 오늘처럼 제가 이 자리에 설 것이라 했던 적은 없었습니다. 이곳에 서기에는 제 삶이 부끄럽고 해고자분들의 얼굴을 맞댈 자신이 없었던 까닭이겠지요. 하지만 오늘의 제 무모함이 지친 분들에게 조그만 힘이 될 수 있고 향후 저 자신을 달리 살게 하는 계기가 될 것이라 믿기에 용기를 내어 봅니다.

그래, 결국 한 사람이다

일찍이 한 신학자는 기독교의 핵심을 성육신이라 했고, 그것의 신비는 오로지 '현장'에서만 재현 가능하다고 설파하였습니다. 하나님이 인간이 된 것은 인간을 신神으로 만들고자 함이라 믿었던 교부들도 있었지요. 그러나 우리는 삶의 현장 곳곳에서 사람이 짐승처럼 사육되고 홀대받는 현실을 목도합니다. 도처에서 들리는 절규와 탄식들은 결국 '사람처럼 살고 싶다'는 마음의 표현일 것입니다. 사람이 실종되고 그 가치가 폄하되는 현실에서 성육신의 신비는 결코 재현될 수 없습니다. 아무리 교회에서 하나님을 찬양하고, 예수 그리스도를 믿는다 해도, 탄식하는 고통의 현장이 존재하는 한 우리의 찬양과 믿음은 온전할 수 없다는 것이 성서의 가르침입니다. 예배 공동체로서 안식일을 지키라 교회가 말하지만 일이 없고, 노동할 수 있는 권리를 빼앗긴 상황에서 그들에겐 안식일은 오히려 지옥이 될 것입니다. 그렇기에 종교가 자신의 본질을 다하지 못하면 차선으로 존재할 수 없고, 오히려 최악이 된다고들 합니다. 현장 속에서 성육신의 신비가 다시 나타날 수 없다면 그것은 기독교인이 자신의 종교를 이념이나 신화로 만들고 있다는 반증이란 것입니다.

이런 맥락에서 '포도원의 품꾼'이라 소제목이 붙은 마태의 기록 한 곳을 살펴봅니다. 애당초 이 본문이 누가복음 어딘가에 있을 것이라 생각했었습니다. 그러나 이것이 마태의 증언인 것을 알았고, 이 본문을 전후하여 '첫째가 꼴찌 되고, 꼴찌가 첫째 된다'는 획기적인 전도, 전환의 메시지가 몇 차례 반복되는 것을 발견할 수 있었습니다. 이에 근거해서 저는 성서가 말하는 기적의 참뜻을 생각해 봅니다. 우선 삶은 언제나 그 상태로 머물지 않고 항시 달라질 수 있는 것이 기적이 지닌 메시지라 믿습니다. 부자가 언제나 부자로 머물지 않고, 아프고 병든 자가 늘 그렇지 않을 것이며, 힘없는 자들이 주인 되는 세상 역시 가능하다는 가르침이 예수의 탄생 설화이자 기독교가 주는 희망의 메시지란 것입니다. 물론 마태는 첫째와 꼴찌의 역설을 선민의식에 사로잡혀 예수를 믿지 못하는 유대인들에게 경종을 울리는 의미로 사용했겠으나 삶은 얼마든지 달라질 수 있고 달라져야 한다는 것이 결국 성서의 본뜻이자 기적의 의미가 될 것입니다. 꽃보다 아름다운 사람을 길거리로 내몰며 소중한 삶을 내던지게 만드는 불의한 사회이지만 성서는 오늘 우리에게 첫째와 꼴찌가 얼마든지 뒤바뀔 수 있음을 강조합니다. 삶은 그래서 기적이라고 아니 기적인 것을 믿으라고 우리에게 소망을 전하고 있습니다.

오늘 본문에서 예수는 인간을 인간으로 대접하기 위해 상식과 관행을 깨는 파격을 노골적으로 행하셨습니다. 우선 본문은 밝은 대낮인데도 일터에 있지 않고 도처에서 빈둥거리며 지내는 사람들 숫자가 적지 않는 당대의 현실을 가감 없이 보여 줍니다. 아홉 시에도, 열두 시에도 그리고 오후 두 시 심지어 해 질 무렵 다섯 시에 나가도 여전히 일거리를 찾지 못한 무수한 사람들이 거리에 즐비했던 것입니다. 포도원 주인으로 칭해진 예수는 이들을 모두 불러 자신의 농장에서 일을 시켰습니다. 저녁이 되어 하루의 삯을 분배할 때 농장 주인은 이들 모두에게 저마다 동일한 임금을 지불했습니다. 그러니 일찍부터 일한 일꾼들의 불평이 터져 나왔습니다. 본래 한 데나리온씩 받기로 했던 것이기에 부당한 처사는 아니었지만, 자신보다 적게 일한 노동자들의 품삯이 자신들과 같다는 것에 대한 억울함이었겠지요. 그러나 여기서 주인은 모두에게 같은 삯을 주는 것이 자신의 뜻이라 강변하며 그들을 돌려보냅니다. 그러면서 하는 마지막 말씀이 바로 꼴찌와 첫째의 뒤바뀜에 대한 충고였습니다.

사실 이런 마태의 증언은 오늘과 같은 자본주의 사회에서 통용되기 힘든 일이겠지요. 저마다 많은 이익을 내기 바라고, 효율성을 중시하는 사회에서 있을 법하지 않은 사실입니다. 그래서 사람을 함부로 내팽개치고 부품 교환하듯 갈아 치우며, 일꾼들을 분리시켜 고용주 편에 서는 사람들을 선호하는 것이 자본주의 체제하의 기업 행태입니다. 한 해 몇 백 억을 헌금하는 장로의 기업이 비정규직 노동자가 가장 많은 것으로 혹평이 났다면 그 돈을 하나님이 기뻐하지 않으실 것입니다. 최근 밀양 사태에서 불거졌듯 송전탑의 전기가 눈물을 타고 흐르는 것처럼 헌금은 노동자의 눈물의 대가인 것이 분명한 까닭입니다. 오늘 본문에서 모두에게 같은 품삯을 주는 주인의 마음을 이렇게 헤아려 봅니다. 우선 예수는 일의 중요성을 아신 분이었습니다. 아버지가 일하시니 나도 일한다고 했듯이 인간 역시도 지속적으로 일하기를 바라는 것이지요. 예수는 죄인을 찾아 세상에 오신 분이기도 하지만 사람들이 일할 수 있기를 바라서 세상을 헤매시는 분이기도 합니다. 오히려 일터를 빼앗긴 삶, 그런 삶의 구조 자체가 죄라는 것이 예수의 항변입니다. 또한 예수는 일이 자신의 본질을 드러내는 행위임을 알기에 그에 적합한 대가를 지불해야 한다고 믿었습니다. 효율성의 차원에서가 아니라 인간 본질에 대한 이해의 차원에서, 나아가 들판의 백합화, 하늘의 새조차 입히고 먹이시는 하나님의 시각에서 일용할 양식에 대한 염려를 하신 것이지요. 누구에게나 공히 하루 살 돈이 필요하다는 것은 예수의 창조신앙에 해당되는 부분입니다. 예수는 오늘 우리 기업과 정부와는 달리 일꾼들을 계급화하지 않았습니다. 오늘 우리는 노동자들을 수없이 편 갈라 그들끼리 갈등을 조장하고, 반목하며 시샘하게 만들고 있는 현실을 분노하며 지켜

175

보고 있습니다. 고용주의 요구에 고분고분한 노동자와 정의롭게 생존권을 주장하는 일꾼들의 운명이 하늘/땅처럼 달라지는 현실이 고통스럽습니다. 하지만 예수는 모두에게 같은 품삯을 주셨습니다. 비록 그들이 일한 시간과 분량은 달랐을지라도 그들은 모두 일을 했고 하루를 살아야 했기에 그리하신 것입니다. 일용할 양식을 보장하는 '일' 그것으로 사람이 평가받고, 계층으로 나뉠 수 없다는 것이 예수의 마음이었고, 뜻이었다고 믿습니다. 일을 하는 한 그래서 우리는 모두 평등합니다. 어떤 일이든 귀천이 있을 수 없고, 정규/비정규로 가를 수 없는 노릇입니다.

앞서도 보았듯 본문 말미에 꼴찌의 반란이 언급됩니다. 그리고 앞선 본문에도 부자의 하나님 나라 입성이 낙타가 바늘귀로 들어가기보다 어렵다 말씀하시면서 첫째와 꼴찌의 역설을 강조하셨습니다. 모두를 배부르게 하며, 누가 누구에게 군림치 않는 세상을 만들려는 하나님의 생명과 평화의 뜻을 위하여 헌신한 사람이 비록 현실에서는 꼴찌처럼 보일 수 있겠으나 실상은 첫째인 것을 역설하셨습니다. 이런 일을 위해 어떤 기득권, 체면, 직위, 심지어 자신의 재산까지 내어놓는 제자의 삶을 살라는 분부라 하겠습니다. 이는 여기에 모인 우리를 향해 하신 말씀이지요. 쌍용자동차 해고자를 위해 예배하는 일은 포도원 주인인 예수의 뜻을 좇자는 것이고, 그것은 필히 세상의 눈에 거슬리는 행위일 수밖에 없을 것입니다. 얼마 전 영화 〈설국열차〉를 보았습니다. 영원히 달릴 수 있는 초호화판 기차가 주인공으로 나옵니다. 무소불위의 전능한 엔진의 힘을 빌미로 천 칸이 넘는 기차를 끌고 있으며, 각 칸에는 여러 계층들의 군상들이 살고 있습니다. 꼴찌 칸에 타고 있던 사람들은 그곳이 영원한 자신들의 있을 곳이라 믿도록 강요받습니다. 꼴찌의 삶이 죽기보다 싫었으나, 그곳을 벗어나면 온통 얼어붙은 빙하의 세상이기에 목숨만 부지하며 대다수는 숙명적인 삶에 젖어 있었습니다. 그러나 그들 중에는 첫째들이 머물고 있는 앞칸을 얻고자 하는 욕망이자 희망을 품고 때를 기다리던 이들도 있었지요. 앞을 향하려는 의지와 그를 막고자 하는 권력의 충돌로 수없는 사람이 죽고 다쳤으나 급기야 몇몇이 마지막 엔진의 문 앞에 설 수 있었습니다. 영원하리라 믿었던 엔진도 서서히 고장 나기 시작했으며, 기차 외에는 다른 삶이 없을 만큼 혹독한 빙하기였으나 차창 밖에 서서히 생명의 기운이 움트는 조짐도 포착됩니다. 프랑스 원작과는 달리 봉준호 감독은 앞칸의 문을 향해 전진하는 것 이상으로 기차 문 자체를 열어 전혀 다른 세상을 만날 수 있다는 꿈을 강조했습니다. 체제 밖을 사유하도록 우리의 생각을 이끌고 있는 것입니다. 자본주의라는 초호화판 기차의 엔진도 수명을 다할 날이 올 것입니다. 그리고 꼴찌들의 반란도 결코 수그러들지 않을 것입니다. 그러나 정작 중요한 것은 기차가 상징하듯 그것만이 눈에 보이는 현실일 수 없다는 것이지요. 첫째와 꼴찌의 벽을 만들어 그를 공고히 하고, 위기에 처했을 때 그들을 마음대로 처분하는 자본주의 체제 속에서 그를 극복하는 길은 기차 밖의 세상을 꿈꾸는 일입니다. 이것이 꼴찌들의 진정한 반란입니다. 분명히 다른 세상도 있습니다. 영화의 말미에 탈선하여 붕괴된 기차 밖에서 철부지 딸과 흑인 소녀가 흰 곰을 보며, 새로운 세상을 만나는 모습이 지금도 눈에 선합니다. 결국 성서의 예수가 말하려 했던 것도 기존 체제와 통념을 철저히 붕괴시키는 일이었습니다. 제사장과 율법학자처럼 의당 그곳을 지나쳤어야 마땅한 사마리아인이 강도 만난 자 유대인의 진정한 이웃이 되었다는 것도 통념을 부수는 일이었지요. 신이 인간이 되었다는 성육신만큼 통념과 체제, 틀을 깨는 발상도 없을 것입니다. 현장 속에서 이런 틀을 지속적으로 부수는 것이 성육신의 신비를 재현하는 길임을 기독교인들은 믿어야 할 것입니다. 모두에게 같은 삯을 주신 예수, 그분은 그것이 바로 내 뜻이라고 말씀하며 부조리함을 당연시 하는 자본주의의 틀을 깨는 존재가 되라고 우리를 부르고 있습니다. 쌍용자동차 해고자 여러분, 우리 기독교인들은 끝까지 당신들의 현장을 지키면서 성육신 신비가 재현되는 기쁨을 맛보고자 합니다. 여러분들에 의해 기차 문이 부서지고 새 문이 열어젖혀 지는 순간이 도래할 것을 믿습니다. 혹독한 더위와 지루한 장마를 견디며 싸워 오신 여러분들에게 가을의 햇살과도 같은 소망과 밝음이 찾아올 것을 믿으며, 여러분들을 온 맘을 다해 축복합니다.

(후기: 2015년 말 쌍용자동차 노조원들이 복직된 것을 크게 기뻐합니다.)

그래, 결국 한 사람이다

Ⅲ 부

봄이 기적이듯
삶도 기적이어라

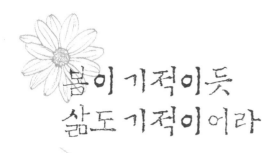

봄이 기적이듯
삶도 기적이어라

절기가 경칩을 지나 밤낮의 길이가 같아지는 춘분으로 향하고 있습니다. 춥고 길었던 겨울, 어느 해보다 큰 눈 구경을 많이 했던 시간들, 결코 올 것 같지 않았으나 따스한 바람과 함께 자연은 새로운 봄을 우리에게 선물로 주었습니다. 돌처럼 굳어진 땅이 풀리고 그 속에서 푸른빛의 생명체가 싹터 오르는 것은 자연스러운 일이나 참으로 경이롭습니다. 지난주 참 오랜만에 시골에 갔더니 진돗개 부부인 진진과 진솔이가 영하 30도의 모진 추위 속에서도 새끼 여덟 마리를 낳아 잘 키우고 있었습니다. 예쁜 새끼들을 가슴에 품으며 그들의 장한 모습에 감사했고, 자연의 섭리에 머리를 숙일 수밖에 없었습니다. 기적이 있다면 아마도 이런 자연스러움을 전혀 달리 느낄 수 있는 감각 때문일 것입니다. 이런 감각을 일컬어 신앙이라 말해도 좋을 것 같습니다. 그렇기에 예수님은 들의 백합화를 통해서 그리고 공중 나는 새에게서 하나님의 신비를 느끼라 하였습니다. 하지만 인간은 이런 기적을 보아도 보지 못하고, 오히려 빼앗고 있는 듯합니다. 반복되는 일상을 경이롭게 바라보기보다 우리 속에 돌이 떡으로 바뀌기를 바라는 허황된 꿈이 자리하고 있는 까닭이지요. 하지만 성서는 과부가 자신의 모든 것인 동전 두 푼을 예수께 바친 것을 일컬어 기적이라 합니다. 자신의 처지에서 도무지 생각할 수도 없었던 일을 일으킨 탓입니다. 인간의 역사는 이렇듯 불가능한 것을 향한 열정으로 기적을 만들었고, 그 중심에는 종교가 있었습니다. 인간이 기적을 느끼고 기적을 만드는 한 하나님은 살아계신다고 믿었던 것입니다. 하지만 탈핵 주일로 지키는 오늘 후쿠시마 원전 사고 2주기를 맞아 인류는 봄의 상실을 걱정할 수밖에 없고, 그곳 가축들은 생명력을 빼앗겨 버렸습니다. 이 점에서 원전은 돌을 떡으로 바꾸려는 욕망의 실상으로서 은총의 감각을 말살시키는 무신성無神性의 상징이라 할 것입니다. 일상 및 자연에서 기적을 앗아간 핵은 그래서 그 자체로 반신학적입니다.

이 봄과 함께 사순절 절기가 시작되고 있습니다. 부활절에 이르는 40일간의 시간을 신앙적으로 숙고하며 사는 깊은 마음이 필요할 때입니다. 여느 사람들과 다르지 않게 살고 있는 우리가 절기가 주는 신앙적 의미조차 하찮게 여긴다면 삶에서 결코 기적을 볼 수도, 만날 수도 없을 것입니다. 그래서 사순절 기간 교회들은 특별 새벽기도회를 강조하지요. 궁극적으로는 부활을 옳게 대면하기 위함일 것이나, 삶의 고통과 절망을 이겨내려는 신앙적 사투의 과정이라 믿습니다. 사순절의 긴 시간은 마치 돌처럼 굳은 흙 속에 묻힌 씨앗이 발아發芽되기까지의 지난한 과정으로 비유되곤 합니다. 살기보다 죽기가 더 쉽고 그런 유혹이 늘 있는 풍토와 환경에 노출되면서도 여하튼 살아남고자 기를 쓰는 몸부림의 기간인 셈이지요. 이를 일컬어 백사천난白死千難의 과정이라고도 합니다. 어느 종교사회학자의 연구에 따르면 한국교회 내 대다수 교우들이 가장 열심을 내는 절기가 사순절에서 고난주간에 이르는 바로 이때라고 합니다. 정작 부활은 시큰둥하게 여기며, 부활신앙을 확신하지는 못하지만, 대부분은 자신들의 삶의 무게와 예수의 고난을 중첩시키며 예수와 동병상련한다는 것입니다. 그러나 이렇게만 끝나버리면 사순절의 신앙적 의미는 반감되고 말겠지요. 굳은 땅에서 움트는 생명력이 기적이듯 오히려 성서는 고통과 고난 속에서도 삶이 달라질 수 있음을 가르치며 보여주고 있습니다. 성서가 말하는 기적은 삶이 항시 그 상태에 머물러 있지 않고 언제나 변할 수 있음을 말하기 때문입니다. 가난한 이가 언제나 가난한 상태로 머물지 않고, 아픈 사람이 언제든 병자로 머물지 않으며, 외로운 자들의 삶이 결코 그렇게 귀결되지 않을 것이란 확신입니다. 이 점에서 부활의 증거는 빈 무덤에 있지 않고 두려움에 휩싸여 엠마오로 피신하던 제자들 발걸음의 향방이 달라진 사실에 있습니다. 예수 죽음을 피해 도망치던 제자들이 오히려 죽음의 현장으로 달려왔기에 기독교의 역사가 시작된 것입니다. 이처럼 사순절은 봄이 기적이듯 삶도 예기치 못한 기적인 것을 알리는 중요한 사건이 아닐 수 없습니다.

시편 42편은 이런 시각에서 볼 때 대단히 중요한 본문입니다. 일찍이 종교개혁가 루터는 시편 속에서 예수의 삶과 죽음을 보았고, 로마서 이상으로 시편의 중요성을 강조했습니다. 우리는 시편 저자가 구체적으로 어떤 고난과 역경 속에 처해있는지 모릅니다. 하지만 그는 자신의 곤경 속에서 하나님 대면을 갈망합니다. 목마른 사슴이 물을 찾듯 그렇게 간절한 마음으로 하나님을 찾고자 힘썼습니다. 그러나 하나님은 좀처럼 그에게 찾아오질 않습니다. 이런 모습을 보며 주변의 사람들, 심지어 자신을 곤경에 처하게 했던 대적자들조차 네가 믿는 하나님이 없는 모양이라고 비웃습니다. 낙심하면서도 저자는 다시금 자신의 영혼을 다독거리지요. '내 영혼아 너는 왜 그렇게 조급하게 낙심하는가?'라며 다시 마음을 가다듬고 하나님을 기다리자고 수십 번 다짐합니다. 주님만을 사랑하고 그만이 구원의 반석인 것을 믿고 기도하겠다고 마음을 다잡는 것이지요. 홀로 이 믿음을 지킬 수 없을 것 같으니까 저자는 과거 조상들에게 행하셨던 하나님의 권능과 기사, 이적을 떠올려도 봅니다. 그러나 그것조차 자신의 곤경을 이길만한 힘이 되지 못하고 위로가 되질 않았습니다. 저자는 말미에 자신의 삶이 슬픔의 연속인 것을 토로하며, 그 와중에서도 원수들이 자신이 의지하는 하나님조차 조롱하는 것을 감당할 수 없는 아픔으로 여깁니다. 조롱 소리가 뼈를 부수는 소리처럼 시편 저자에겐 고통이었던 것입니다. 그럼에도 불구하고 마지막 절에서 저자는 자신의 기도를 십자가상의 예수의 마지막 기도—'아버지여 내 영혼을 당신께 맡깁니다'—처럼 그렇게 하나님에 대한 자신의 믿음을 포기하지 않았습니다. 지금 그는 고통 중에서도 자신을 이렇게 타이릅니다. '하나님을 기다려라. 나의 하나님, 구원자이신 그분을 끝까지 찬양하라'고.

이 기도문 속에서 우리는 한 사람 속의 숱한 마음의 변화를 느낄 수 있습니다. 자신이 당하고 있는 고통을 억울해하면서 도대체 그런 일이 일어나는 이유를 알기 위해 하나님께 대들다가도 그러면 안 된다고 자신을 타이르기를 수차례 반복했습니다. 하나님의 신실함을 결코 의심하지 않겠다고 결의한 적도 여러 번이었고, 그러다가도 당하는 수모를 감

그래, 결국 한 사람이다

당할 수 없어 분노하다가 결국 자신을 달래고 위로하며 다시금 하나님을 찬양하고 신뢰하는 것으로 시편은 끝납니다. 이처럼 우리는 한 사람의 짧은 기도문 속에서 분노, 좌절, 항변, 기다림, 저항 그리고 궁극적 신뢰 등 숱한 감정의 변화를 접합니다. 이는 하나님을 향한 기도 속에서 한 인간의 고통과 절망과 치유의 지난한 과정을 보여주는 것이지요. 이 점에서 바젤의 신학자 오트H. Ott는 '인간이 어떤 상황에서든 하나님을 향해 절망하지 않고 그를 부르는 한, 길(구원)이 있다고 가르치는 것이 주기도문의 핵심'이라 했습니다.

최근 유명해진 건축가 승효상의 책 『지문地文』을 알게 되었습니다. 이것의 순우리말은 '터 무늬'로서 자연에도 지워져서는 아니 되는 역사와 흔적이 있음을 강조하고 있습니다. 인간이 살아왔던 집터, 산하, 마을 속에서 우리는 '터 무늬'를 접할 수 있는 것이지요. 그러나 급속한 개발로 '터 무늬'가 실종된 현실에서 우리 모두는 뿌리 뽑힌 터무니없는 삶을 살고 있음을 개탄합니다. 지문地文이 그렇듯이 '인문人文' 역시 인간의 삶 속에 새겨진 무늿결을 일컫는 것이겠지요. 시편 기자의 삶이 그랬듯 고통과 탄식, 기쁨과 분노가 교차되어 저마다 다른 색조와 깊이를 지닌 무늿결이 각각의 삶 속에 아로새겨져 있을 것입니다. 인고忍苦의 세월을 견딘 나뭇결이 단단하듯, 풍랑을 견디고 버텨온 집터의 무늬가 고결하듯 자신을 다독이며 살아왔던 무수한 삶의 경험들로 축적된 우리 삶은 고귀하고 아름답습니다. 인간이 만든 삶의 무늿결, 그것은 인간의 얼굴에 나타나 있지요. 젊은이들의 얼굴보다 모진 세월 살아온 노인들의 얼굴이 더욱 아름답습니다. '아름답다'란 말이 속알이 영근 상태를 이름하는 까닭입니다. 그래서 다석과 그의 제자 함석헌 모두가 얼굴을 얼의 골짜기라 했고 매일 얼굴을 보며 예쁘다고 칭찬하며 자신에게 매일 절할 것을 주문했습니다. 누구도 자신의 무늬를 지울 수 없고 대신할 수 없기에 그리하라는 것입니다. 비록 슬펐고 안타까웠던 기억들로 가득 차 있더라도 자신의 궂은 날이 인류 진화의 힘이었음을 믿으라 했습니다. 앞으로도 얼마나 많은 궂은 날이 우리 곁을 찾아올지 모를 일입니다. 죽는 순간까지 궂은 날을 피할 수 없는 것이 인간의 숙명이겠지요. 다석多夕 유영모는 이 점에서 '비바람 부는 날 빌고 바랄 것'을 주문했습니다. 얼의 골짜기를 지닌 사람, 머리를 하늘로 향한 인간은 누구나 비바람 불 때 빌고 바랄 수 있다고 한 것입니다. 빌고 바랄 때 얼의 골짜기, 삶의 무늬(人文)가 더욱 선명해 지고 아름다울 수 있습니다. 비바람 부는 궂은 날을 빌고 바라는 '비, 바람'으로 바꿔 말하는 다석의 신앙적 상상력이 참으로 고맙고 감사합니다. 별별 감정을 다 겪은 채 결국 빌고 바라는 마음으로 돌아와 자신을 치유하고 영근 무늿결을 만들어 낸 시편 기자처럼 우리가 만든 무늬도 더없이 아름답기를 바랍니다.

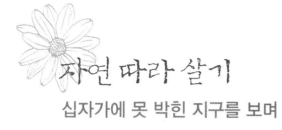

자연 따라 살기
십자가에 못 박힌 지구를 보며

해마다 유월 첫 주는 UN이 정한 세계 환경주일로 지킵니다. 이날은 민간 시민단체들이 주도하는 지구의 날(4월 22일)과 더불어 '하나밖에 없는 지구'를 더 이상 망가트리지 않겠다는 취지에서 제정되었습니다. 과거 사람들이 죄 없는 예수를 십자가에 매달았듯이 현대인들의 경우 지구를 십자가에 못 박아 버린 탓입니다. 실제로 유럽의 어느 성당에는 지구를 십자가에 매단 형상이 걸려 있다 합니다. 지난 100년간 한반도 주변의 이산화탄소 발생량이 세계 평균 2배에 이른다고 하니 기독교 강국이라 하는 우리가 실상 지구를 더 많이 못 박은 셈입니다. 이미 수차례 말씀드렸듯이 대한민국의 욕망지수가 OECD 국가 중에서 단연 으뜸인 것을 보면 이 땅에 존재하는 종교, 종교인들의 허상을 말하지 않을 수 없습니다. 종교와 욕망, 이 둘은 반비례 되어야 마땅하거늘 더불어 최고가 되어있는 까닭입니다. 뭇 종교들이 저마다 창조론, 연기설, 개벽을 말하나 실상은 모두 세상이 추동하는 욕망에서 자유롭지 못한 탓이겠지요. 말도 많고 탈도 많은 WCC 부산대회가 '생명의 하나님, 저희를 정의와 평화로 이끄소서'를 주제로 열렸던바 이 땅의 분단과 환경(생태)이 중심 주제가 되었습니다. 1990년 이 땅에서 개최된 '정의·평화·창조질서의 보전'(JPIC)의 정신이 WCC 세계대회를 통해 잘 계승되기를 바랄 뿐입니다.

겨자씨교회 인적 구성을 보면 적은 인원이나 환경, 생태 문제에 관한 전문가들이 많은 것이 특징입니다. 해양 및 갯벌 연구의 권위자, 탈핵의 가치관을 주도하는 이론가는 물론 환경 사회학자, 여성 생태신학자, 동양 철학자 그리고 시와 예술로 생명을 사랑하는 이들이 함께 예배를 드리고 있는 멋진 공동체입니다. 이렇듯 환경(생명)을 관심하는 인문, 사회, 과학 분야의 전문가들이 이곳에 모여 있다면 오늘의 예배는 함께 준비되었어야 좋았을 것이고 좀 더 의미화시켜 못 박힌 지구를 구원하는 실천의 장을 만들어 냈어야 할 것입니다. 여러 선생님들의 지혜를 예배 속에서 엮어 표현하는 과정을 만들지 못한 것이 아쉽습니다.

자신의 의로움을 주장하는 욥의 항변을 일순간 무력화시켰던 하나님의 말씀이 욥기 말미에 기록되어 있습니다. 성서대로라면 욥의 인생은 하나님과 사탄의 힘겨루기의 과정에서 읽혀야 할 것입니다. 이방인임에도 불구하고 하나님을 잘 믿어 축복받은 욥을 보며 사탄이 하나님께 말을 걸었습니다. 그에게 준 축복을 거둬 가면 당신을 향한 믿음 역시도 물거품처럼 사라질 것이라며 욥을 시험하자는 것입니다. 이런 제안 이면에는 인간을 보는 사탄의 분명한 시각이 있었습니다. 인간이란 종국에는 '자신의 생명을 물질로 바꾸는' 어리석은 존재라는 것이지요. 하지만 하나님은 달랐습니다. 인간에게 하나님이 희망이듯 하나님 자신도 인간이 자신의 희망이라 생각했던 것입니다. 따라서 하나님은 욥의 생명만큼은 건드리지 말고 그에게서 모든 것을 앗아볼 것을 사탄에게 허락했습니다. 누구의 인간 이해가 옳은 것인가를 시험하고 싶었던 것입니다. 인간의 입장에서 보면 힘겹고 억울한 고통이겠으나 이것 역시 욥기를 이해하는 하나의 시각임에 틀림없습니다. 이 과정에서 욥은 가축과 노비들은 물론 자식을 잃었고 아내와도 등지게 되었습니다. 친구들의 위로마저 저주로 들릴 정도로 자신의 영혼도 피폐해져 자신을 낳은 어미마저 저주할 지경에 이른 것입니다. 급기야 욥은 자신의 고통과 하나님의 의로움을 함께 생각할 수 없었습니다. 하나님이 의로운 분이라면 자신이 이처럼 고통을 당할 수는 없다고 생각한 것이지요. 사탄의 말대로 자신의 것, 자신이 일군 모든 것을 상실할 때 하나님을 떠날 수도 있는 지경에 이른 것입니다. 바로 여기서 하나님의 음성이 욥에게 들려집니다. 하나님은 욥의 고통을 너무도 잘 아셨고 그것이 너무도 안타까웠습니다. 하지만 욥에게 새로운 깨침을 주고자 했습니다. 도대체 네가 무엇을 잃었느냐는 것입니다. 많은 일을 했고 얻었고 잃은 것 같으나 실제로 욥이 네가 세상에서 한 것이 과연 무엇이 있었는가를 혹독하게 반문했습니다. '하늘의 새떼에게 먹을 것 한번 주어 본 적이 있었는가?', '새벽에게 명령하여 동트게 한 적이 있었는가?', '누가 비를 내리는 지 생각해 본 적이 있었는가?', '들사슴이 새끼를 낳는 것을 지켜본 적이 있는가?', 급기야 하나님은 '내가 땅의 기초를 놓았을 때 너는 어디에 있었는가?'를 묻고 있습니다. 죽을 지경에 있던 욥에게 던진 하나님의 질문이 너무 가혹하게 여겨질 수도 있습니다. 하지만 그는 하나님의 의로움을 포기하려는 욥에게 달리 생각할 수 있는 기회를 주고자 하였습니다.

이 말씀을 묵상하며 저는 하나님께서 은총의 감각을 요구하는 것이라 생각했습니다. 우리는 자신의 노력과 땀의 결과로 먹고 마시며 즐긴다고 생각하며 살았습니다. 우리가 심지도, 가꾸지도 않았으나 거둬들인 경험도 적지 않음에도 말입니다. 어느 신학자는 은총을 일컬어 '최상의 것을 거저 얻었다'는 고백이라 했습니다. 그렇기에 모든 것을 자신이 노력한 결과라 생각했고, 뭔가를 잃으면 억울해하며 하나님을 절망하는 우리의 일상은 은총과는 무관한 모습이라 할 것입니다. 하나님은 뭇 자연의 변화를 열거하며 인간이 절망치 말도록, 궁극적인 것, 즉 은총의 감각을 잃지 말 것을 요구했습니다. 하나님이 우리의 희망이듯 우리 역시 하나님 그분의 희망인 까닭입니다. 이렇듯 자연은 우리에게 녹색으로 표현된 하나님의 은총의 보고寶庫입니다. 그것 없으면 단 한 순간도 살 수 없는 것이 우리 인간의 실상이지요. 그 은총의 토대 속에서 우리는 얻기도 하고 잃기도 하며 기뻐하고 슬퍼하며 인생을 살뿐입니다. 자연과 더불어, 자연 따라 사는 것은 녹색 은총의 감각을 갖고 사는 길입니다. 녹색 은총의 감각은 자신의 약한 부분, 한계를 자신만의 특징으로 만들 줄 아는 지혜를 선사합니다. 사막이란 척박한 곳으로 자신의 서식지를 옮긴 낙타는 햇빛을 피하지 않고 그를 응시하는 정면 생존법을 내성으로 키워냈습니다. 자신의 한계를 극복하는 것이 능사가 아니라 한계를 인정하고 그 안에서 사는 것이 하나님의 의를 지키는 길이자 사탄의 시각으로부터 자유로운 길일 것입니다.

그렇기에 예수는 먹을 것, 마실 것을 위해 걱정하지 말라고 하십니다.

들판의 백합화의 아름다움, 공중 나는 새의 배부른 모습을 보며 너희의 믿음을 키우라고 권면했던 것입니다. 이 모두는 하늘 아버지께서 하시는 일인데 하물며 당신 자녀인 인간을 먹이고 입히지 않겠느냐고 반문했습니다. 성서신학자들은 이 본문을 일컬어 구약성서의 창조신앙과 같은 것이라 합니다. 따라서 자연을 보면서도 걱정과 근심을 하는 것은 이방인들의 삶일 뿐 하나님의 의로움을 믿는 것이 아니라 단언합니다. 욥기가 하나님과 사탄을 말했다면 마태복음서는 사탄 대신 이방인이란 말을 썼을 뿐입니다. 자연을 보고 그 속에서 하나님의 의로움을 볼 수 없다면 그래서 걱정과 근심이 일상을 지배한다면 그것이야말로 이방적인 삶의 전형적 모습이라 했습니다. 자연의 섭리를 보면서도 불안과 걱정을 일삼는 것은 하나님에 대한 도리가 아니란 것이지요.

이처럼 기독교는 성서와 자연을 하나님이 자신을 알리는 두 지평으로 이해해왔습니다. 그러나 오늘 우리는 성서 속 하나님을 찾고자 하나 자연에서 하나님을 보고 느끼는 일에 둔감해졌습니다. 구텐베르크의 활자 덕에 종교개혁을 성사시킨 개신교가 '오직 성서Sola Scriptura'만을 강조했던 탓입니다. 그럴수록 우리는 토마스 베리란 가톨릭 신학자가 '한 3년쯤 성서 대신 자연을 보자'고 제안한 것을 주목해야 합니다. 성서가 말하는 자연은 결코 죽어있는 물질이 아니라, 살아있는 생명체의 보고이며, 하나님을 보여주는 거울인 탓입니다. 하나님 자신은 보이지 않으나 그는 자연을 통해 자신과 함께 사는 법을 가르치고 있습니다. 따라서 자연과의 관계를 옳게 하지 못하는 것은 하나님을 바르게 믿는 일이 될 수 없습니다. 어느덧 욕망과 편안함에 익숙해진 우리는 생태맹生態盲의 상태에 이르렀습니다. 성서는 인간이 하나님께 범죄하자 인간끼리 싸웠고, 그러자 자연이 인간을 땅에서 토해냈다고 적고 있습니다. 땅으로부터, 자연으로부터 거부당하고 있는 삶, 그것이 바로 성서가 말하듯 인간을 비롯한 피조물들의 탄식입니다. 온갖 질병과 고통이 항시 우리 삶을 위협하고 있는 것이지요. 동시에 성서는 인간이 하나님께 돌아오자 비로소 대머리 산에서 물이 흘렀다고도 합니다. 하늘과 땅 그리고 인간이 운명공동체인 것을 여실히 보여줍니다. 그러나 여기에는 인간이 우선 달라져야 할 것을 전제합니다. 자연에 무지하며 함부로 대했던 생태맹 현실에 대해 생태적 수치심을 느껴야 한다는 것입니다. 하나님이 사랑인 것은 존재하는 무수한 것(다양성)들과 그들 방식으로 관계하기에 붙여진 이름일 것입니다. 하나님을 사랑이라 고백하는 한 우리 역시 그들과 지금과는 달리 관계 맺고 살아야 마땅한 일입니다.

그래, 결국 한 사람이다

백만 명의 노아, 백만 척의 방주

위 제목 '백만 명의 노아, 백만 척의 방주'란 말을 프리드먼의 『코드 그린』이란 책 속의 작은 표제어에서 인용했습니다. 6월 둘째 주일은 UN이 정한 세계 환경주일입니다. 교회에서도 이 날에 환경을 주제로 예배를 드리고 있습니다. 얼마 전, '기독교환경선교' 모임에서 저는 향후 환경 선교의 모토를 "백만 명의 노아, 백만 척의 방주"로 할 것을 제안하였습니다. 인류는 지금껏 적색과 청색 이념을 앞세워 지난 두 세기 동안 지난한 논쟁을 해왔습니다. 자유를 상징하는 청색의 자본주의와 평등을 뜻하는 적색의 공산주의 간의 이념적 투쟁이 그것입니다. 인류에게 이 두 이념 모두가 소중했으나 불행히도 이들은 갈등했고, 민주, 공산 두 진영이 하나씩을 독점하여 절대화시켰습니다. 그러나 이제 그 시기를 지나 '코드 그린'을 이야기하는 시대에 접어들고 있습니다. 적색과 청색이 아닌 녹색이 중요한 시대가 되었다는 말입니다. 『코드 그린』 책은 부제로서 '뜨겁고', '평평하고', '붐비는' 세계란 말을 사용하였습니다. 여기서 뜨겁다는 것은 4억 년 동안 지속된 지구의 온도 상승을, 평평하다는 것은 누구나가 미국인처럼 살기를 원한다는 것을, 마지막으로 붐빈다는 말은 급격한 인구 증가를 말하는 것이겠지요.

향후 2100년까지 인류가 지금과 같은 양상으로 생존한다면 지구는 자기 유지를 위한 임계점을 넘어설 수밖에 없을 것입니다. 말했듯이 붐빈다는 말은 인구 증가를 뜻합니다. 60억, 65억이면 적정선인 지구의 인구가 2100년 내에 92억까지 늘 수 있다는 것입니다. 평평한 세계 역시 지구 상의 모든 사람들이 잘사는 미국인처럼 되려는 모습을 적시합니다. 이 책에서 프리드먼은 '아메리쿰'이라는 조어를 소개했습니다. 1아메리쿰은 일인당 소득이 1만 5,000달러 이상으로 소비 경향이 점차 증가하는 사람들 3억 5천만 명의 집단을 말합니다. 이전 세기에는 전 지구적으로 1아메리쿰이면 되었던 에너지 총량이 이제 미국만 해도 몇 개의 아메리쿰의 나라가 되었고, 유럽에도 몇 개의 아메리쿰이 필요해졌으며, 중국도 이미 두세 개의 아메리쿰이 필요한 에너지 강국이 되었고, 인도 역시도 그런 추세이며, 한국도 독자적인 하나의 아메리쿰을 소비할 만큼 에너지 사용량이 많은 나라가 되었습니다. 향후 인류가 저마다 아메리쿰의 생활 양식을 추구할 경우 지구가 네 개 더 있어도 모자랄 것이라 합니다. 이렇듯 모두가 평평한 세계에 살기를 원하고 있습니다. 아메리쿰에 이르지 못한 차상위 국가들조차 그리되기를 바라는 탓에 지구는 점점 평평한 세계로 되어갈 것입니다. 빈부 격차가 심해질수록 아메리쿰을 향한 욕망 역시 더욱 커질 것이 분명합니다. 붐비는 세계와 평평한 세계가 맞물리면 뜨거운 세계가 될 수밖에 없습니다. 뜨겁다는 말은 2100년 안에 지구의 온도가 6.4도까지 오를 수 있는 개연성을 말합니다. 지금껏 사용했던 에너지 사용의 결과로 지구의 온도가 2도 상승할 것은 자명한 이치입니다. 그것조차 줄여가야 하는 상황에서 지구 온도가 6.4도 오른다는 것은 지구 붕괴를 당연시하는 일입니다. '뜨겁고 붐비며 평등한' 세계가 저마다 하나의 주제로 다뤄질 때는 심각하지 않을 수 있겠으나 함께 만나서 상호 상승작용을 할 경우 지구를 멸망으로 이끄는 티핑tipping 포인트, 기후 임계점의 상황을 만들 것입니다. 따라서 우리 시대를 무엇의 '포스트post'의 시대로 말하는 것이 더 이상 가능하지 않습니다. 미래에 있을 무엇인가를 상정하며 무엇 이후의 시대라는 말을 다반사로 사용하고 있으나 실상 '~이후'의 시대를 사는 것이 아니라, 오히려 '기후 붕괴 원년'의 시대를 살고 있다고 해야 옳습니다.

이런 상황 속에서 우리는 노아의 이야기를 생각해봅니다. 노아는 위기의 시대에 살던 지혜자였습니다. 노아가 만든 방주는 위기 시대를 해결해보려는 문명의 상징이라 해도 좋겠습니다. 그렇기에 교회를 노아의 방주라 여겨 그 안에만 들어오면 구원을 받는다는 교회 중심적인 사유를 넘어설 일입니다. 새로운 문명을 준비해야 할 생태 위기의 시점에서 노아의 방주는 문명사적으로 큰 의미를 지닌 까닭입니다. 무엇보다 노아는 가인의 후예들의 삶을 단절시킨 사람이었습니다. 가인은 자신의 동생 아벨을 죽인 후 더 이상 하나님의 보살핌을 받을 수 없다고 판단했고, 스스로의 안정을 위해 '놋'이라고 하는 곳에서 인류 최초로 도시문화를 만들었던 사람입니다. 그래서 학자들은 도시에 살고 있다는 이유만으로 우리를 가인의 후예라고 말합니다. 왜냐하면 도시라 하는 곳은 효율성, 자율성에 근거해서 자기의 안정을 책임져야 할 익명성이 보장된 공간이기 때문이지요. 가인이 일군 도시문화 속 군상들의 모습을 창세기 4, 5, 6장이 잘 설명하고 있습니다. 그중에서 가장 대표적인 인물이 라멕이라는 사람인데, '가인이 지은 죄가 일곱 배라면 라멕이 지은 죄는 일흔일곱 배다'라고 하면서 가인이 일군 도시 문화 죄악상이 어찌 전개되었는가를 잘 보여 주고 있습니다. 마침내 하나님은 가인의 후손들의 삶에 인내치 못하고, 홍수로 도시 문화를 쓸어버리기로 작정하셨습니다. 이런 위기의 시대에 문명을 위한 역할자가 바로 노아였습니다. 그래서 우리는 '백만 명의 노아'라는 새로운 메타포를 필요로 하게 된 것입니다. 문명사적 위기의 시대에 직면하여 노아의 메타포를 삶 속에서 구현시켜 볼 생각에서입니다. 그렇다면 노아가 만들었던 방주는 어떤 의미를 갖고 있을까요? 방주가 얼마나 컸는지 모르겠으나 살아있는 암수 한 쌍의 생명체가 예외 없이 그곳에 들어갔다고 기록되어 있습니다. 더구나 인간 보기에 해충일지라도 살아 있는 탓에 함께 거주했다고 했습니다. 생태학적 용어로 말하자면 생명의 다양성이 지켜졌던 공간이었던 것이지요. 노아가 만든 방주에서는 필요, 불필요의 범주가 나뉘지 않았습니다. 우리들 세상이 실용주의에 입각해 있는 것과는 대조적입니다. 사람조차도 필요/불필요의 범주로 나뉘는 오늘의 현실과는 많이 달랐습니다. 잉여 인간을 배출하는 사회에 대한 분노가 오늘 우리 시대의 위기입니다. 셰익스피어의 작품인 〈리어왕〉 역시 늙은 아버지를 필요, 불필요의 관점에서 바라보는 딸들을 소재로 삼은 비극이었습니다. 필요성을 넘어 다양성이 지켜지는 공간, 우리 사회와 교회가 그런 공간이 되면 좋겠습니다. 교회도 더욱 다양한 생각을 하는 사람들이 함께 자리하는 공간이어야 할 것입니다. 도대체 필요한 사람이 어디 있고, 불필요한 사람이 어디 있겠습니까? 유·불리의 잣대로 사람을 보고, 생명을 판단하는 일이 지속되는 한 세상은 지옥이 되고 말 것입니다.

우리가 한 명의 노아라면 각자가 처한 자리가 한 척의 방주가 되어야 옳습니다. 새로운 문명을 위해 새로운 사람이 필요한 것입니다. 창세기 9장에서 하나님은 노아와 더불어 새로운 문명을 만들고자 하였습니다. 위기를 겪으며 새 문명을 준비했던 노아에게 하나님은 두 가지 약속을 요구했습니다. 첫 번째 창조보다 더 좋은 세상을 만들기 위한 전제조건 이었습니다. 먼저는 사람들 눈에서 억울한 눈물을 흘리지 말 것, 즉 필요 불필요의 차원에서 세상을 바라보지 말 것을 요구했습니다. 지금도 많은 사람들이 눈물을 흘리는 세상입니다. 실용적 가치에 입각한 자본주의는 사람들의 눈물을 그치게 할 수 없습니다. 수많은 이들이 해고되고 비정규직으로 내몰리는 탓입니다. 이어서 동물을 피 채로 먹지 말라 했습니다. 동물을 먹되 생명째 취하지 말라고 하신 것입니다. 강바닥을 함부로 긁어내지 않기를 바랐던 것입니다. 뭇 생명들이 살며 뭇 기억이 보관된 장소인 탓입니다. 인간만 역사를 만들지 않습니다. 자연도 역사를 만들고 있는 것이지요. 물질과 생명이 나뉠 수 있지 않다는 말씀입니다. 생명으로 되어가는 물질, 정신으로 되어가는 물질만 있을 뿐입니다. 실재의 내면과 외면, 그것이 바로 정신과 물질의 관계입니다. 이것이 동물들을 피 채로 먹지 말라는 하나님 말씀의 본뜻이었습니다. 이런 약속이 지켜질 때 처음의 창조 때보다 더 좋고 새로운 문명을 이룰 수 있다는 것이 성서의 말씀입니다. 믿는 자에게 능치 못함이 없다는 것을 가르치는 것이 기독교 신앙이 아닙니다. 기독교 신앙은 처음부터 이러한 한계와 더불어 삶을 살겠다고 하는 다짐이자 고백일 것입니다.

노아는 시대의 위기를 누구보다 예민하게 느꼈던 사람입니다. 하나님께서 그에게 시대의 위기를 알려주셨습니다. 오늘 우리도 예민한 감수성을 가지고 시대를 바라볼 책임이 있습니다. 저는 이것을 신앙인의 책무라 생각합니다. 일전에 믿음을 '바닥 소리'라고 풀었던 적이 있습니다. 뭇 바닥 소리를 예민한 감성을 가지고 듣기를 바라서입니다. 그래야 우리는 한 척의 방주를 만들 수 있습니다. 삶의 자리에서 교회를 그런 공간으로 달리 만들어 갈 수 있습니다. 여기서 심리학자 프로이트의 생각을 다시 떠올려 봅니다. 어머니(자연) 품 안의 아이(인간)는 본래 어머니와 나눌 수 없는 하나의 존재입니다. 그래서 프로이트는 이를 대양 속의 일체 감각이라 했습니다. 하지만 아이가 어느 정도 컸을 때, 어머니는 자기의 품에서 아이를 분리시켜내야 합니다. 그것이 어머니에게는 사랑의 표시이겠으나 정작 물리침을 당하는 아이에게는 죽음과도 같은 경험이라 할 것입니다. 프로이트는 이런 분리의식이 성장하는 아이에게 소유에 대한 집착으로 나타난다고 보았습니다. 하지만 소유에 대한 집착은 삶을 사는 게 아니라 죽음을 사는 것, 즉 타나토스(θάνατος, 죽음의 본능)일 뿐입니다. 우리 시대를 위기로 치닫게 한 서구 문명은 이렇듯 죽음을 사랑한 문명이었습니다. 그렇기에 우리의 남은 과제는 자연과 인간 간의 재결합을 의식적으로 이루는 데 있습니다.

프랑스에서 8년간 작곡을 공부하고 늦게 목사가 되겠다고 신학교에 들어온 50대 초반의 학생이 제 강의를 듣고 난 후 이런 고백을 했습니다. "지금까지 나는 신앙을 소유의 차원에서 생각했는데 한 학기 동안 힘들게 공부하고 나니 신앙은 결코 소유가 아닌 존재의 문제인 것을 다시 한 번 알게 되었다"는 것입니다. 새로운 문명을 준비하는 길은 '있음' 그 자체인 본래의 자리로 돌아감으로써만 가능하다는 깨달음일 것입니다.

그래, 결국 한 사람이다

백만 명의 노아가 되고, 백만 척의 방주를 만들어낼 수 있는 삶의 시작 역시 바로 거기에서 비롯할 것입니다. 위기의 시대에 한 명의 노아가 되고, 오늘 내가 서 있는 자리를 한 척의 방주로 만들고자 한다면 우리 모두 시대를 향한 감수성을 더욱 성장시켜야 할 것입니다. 이를 위해 신앙이 소유가 아닌 존재와 관계된 것을 깨달아야 할 것입니다.

거룩한 바보들

졸업한 지 30년, 바로 엊그제 같은 시간인데 강산이 세 번 변할 만큼 세월이 지났습니다. 마음은 여전히 그때 그 시절과 다름이 없는데 몸은 옛 몸이 아닌 삶을 살고 있습니다. 벌써 하나님의 부름을 받은 친구들도 여럿인 것을 생각하면 앞으로의 삶은 더욱 겸손하게, 하늘을 우러러 부끄럼 없이 살아야 할 것 같습니다. 나이 오십에 붙여진 지천명知天命이란 말은 자신의 한계를 솔직하게 인정하라는 공자의 가르침입니다. 지금껏 자기 생각만이 옳다고 믿고 앞만 보고 살았으며 신념대로 모든 것이 될 줄 알고 마음대로 살았으나, 이제는 옆도 돌아보고 지난날도 돌이키며 자신의 삶에 대한 하늘의 뜻을 곰곰이 헤아려 보라는 것입니다. 비록 남과 견주어 가진 것이 적을지라도, 세상 기준에 비추어 풍요롭지 못하더라도, 남들처럼 상전인 척 허세 떨며 살아 본 기억이 없다 하더라도, 나와 일생을 같이해준 아내의 소중함을 발견하고 건강하게 자라준 아이들의 존재에 감사할 수 있다면 그리고 자신의 생명을 지켜준 하나님의 사랑을 느낄 수 있다면 우리의 인생은 복된 것이라고 생각합니다. 돌이켜 보면 우리는 모교 대광★※에서 세상을 살아갈 지식과 함께 세계를 창조하고 사랑하신 하나님에 대한 지혜를 배웠습니다. 어떤 상황에서든 그리스도를 바라보도록 안내를 받았고 어리고 부족한 우리를 세상의 빛이라고 불러주었고, 빛이어야 한다고 가르쳤습니다. 때론 최근 신문지상에 오르내린 강의석 군처럼 대광의 기독교교육에 반발하며 불평한 적도 많았으나 긴 시간이 지난 시점에서 돌이키면 그것들은 모두 우리의 삶을 지탱하는 힘이었습니다. 순조롭게 인생을 살았든, 남들보다 좀 더 많은 역경을 경험하며 지나온 세월이든 간에 우리는 우리 자신을 빛의 아들로 불러준 그 출발 지점을 다시 찾았습니다. 이곳에서 남은 우리의 삶을 새롭게 다짐하며 지천명의 부름에 응답할 수 있기를 바랍니다. 하나님께서는 한(같은) 문으로 들어와 한(같은) 문으로 나간 우리에게 30년이 지난 오늘 새로운 일을 명命하실 것이라 생각입니다.

성서 사사기 9장 본문은 나무들끼리 모여 자신들의 왕을 세우고자 숙의하는 과정을 담고 있습니다. 나무들은 먼저 감람나무에게 자신들의 왕이 되어 달라고 부탁하였습니다. 그러나 감람나무는 다음처럼 정중하게 거절하지요. '기름을 만들어 내는 역할을 마다하고 당신들을 다스리는 왕이 될 수는 없다'고 한 것입니다. 나무들은 옆에 있던 무화과나무에게 왕 되기를 다시 청해봅니다. 무화과나무 역시 무화과 열매를 내는 자신의 일과 왕 자리를 바꾸지 않겠다며 거절하였습니다. 난처해진 나무들은 수소문 끝에 포도나무에게 같은 부탁을 했습니다. 그 역시 '나에게는 하나님과 사람을 기쁘게 할 술 만드는 일이 있거늘 그 일을 마다하고 왕이 되지 않겠다'고 하였습니다. 마지막으로 나무들은 가시나무에게 자신들의 청을 넣어 보았습니다. 가시나무는 즉각적으로 반응했습니다. '진정 나를 왕으로 삼고자 하면 모두 내 그늘 밑으로 와 숨으라'고 말했지요. 그렇지 않으면 '모든 나무들을 불살라버리겠다'는 으름장도 놓았습니다. 우리가 아는 대로 가시나무는 자신의 그늘 속에 모든 나무를 품을 수 있는 넉넉한 품을 갖고 있지 못합니다. 남에게 무엇인가를 베풀고 줄 수 있는 위치에 있지 못한 것이지요. 남에게 베풀 넉넉함을 소유하지 못한 가시나무는 지금 왕이 되기 위해 먼저는 자신을 속이고, 다음으로 주변에 폭력을 행사하고 있습니다. 감람유를 만들어 내고, 무화과 열매를 내며, 포도주를 만드는 나무들은 자신의 존재 그 자체를 존중하기에 왕되기를 거절하였으나 정작 내면적으로 충족하지 못한 가시나무는 자신의 허함으로 인해 남 위에 군림하기를 바랐던 것입니다. 자신에 대한 충족감, 만족감이 없는 사람들은 이처럼 타인 위에 군림하며 지배하기를 즐겨합니다. 그리하여 일평생 자신에게 솔직하지 못하며 이웃을 속이고 업적의 노예가 되어 바람에 날리는 겨와 같은 삶을 살게 되는 것이지요. 상전인 척하지만 실상은 노예와 같은 존재일 뿐입니다.

종종 사람들은 대광의 교육 및 동문들의 진로를 보며 정치계와 법조계로 진출한 동문들이 상대적으로 적은 것을 안타깝게 생각하며 그것을 기독교 교육이념의 한계로 치부하곤 합니다. 교육계, 예술계, 의료계 그리고 종교계 등에 영향력을 미치고 있는 것에 비해 정치와 법 분야에 종사하는 동문들의 수가 현저하게 적은 것이 사실이지만 저는 이에 대한 평가를 달리하고 싶습니다. 대광의 교육은 기독교 정신에 근거하여 자

그래, 결국 한 사람이다

신에게 주어진 역할의 소중함을 가르쳐 왔습니다. 자신을 속이고 남에게 폭력을 행사하는 삶이 아니라 자신에게 솔직할 것을 가르쳤고, 하나님께서 맡기신 자신만의 일이 무엇인지를 발견토록 하였습니다. 귀에 못 박히도록 보고들은 '그리스도만을 바라보자'는 표어가 그것을 말하며, '세상의 빛'이라는 자기 확인이 바로 그런 역할을 담당했습니다. 우리들 각자가 얼마나 소중하고 귀한 존재들인가를 깨우쳐 주었던 것입니다. 그래서 우리는 남과 경쟁하며 타자 위에 군림하는 일에 마음을 빼앗기지 않았습니다. 권력을 갖고 힘을 행사하기보다는 더불어 살기를 바랐고, 낮은 곳에 있는 사람을 더 많이 찾고자 했으며, 세상을 아름답게 보려고 애썼습니다. 세상에는 남에게 줄 넉넉함을 지니지 못한 채 세상의 주인 노릇하려는 사람들로 가득 차 있습니다. 자신의 이익을 위해서는 폭력과 속임수도 마다하지 않습니다. 그런 와중에 그들로 인해 상처받고 고통받는 이웃들이 넘쳐 납니다. 이렇듯 세상이 한 방향으로 치달아 갈 때 큰 빛의 아들들은 힘겹기는 해도 그 방향을 바꾸려고 노력했습니다. 그것이 세상의 빛 된 길인 것을 은연중 믿었고, 알았기 때문입니다. 큰 빛의 아들들은 그래서 거룩한 바보들입니다. 우리의 가슴을 따뜻하게 했던 영화 '포레스트 검프'를 보신 분들이 많을 것입니다. 그 영화 광고에는 "만약 당신이 포레스트 검프의 눈으로 세계를 볼 수 있다면 세계는 전혀 다르게 보일 것입니다"라는 문구가 적혀있습니다. 주인공 포레스트 검프는 일반 사람보다 못한 지능의 소유자입니다. 그러나 그는 자신에게 누가 무엇을 원하면 마다하지 않고 자신의 것을 주며 살았습니다. 사랑하던 사람이 떠나려고 하면 그를 놓아주었고, 누가 자신을 믿고 의지하면 그의 삶의 곁에 머물고자 기를 쓴 사람이었지요. 그는 뭇 사람들이 추구하고 동경하는 결과에 집착하지 않았습니다. 바로 이런 거룩한 바보의 삶 앞에 사랑하던 여자도, 군대의 상관이었던 사람도 다시 돌아와 머물 수 있었던 것입니다. 바로 이것이 큰 빛 아들들의 심성이며 우리가 상전인 척하며 살지 않았던 이유입니다. 우리는 그동안 교육으로, 예술로, 의술로 그리고 종교적 신앙으로 '거룩한 바보'의 삶이 세상을 구원할 힘인 것을 역설해 왔습니다. 대광의 교육은 자타가 공인하듯 세상과 다른 생각을 하며 살도록 가르쳤습니다. 그 조그마한 다름이 바로 모두가 부러워하는 큰 빛 아들들의 정체성이며, 살아야 할 이유인 것입니다. 하지만 우리는 세파에 시달려 몸과 마음이 지친 상태로 이곳을 찾아왔는지도 모릅니다. 자신 속에 담겨진 귀한 보물을 감사하기보다는 남과 비교하며 절망과 실의에 빠져 있을 수도 있습니다. 경쟁에 지쳤기에 오늘의 모임을 피하고 싶은 부담으로 느낄 수도 있을 것입니다. 그러나 이 자리는 모두를 감싸는 자리입니다. 있는 그대로 서로를 인정하며 격려하고 사랑하는 자리입니다. 우리는 지금 30년 전의 마음으로 모였습니다. 옷을 다 벗어버린 벌거숭이로 서로 앞에 서 있는 것이지요.

우리가 서 있는 이 자리는 거룩한 공간입니다. 앞으로도 계속하여 거룩한 바보를 만들어내야 하기 때문입니다. 남들이 다 강남으로 학교를 이전할 때도 대광은 이 자리를 지키며 어려운 환경 속의 후배들을 보듬어 안았습니다. 이제 오늘의 모임을 통해 위로가 필요한 친구에게 하늘은 마음껏 위로를 내리실 것이며, 용기가 필요한 친구에게 하나님의 영을 부어 주실 것입니다. 지혜를 요구하는 사람에게 하나님은 능히 필요한 지혜를 나누어 주시겠지요. 그래서 우리로 하여금 남은 세월 동안, 사는 날까지 세상을 위해 열매를 만들고, 기름을 준비하며 맛난 포도주를 만들면서 행복하게 살도록 하실 것입니다. 그리하여 상전인 척하며 사는 무수한 가시나무들을 부끄럽게 하실 것입니다. 이를 위해 어머니인 '대광'은 오늘 모인 우리를 향해 옛날처럼 '당신들은 세상의 아들이 아니라 하나님의 자녀이며 세상의 큰 빛이라'고 말하고 있습니다. 이 말씀을 가슴에 품고 하나님 앞과 모교 앞에, 그리고 자식들과 후배들 앞에 부끄럽지 않은 존재가 될 것을 다짐하며 축복된 시간을 마음껏 즐깁시다. 오늘만큼은 우리가 흥에 겨워 흐트러지더라도 하나님께서 다 이해하실 것입니다. 우리 모두 홈커밍데이 30년 주년을 마음껏 축하합시다.

(후기: 지금 나는 이글을 당시로부터 10년이 지난 이순(耳順)이 되는 시점에서 그때를 생각하며 다시 고쳐 쓰고 있습니다.)

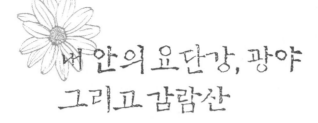

내 안의 요단강, 광야 그리고 감람산

사전적 정의에 따르면 크리스천이란 예수를 따르는 사람, 그분의 정신과 가르침대로 사는 존재를 일컫습니다. 예수의 가르침을 세상에서 역사적인 사건으로 만드는 사람, 그의 말씀을 세상 속에서 사건으로 만드는 사람이란 말일 것입니다. 하지만 이런 크리스천은 보이지 않고 교인들만 주변에 넘쳐있습니다. 이런 평가는 그것을 넘어서고자 하는 우리까지를 포함한 오늘의 현실입니다. 예수의 하나님 나라는 없고 기독교만 있는 현실에서 크리스천이 된다고 하는 것이 진부해졌습니다. 주기적으로 반복되는 예전, 예식ritual 만이 우리에게 있기 때문입니다. 물론 예식과 예전도 중요합니다. 하지만 크리스천이 된다 하는 것은 그것 이상의 삶을 사는 일입니다. 그럼에도 여전히 의례를 통해서 종교인의 겉치레 삶을 지속하고 있을 뿐이니 마음이 안타깝습니다. 교회가 지키는 절기에 따라서 예식을 행하고 그 예식 속에서 종교적 위안과 평안을 얻는 것이 고작입니다. 예수의 하나님 나라 사상에 충실한 제자 되는 일이 힘겹겠으나 이를 위한 끊임없는 노력이 우리가 감당해야 할 최소한의 몫이어야 할 것입니다.

그리스도의 고난을 좀 더 깊게 묵상하고, 삶 속에서 그 고난을 느껴보기 위해 예수의 일생에서 중요한 세 장소를 생각해 보고 싶습니다. 예수의 삶과 죽음과 고난을 이해하기 위해서 없어서는 안 될 대단히 중요한 공간들입니다. 먼저 '요단강'은 예수께서 세례요한에게 세례를 받고 하나님의 아들 됨을 자각한 장소입니다. '광야'는 하나님의 아들 된 예수를 사탄이 시험했던 곳이며 마지막 '감람산'은 예수께서 '정말 내가 이렇게 죽어야 합니까'를 하나님께 피땀 어린 기도로 물었던 장소이지요. 여기에 한 장소를 더한다면 그것은 '갈릴리 호숫가', 게네사렛 호숫가, 즉 부활하신 예수께서 나타나신 장소라 할 것입니다. 이렇게 네 장소의 의미 속에서 우리는 예수의 삶과 일생을 묵상할 수 있을 것입니다.

오늘은 요단강, 광야, 감람산 세 곳의 의미를 되새겨 볼 생각입니다. 예수께서는 요단강 가에서 세례요한에게 세례를 받았습니다. 그때 하늘에서 성령이 비둘기처럼 내려왔고 소리가 들려왔는데 그가 하나님의 아들이라는 것입니다. 최초의 복음서인 마가는 바로 이 이야기를 가지고 글머리를 시작했습니다. 마태처럼 장고한 예수님의 족보를 언급할 필요도 없었고, 요한처럼 예수를 하나님과 태초부터 함께 있는 로고스(말씀)로 추상화시킬 이유도 없었습니다. 요단강 사건이 중요한 것은 예수께서 오늘 우리식으로 말하면 자기 삶의 뜻을 찾았기 때문입니다. 자기가 하나님의 아들인 것을 그는 성령을 통해서 알게 된 것입니다. 지금껏 살던 삶에 전혀 새로운 '뜻'이 부여된 것이지요. 동양식으로 말하면 '입지'라 할 것입니다. 뜻을 세운 존재가 된 것이지요. '뜻을 세웠다'라는 것은 자신이 큰 존재, 큰 사상에게 사로잡혔다는 자각일 것입니다. 생명을 부모로부터 받았다면 사명은 하늘로부터 받았습니다. 큰 존재에게 사로잡힌 예수, 하나님의 아들로 자신을 새롭게 자각한 예수, 그는 하늘이 준 사명을 받은 것입니다. 그러나 그 순간부터 그의 인생은 고통으로 점철됩니다. 사명을 받은 자에게 고난이 시작되는 까닭입니다. 우리를 구원하는 예수의 고난은 삶의 끝에서 생긴 것이 아니라 바로 사명을 부여받은 그 순간부터 시작된 것이라 보아야 옳습니다.

다음 장소, 광야를 생각해봅니다. 성서를 보면 예수를 광야로 몰아친 것은 하나님의 아들이었다고 알려준 성령이었습니다. 마가복음에는 마태나 누가복음과는 달리 사탄에게 받은 시험에 대한 기록이 없습니다. 광야에서 받은 세 가지 시험에 대한 구체적 내용이 기록되지 않은 것입니다. 마태복음과 누가복음에만 상세하게 기록되어있습니다. 마태와 마가는 이 내용을 다른 자료에서 얻었을 것입니다. 그 재료를 일명 우리는 Q문서라고 부르지요. "돌이 떡이 되게 하라", "성전에서 뛰어내려라", "내게 절하라", 이것이 바로 성령에게 이끌려 광야로 나가신 예수가 받은 시험이었습니다. 이것만큼은 명백한 역사적 사실일 것입니다. 여기서 강조할 바는 예수께서 광야로 나가신 것이 성령에 의한 행위였다는 성서의 증언입니다. '뜻'을 주었기에 하늘은 감당해야 할 시련 역시 함께 주었던 것입니다. 광야란 인간의 생존 자체가 불가능한 곳입니다. 예수께서는 그곳에서 40일간 굶주렸습니다. 성령은 이런 상황으로 예수를 내몰았습니다. 무엇 때문일까요. 하나님의 아들로서 그가 세웠던 뜻, 사명 때문이었습니다. 뜻이 없었다면, 하늘의 소리가 들리지 않았다면 성령이 그를 광야로 내몰 이유가 없었을 것입니다. 견디기 힘든 배고픔의 문제, 그것 때문에 얼마든지 뜻을 굽힐 수 있는 것이 우리 인간의 실상입니다. 배고 픔이 해결되면 남보다 조금 나아지고 싶은 마음이 들 것입니다. 남보다 조금 위에 서고 싶은 것입니다. 똑같아서는 성이 차지 않기 때문입니다. 무언가 다르고, 달라지고 싶습니다. 그러다 보면 의당 힘을 갖기를 원하 지요. 남을 향한 힘을 행사하고 싶습니다. 이것이 바로 보편적인 인간의 모습입니다. 누구나 이런 삶을 동경하며 자연스럽게 받아들입니다. 예수 가 만약 이런 유혹에 뜻을 굽혔다면 예수에게 광야는 아무것도 아니었 을 것입니다. 이후 뜻을 펼치는 공생애가 그에게 주어지지도 않았을 것 이겠지요.

　　마지막으로 감람산의 예수 이야기가 있습니다. 예수는 지금 자신의 마지막 운명을 하나님께 묻기 위해 몇몇 제자들과 함께 산에 올랐습니 다. 3년간 따르던 제자였지만 그들은 예수가 죽어야 될 운명임을 감지하 지 못합니다. 예수께서 피를 흘리며 하나님께 절규할 때도 깊은 잠에 빠 져 있었습니다. "정말 내가 죽어야 합니까", "그것이 나를 통해 이루어질 당신의 뜻입니까", "그것밖에 달리 길이 없습니까"라고, 피를 흘리며 소 리치고 있음에도 말입니다. 함석헌은 『뜻으로 본 한국 역사』에서 대의를 지키려는 성삼문을 감람산의 예수로 비유했었지요. 조선 역사 속에서 성삼문 같은 이가 없었다면 우리의 역사는 얼마나 형편없는 역사가 될 것인가를 몇 번이나 강조했습니다. 의로운 자, 그의 죽음이 없었다면 우 리 역사가 하잘것없는 역사가 될 뻔했다는 것입니다. 하나님은 예수에 게 병자를 고치는 능력도 갖게 했고 몇 천, 몇 만 명으로 로마를 뒤엎어

버릴 수 있는 힘을 주셨습니다. 그래서 많은 이들이 먹고 마실 것을 얻기 위해, 질병을 고칠 목적으로 혹은 로마를 뒤엎을 존재로 알고 예수를 따랐습니다. 하지만 예수는 십자가에 달려 죽는 것이 요단강에서 자신을 불렀던 하나님의 소리라는 것을 알게 되었습니다. 요단강의 이야기가 뜻을 세운 '입지'의 사건이었듯이 광야가 유혹으로부터 해방되는 '불혹'의 사건이었고, 지금 감람산의 사건은 '지천명'의 이야기라 할 것입니다. 하늘의 뜻을 진실로 아는 순간에 이른 것입니다. 죽어야 한다는 것이 하늘의 소리라는 사실을 분명히 알았습니다. 성서 기자들은 이런 예수의 삶을 기록할 때 종종 구약성서에 있는 이사야 이야기와 연결시켰습니다. 모두에게 버려진 외롭고 고통스러운 예수의 죽음을 보면서 그들은 비로소 예수가 이사야가 예인한 메시아임을 깨닫게 되었던 것입니다. 이처럼 예수의 수난은 요단강을 통해서 시작되었고, 광야를 통해서 단련, 연습되었으며, 감람산에서 완성되었다 하겠습니다.

문제는 절기를 지키고 의례로 종교생활을 대신하는 오늘 우리에게도 최소한 요단강, 광야, 감람산이 준비되어 있는가 하는 것입니다. 저는 예수께서 거쳤던 세 곳의 발자취를 우리들의 익숙한 언어로 입지, 불혹, 지천명이라 달리 이해해 보았습니다. 인생을 살면서 뜻의 발견만큼 중요한 것은 없습니다. 종종 이 뜻이 직업과 연결되면 정말 훌륭하고 고마운 일이겠지요. 취업이 모든 것 중 모든 것 되는 상황에서, 영어공부에만 온통 시간을 바치는 풍토에서 뜻을 위해 고민하는 젊은이를 찾기 어렵습니다. 인문학이 다시 요구되는 것도 이런 이유에서 일 것입니다. 뜻을 찾는 일을 돕고자 하는 것이지요. 자신의 존재가 더 큰 존재에게 사로잡혀 그것을 위해서 살기로 작정하는 어떤 뜻, 그것을 찾는 사람이 필요합니다. 사람이 살다 죽는 것은 짐승이 살다 죽는 것과 분명 다른 부분이 있습니다. 죽어도 산 사람이 있고, 살아도 죽은 사람이 있는 것을 보기 때문이지요. 살아 있어도 죽었고, 죽었어도 산 사람들이 있음을 보며 살아야 될 이유를 달리해야 되는 것입니다. 뜻의 발견은 보통 관觀을 낳습니다. 인생관, 세계관, 역사관의 확립이 바로 그것이겠지요. 누가 뭐라 해도 자신만이 가야 하고, 나만이 볼 수 있으며, 홀로 걸어가야 될 삶의 관觀은 뜻 때문에 생겨나는 것들입니다.

우리는 예수에게서 뜻을 발견한 존재들입니다. 그 뜻을 이루기 위한 관觀을 갖고 인생을 살아야 하겠습니다. 우리 교회가 이 점에서 먼저 요단강가가 되었으면 좋겠습니다. 나이가 들었든 안 들었든, 젊든 늙었든 간에 이곳이 우리의 뜻을 발견하는 요단강가가 되어야 할 것입니다. "내 사랑하는 자다", "내 기뻐하는 아들이다"라는 소리가 우리 마음 깊은 곳에서 들렸으면 좋겠습니다. 뜻을 지녔기에 성령은 악마와 사탄에게로 우리를 밀어 넣었습니다. 광야를 사는 일은 힘들고 외롭습니다. 의로움을 쌓는 일, 뜻을 축적하는 것은 참으로 괴로운 일일 것입니다. 그러나 정작 필요할 때 열 사람 아니 단 한 사람을 찾으시는 하나님을 기억하면서 우리 중에 누군가는 광야의 고독과 외로움을 치열하게 견뎌내야만 합니다. 하나님이 필요할 때 찾아 쓰시는 그 사람이 되기 위해서입니다. 의를 쌓아 놓는 노력, 집의集義는 괴롭고 힘들며 엄청나게 고통스러운 일입니다. 그런데 하나님은 마지막 때에 세상을 위해서 숨겨 놓으신 그 한 사람을 찾고자 합니다. 뜻만 내던지면 금방 우리를 편안케 만들 수 있는 세상 속에서 말입니다.

하지만 성서는 우리에게 '의'(뜻)를 쌓기를 원하고 있습니다. 뜻을 세웠기 때문에, 그 뜻을 언젠가 하나님이 찾으시는 까닭에 그렇습니다. 인생의 마지막이 어느 때가 될는지 모르지만 하나님의 뜻(天命)에 따라서 살았구나, 하나님의 말씀에 따라서 잘 살았구나, 그렇게 고백할 수 있다면 좋겠습니다. 바젤대학의 스승인 프리츠 부리Fritz Buri의 사모님이 100세를 마치시고 얼마 전에 돌아가셨습니다. 그분의 마지막 유언은 '나는 A. 슈바이처를 좋아하는 목사의 아내로 평생을 행복하게 살았다'는 것이었습니다. 이처럼 하나님의 말씀에 의지하여 참 잘 살았다고 고백하며 세상을 떠날 수 있다면 얼마나 아름다운 일일까요. 그러나 매 순간 사투가 없었다면 이런 고백은 불가능했을 것입니다. 이것이 바로 감람산의 깊은 곳에서 절규했던 예수가 우리의 삶 속에 있어야 할 이유입니다.

'집사람'이 필요하다

5월이 되니 서너 개의 청첩장이 책상 위에 쌓여 있습니다. 꽃과 잎이 교차하는 아름다운 절기, 또한 가정의 달을 맞아 행복한 삶을 꾸미고 싶은 열망과 의지가 주변에 가득 차 있습니다. 하지만 새롭게 꾸며질 가정만이 아니라 수십 년을 함께한 이들의 가정 위에도 하나님의 사랑과 은총의 기운이 가득하기를 간절한 마음으로 빕니다. 눈을 들어 자연을 보니 같은 나무라 해도 먼저 꽃피운 것이 있는가 하면 무리 지어 함께 피어난 꽃들도 있고 모두가 낙화할 무렵 홀로 늦게 핀 것들도 있었습니다. 첫 꽃은 애타게 봄을 기다리던 우리에게 기쁨이었고 무리 지어 핀 다수의 것들은 아름다움과 충만함을 선사했으며 늦둥이로 핀 꽃들은 지는 꽃들의 아쉬움을 달래주었지요. 빨리 피지 않는다고 투정했고 함께 봉우리를 열지 않는다고 걱정했으나 꽃은 꽃이기에 늦더라도 피었고 지는 꽃들 속에서 오히려 그것은 빛났습니다. 우리의 가정, 그 속에 품은 자녀를 이런 꽃으로 비유할 때 그들이 먼저 폈다고 우쭐할 것 없고 늦었다고 두려워할 필요가 없을 것입니다. 가정이란 뿌리가 살아있는 한 늦더라도 꽃을 피울 것이며, 앞가림하며 사람 노릇 제대로 하는 자녀들이 될 것입니다. 하지만 그럴수록 우리의 가정이 자녀들에게 뿌리이며 의지처인 것을 더욱 명심할 일이겠지요.

그럼에도 가정이 붕괴되었고 그리되어간다는 이야기가 더 많이 회자되니 걱정입니다. 외견상 부족함 없어 보이는 가정일지라도 정도 차는 있겠으나 시대가 안고 가는 문제를 피할 수 없는 까닭입니다. 어른이 없는 핵가족이 되었고 부부가 함께 일하지 않을 수 없는 상황이며 자녀들 역시 학업(스펙)을 이유로 밖으로 내몰리고 사회적 양극화로 학교, 학생들 역시 큰 격차를 보이고 있습니다. 홀부모 가정의 급증 또한 자녀들에게 너무도 많은 상처를 주고 있습니다. 과보호를 받은 아이들은 의지력이 약해지고 방치되는 아이들의 경우 폭력성이 두드러진다는 것이 전문가들의 진단입니다. 지난해 OECD 가입 국가를 비롯한 50여 개 나라의 중학교 2학년생 각기 14만 명을 조사한 결과 '더불어 살 수 있는 능력'에 있어 우리가 꼴찌에서 두 번째란 평가를 받았다는 기사를 읽은 적이 있습니다. 우리나라의 미래를 가늠할 수 있는 중요한 잣대라 생각하니 걱정이 앞섭니다.

엊그제 한겨레신문에 실린 기사 하나를 소개하겠습니다. 한 아이가 자기 엄마에게 이렇게 물었답니다. '엄마, 우리 반에 모두가 싫어하는 왕따 친구가 있는데 그 아이와 말만 해도 왕따를 시키는데 나는 어떡하지? 나라도 그 친구에게 말을 걸어 볼까?' 한참 생각하던 엄마는 이렇게 대답했답니다. '아들아 너도 왕따가 되면 어떡하니. 절대 그 친구와 말하지 말거라.' 이 말을 들은 아들은 크게 절망했습니다. 사실 왕따 친구란 자신을 두고 한 말이었던 까닭이지요. 고통을 견디다 못해 자신의 절박한 상황을 엄마에게 SOS를 친 것이었는데 엄마마저 자신의 손을 잡아주지 못했던 것입니다. 이 대화는 우리 자신과 가정을 되돌아보게 합니다. 그렇게 자식을 사랑한 엄마였으나 그는 아들을 두루 살피지 못했고 결국 아이에게 희망이 되지 못했습니다. 자식을 사랑한다는 것이 결과적으로 절망을 안겨준 것이지요. 아마도 엄마는 그를 충분히 살피지 못할 만큼 밖으로 내몰려 일을 했을 것입니다. 그가 원하는 모든 것을 뒷받침하는 것이 자식 사랑이라 여겼던 것이지요. 그러나 정작 엄마는 자식의 심중을 헤아리지 못했고 그의 주변을 아울러 살피는 데 실패했습니다. 이는 결국 엄마를 '슈퍼 맘Super Mom'으로 몰아간 사회적 병리현상의 단면이라 하겠습니다.

잠언서는 성서 인물 중 가장 지혜롭다는 솔로몬의 인생 경험을 담은 글입니다. 잠언서 끝 부분은 어질고 유능한 '아내'로 인해 삶이 얼마나 풍요로울 수 있는가를 여실히 보여줍니다. 흔히 아내를 '집사람'이라 이름합니다. 물론 저는 '집사람'이란 표현이 여성, 아내를 속되지는 않으나 그렇다고 높임이라 볼 수도 없는 '밖의 사람' 남자와 대별되는 전근대적 호칭인 것을 너무도 잘 알고 있습니다. 사회활동에 적극적인 여성들이 많은 지금 여성들 스스로도 그리 불리는 것을 결코 좋아하지 않을 것입니다. 많은 여성, 엄마들이 '슈퍼 우먼'이 되었기에 이미 집에서 떠난 지 오래되었음에도 그들을 '집사람'이라 칭하는 것은 의당 옳지 않습니다. 그렇지만 이렇듯 '집사람'의 부재를 경험하며 우리 시대는 오히려 다시금 '집사람'을 그리워하게 되었습니다. '집사람'이 사라졌기에 우리가, 자식들이 그리고 가정이 겪는 고통이 임계치를 넘어섰기 때문이지요. 여기서 저는 '집사람'이 다시금 '여자'이거나 '엄마'일 필요는 없다고 생각합니다. 남자 그리고 아빠도 얼마든지 '집사람'이 될 수 있고 그래야 한다고 믿습니다. 성性을 초월한 의미에서 전체를 아우를 수 있는 한 사람, 곧 '집사람'의 존재가 얼마나 중요한지를 우리는 잠언을 통해 배울 수 있기를 바랍니다. 안심, 안정을 뜻하는 한자어 첫 글자가 집에 여자가 있는 형상(安)인 것은 누구라도 한 사람 '집사람'이 되기를 권하고 있는 것이겠지요.

잠언서는 '집사람'으로 인해 맺혀진 삶의 열매가 어떤 것인지를 여실히 보여 줍니다. '집사람'의 공헌을 특별나게 인정할 것을 요구합니다. 그것이 가치를 인정받지 못하는 그림자 노동이 되지 않기를 바라고 있는 것입니다. 아내 곧 '집사람'이 이룬 공로를 성문 어귀 광장에서 인정받게 하라는 것입니다. 이는 '집사람'의 삶이 결코 개인적 것이 아니라 사회적, 공적 차원을 지닌 것임을 시대를 한참 앞서 역설하고 있습니다. '집사람'의 부지런한 살림살이는 집안을 윤택하게 할 뿐 아니라 집 밖 사람에게까지 덕을 미친다고 하였습니다. '집사람'은 가족의 삶을 집 밖과 별도로 생각하지 않는다는 것입니다. 또한 식구를 위해 먹거리를 구하고 철에 따라 옷을 지어 입히고 그들의 잠자리를 편하게 살피되 정작 그 자신은 자신감과 위엄으로 가득 차 있습니다. 집사람의 일이 '집 밖'의 사회적 일과 견주어도 조금도 부족하거나 가치 절하될 수 없다는 말이지요. 그런 '집사람'을 자식들은 물론 가족들 모두가 찬양하고 존귀하게 여긴다고 잠언서는 전합니다. 집사람의 입에서 언제든 교훈과 지혜가 쏟아져 나오는 까닭입니다. 성서는 이처럼 '집사람'의 권위를 인정합니다. '집사람'의 살림살이, 곧 살리는 일을 살아내는 지혜와 교훈이 식구들의 처지와 상태, 필요가 무엇인지를 헤아리며 기다려 주는 넉넉함을 지녔기 때문이지요. '집사람'이 있음으로서 미래에 두려움이 없다는 말이 참으로 인상적입니다. 하루하루가 안정의 연속, 즉 매일매일 집사람의 역할로 인해 마음이 놓인다(安心)는 말입니다. 그가 바로 복福의 근원이란 것이지요. 그렇기에 집사람이 부재하여, 혹은 그가 분주함으로 부유浮游하거나 해체되는 오늘의 가족을 향해 본문이 주는 메시지가 결코 작지 않습니다. 우리 시대가 구조적으로 '집사람'의 역할을 외면토록 하고 있는 한, 안정은 없을 것이고 우리의 미래는 실종될 듯싶습니다. '집사람'의 역할을 보고 배우지 못한 세대는 더불어 살줄 모를 것이고 그 역시 집사람이 되기를 원치 않을 것이기 때문입니다. 성서는 거듭 '집사람'이 거두고 일궈낸 고유한 결실을 인정하며 그 공로를 기억할 것을 주문합니다. 그리고 그것이 주님을 경외하는 사람의 할 일인 것을 강조하지요. 이 점에서 기독교 가정이란 '집사람'의 존재를 중히 여기는 공동체, 저마다 '집사람'이 되고자 애쓰는 관계라 해도 틀리지 않을 것입니다. 기독교가 이런 방식으로 세상을 구원할 수 있지 않을까요? 이것을 하나님이 솔로몬을 통해 주시는 5월, 가정의 달의 메시지라 생각하면 좋겠습니다.

마가복음에는 이런 '집사람'의 역할과 범주를 넓히시는 예수의 말씀이 기록되어 있습니다. 태어날 때부터 주어진 혈연관계를 뛰어넘기를 바라시며 하나님의 뜻을 행하는 이들 모두를 형제요, 자매요, 부모라 말씀하고 있습니다. 잠언에서 말하는 '집사람'이 '집 밖'의 삶에도 관심했듯 모든 사람을 환대하는 기쁨을 누리며 인생을 살 것을 가르치신 것이지요. 성서가 말하는 살림꾼 '집사람'은 강도 만나 쓰러진 태생적 원수 유대인의 비참함을 불편하고 고통스럽게 느끼는 사람에게로까지 확장됩니다. 불편함을 오히려 은총의 선물로 알고 가족의 지평, 우리의 지평을

넓혀가는 존재라는 것이지요. 낯선 이들이라 할지라도 곤궁에 처했다면 집과 같은 평안을 느낄 수 있도록 '큰손'의 사람이 되라는 것입니다. 어릴 적 잠시 시골에 살 때 저는 어머님께서 집에 누구라도 구걸을 오면 아무리 바쁘더라도 뒤주에서 한 바가지 가득 곡식을 담아 나눠주시던 모습을 자주 목격했습니다. 그래서 동네 사람들은 저희 집을 '큰손 집'이라 불렀습니다. 누구에게라도 집처럼 편안하게 환대하는 존재 곧 '집사람'이 되라는 것이 바로 오늘 말씀의 본뜻이라 생각합니다.

우리가 사는 세상은 바쁨이 능력이자 주체성의 상징처럼 이해되고 있습니다. 바쁘다고 하는 것을 자랑삼아 말하는 것도 사실입니다. 하지만 그것은 실제로 피곤의 다른 말일 뿐입니다. 그것은 봄이 되고 여름이 되며 꽃이 지고 피는 시간의 향기를 맡을 수 없는 불행한 일입니다. 우리 가족 구성원들 중에서도 바쁘지 않은 사람 없고 피곤치 않은 사람 찾기 어렵습니다. 모두가 집사람 되기를 원치도, 될 수도 없는 것이 오늘의 우리 세태라 하겠습니다. 자기 아들의 절규와 호소조차 헤아릴 수 없을 만큼 어머니가 분주하고 피곤에 처해 있으니 참으로 큰일입니다. 이런 이유로 이반 일리치란 신학자는 우리 시대를 일컬어 호의, 환대가 사라진 문명이라 하였고 이를 탈육체화, 곧 성육신의 신비를 무가치하게 만드는 일이라 여겼습니다. 다른 사람을 받아주는 호의를 지닌 넉넉한 존재, 서로가 서로에게 '집사람' 되어 주는 것이 하나님 주신 최고의 계절, 가정의 달인 5월에 우리 모두가 생각할 주제가 되었으면 좋겠습니다. 서로 '집사람'이 될 때 그리스도인의 향기는 5월을 더욱 아름답고 찬란하게 만들 것입니다.

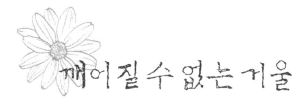

깨어질 수 없는 거울

며칠 전 은퇴하신 노 교수님으로부터 시인 윤동주에 대한 짧은 평론을 전해 받고 읽어 내려가다 가슴이 뜨거워지는 경험을 했습니다. 윤동주는 자신의 서시 내용처럼 하늘을 우러러 한 점 부끄럼 없기를 바라던 지순하고도 청정한 마음씨를 가졌기에 암울한 현실 속에서 살고 있는 자신을 날마다 참회하며 살았습니다. 그는 자신의 얼굴이 파란 녹이 낀 구리 거울처럼 되어 있음을 순간순간 느끼며, 그 거울을 손바닥 발바닥으로 닦아내려고 몸부림을 쳤던 분이었습니다. 참회록이란 글에서 세상이 이렇듯 어려운데 시詩가 너무도 쉽게 써지는 자신의 삶을 부끄러워한다고 적고 있었습니다. 부끄럼 없이 살기를 바라면서 녹슨 거울에 비쳐지는 자신의 모습을 참회하고 있는 윤동주가 있음으로 해서 우리 민족은 결코 깨어질 수 없는 거울 하나를 갖게 되었습니다. 윤동주라는 거울에 우리 자신을 비추어 보지 않으면 우리는 부끄럽게 살면서도 부끄러운 줄 모를 것이며, 무엇을 잘못하며 살고 있는지도 모르며 살 것이기 때문입니다. 윤동주는 분명 암울했던 역사 속에서 우리 자신을 비추는 영원한 거울임이 틀림없습니다. 이런 윤동주의 의식 속에 기독교 정신이 자리하고 있다는 사실을 누구도 부인하지 않습니다. 저항시인, 항일 시인으로서의 윤동주의 내면에 깃든 민족에 대한 참회의식은 할아버지로부터 3대에 이르는 기독교 정신의 산물이었던 것이지요. 민족의식과 기독교 정신, 이들이 둘이 아니요 하나인 것을 보여주었던 역사적 사건이 바로 3·1독립선언입니다.

3·1독립 선언문에 가장 늦게 서명했던 감리교 출신 신석구 목사에 대해 언급한 적이 있습니다. 제게는 스승 변선환 교수에게 세례를 베푼 분이라 더욱 기억에 남습니다. 동료 목사로부터 함께 서명하자는 요청을 받았을 때, 그는 보수 선교사들의 가르침이 뇌리에 박힌 탓에 몹시 망설였습니다. 하지만 오랜 기도 끝에 민족의 독립을 위해서라면 목사가 정치적인 일에 관여할 수 있으며, 불교, 동학교도들과 함께 일할 수 있다는 확신을 얻게 되었고, 서명하여 끝까지 자신의 결정을 배반하지 않았습니다. 민족의 문제와 기독교 정신이 결코 둘이 아니라는 사실은 모두가 민족주의자가 되어야 한다는 것을 말하지 않습니다. 조국의 당면 현실을 바르게 이끌어 갈 책임이 이 땅의 기독교 신앙인들에게 있다는 상식적 이야기의 재현일 뿐입니다. 일상의 종교, 거리의 종교가 되지 못하고 성전과 교회에 갇혀버린 오늘의 기독교의 모습으로는 민족에게 희망이 될 수 없으며, 대안 문화의 창출도 불가능할 것입니다. 민족의 거울이었던 윤동주와 같은 영혼을 더 이상 배출할 수 있는 기독교가 될 수 없다는 말입니다.

기독교 복음의 핵심을 자유라고 생각해 봅니다. 다메섹 도상에서 예수를 만났고 이후 예수 정신에 사로잡혀 살았던 바울이 그리스도께서 너희를 자유케 했으니 다시는 종노릇하지 말라고 했던 말씀을 좋아하는 탓입니다. 종교적으로 구원, 영생을 말하고 해탈이란 말도 있지만 이는 결국 그 본질에 있어 삶과 죽음의 경계마저 넘는 참 자유를 지시한다고 생각합니다. 예수 당시 사람들은 우리가 지금껏 누구의 종이 되어 살아본 적이 없는 데 왜 우리를 말끝마다 종이라고 부르느냐고 예수께 반문했습니다. 이것은 오늘날에도 마찬가지일 것입니다. 이 대명천지에 새삼 종노릇하지 말라고 하는 복음이 오히려 조소 거리가 될 수도 있을 것입니다. 그러나 우리의 삶을 들여다볼 때, 저마다 가진 것이 있거나 배운 것이 많아 상전인척하며 사는 사람은 많은 듯하나, 정작 참된 주인, 자유인은 보이지 않습니다. 에릭 프롬이 『자유로부터의 도피 *Escape from freedom*』에서 말한 대로 자신의 자유를 내맡긴 채 빵을 얻고 거짓 평화를 이루려는 무수한 종의 모습들만 양산될 뿐입니다. 철저하게 수지타산의 논리를 숨긴 채 자신의 행동을 선과 악이라는 종교적 담론으로 포장하고 있는 미국이란 나라에서 우리가 참된 자유인의 모습을 느낄 수가 있겠습니까? 기독교 국가를 자처함에도 세계를 자신의 하수인으로 삼는 미국은 거짓과 술수로 왕이 되기를 바랐던 가시나무처럼 상전일 수는 있어도 결코 자유한 주인이 될 수 없습니다. '악의 축' 발언에 토하나 제대로 달지 못한 채 사양길에 접어든 무기를 엄청난 대가를 치르면서 사야만 하는 오늘 우리 한국의 모습에서 또한 종의 현실을 경험할 수밖에 없습니다. 이로부터 바울은 참다운 자유란 사랑과 희락, 평화와 인내, 양선, 온유 그리고 절제를 동반하는 법이라고, 또한 이런 행위를 금할 수 있는 법은 없노라고 말합니다. 한 개인의 삶에서, 교회 공동체 안에서 그리고 민족의 삶 속에서 이런 덕목들이 솟아 나올 때 우리는 함께 자유할 것인 바, 그것을 성령의 열매라고 말할 수 있겠습니다.

예나 지금이나 인간은 안정을 추구하며 살고 있습니다. 근대 이래로 인간은 자율성Autonomie 개념을 근간으로 효율성을 촉구하면서 더욱 안정된 삶을 얻고자 애써왔던 것입니다. 이 와중에서 역설적으로 안정의 공동체적 토대가 허물어졌고, 오로지 개인적, 사적인 안정만이 관심거리가 되었습니다. 저마다 자율성을 앞세워 안정을 추구한 결과, 세계는 세계대로, 한국은 한국대로 그리고 개인은 개인대로 이율배반적인 모순에 빠지고 말았습니다. 모두가 그렇게 추구해온 안정이었지만 오늘의 세계가 전혀 안정치 않기 때문입니다. 우리가 보는 대로 세계는 종교 간, 문명 간, 이념 간 갈등으로 전쟁의 장이 되었고, 환경 파괴, 환경 호르몬의 영향으로 미래를 도둑맞았으며, 인간의 심성은 날로 강퍅해져 사소한 일로도 피를 부르는 일들이 잦아지고 있습니다. 누군가가 현대를 '불특정 다수의 살인 시대' 혹은 '위험사회'라고 말한 것도 이해가 가는 바입니다. 개개인의 가정도 안정을 잃어가는 추세입니다. 10여 년 만에 한국을 찾은 한 여성학자는 외형적으로 드러난 이혼 증가율에도 놀랐지만 결속력이 느슨해진 한국 가정에 대한 충격을 금치 못했다고 말했습니다. 등산에 있어 베이스캠프로 비유되는 가정의 쇠락은 모든 것을 앗아갈 만한 큰 위기로 인식되어야 마땅합니다. 모두가 자율, 자유 등을 말해왔지만 오히려 독립적이지 못하고 자유하지 못한 채 철저하게 의존적이며 종속적인 삶을 살고 있다는 사실 역시 또 다른 역설입니다. 자율적 존재가 되려 했으나 스스로 할 수 있는 영역을 축소하며 살고 있습니다. 손과 머리가 분리되어 손의 창조력을 잃은 탓이라 할 것입니다. 전구 하나 스스로 바꿀 줄 모르고 자동차 본넷을 열고 스스로 점검할 수 있는 능력도 없습니다. 고추장, 된장을 빚거나 수정과 하나 제대로 만들 수 있는 시간도, 힘도 없이 그 모든 것을 남의 손에 맡긴 채 살고 있는 것이지요. 이렇듯 철저하게 종속적인 인간이 되면 될수록 우리에게 필요한 것은 물질 오로지 돈뿐입니다. 그것만 있으면 남의 시간, 재능 심지어 생명까지도 살 수 있는 시대가 되었기에, 그것을 얻고자 수단 방법을 다할 뿐입니다. 그러나 여기에 인류의 위기가 있고, 인간의 비극이 시작되며 하나님의 탄식이 있습니다. 이러한 인간의 자기모순을 우리는 희랍의 탄탈로스Tantalos 신화를 통해 말할 수 있을 것입니다. 제우스의 아들인 탄탈로스는 신들의 비밀을 폭로한 죄로 물이 턱밑까지 잠기는 곳에서 영원히 살아야만 하는 벌을 받습니다. 그러나 정작 태양 빛이 작열하는 대낮에 갈증을 면하려 고개를 떨구는 순간 가득한 물이 일시에 빠져나가 버려 언제든 목마른 삶을 살 수밖에 없었습니다. 늘 물속에 있으나 한 모금의 물도 마실 수 없는 탄달로스 신화는 힘껏 안정을 추구하며 살아왔지만 전혀 안정을 얻지 못했고, 스스로 자유하려고 발버둥 쳤으나 더욱 종속적으로만 되어가는 현대인들의 이율배반적 삶의 모습을 보여줍니다. 이런 상황에서 "그리스도께서 너희를 자유하게 했으니 다시는 종의 멍에를 메지 말라"고 했던 바울의 말이 생각납니다. 자기모순, 자기분열 속에 살고 있는 이 민족에게 기독교는 어떤 거울이 될 수 있을까요. 과거 윤동주가 우리 민족에게 깨어지지 않는 거울이 되었다면, 오늘 우리 기독교인들은 어떤 거울로서 우리의 삶을 비추어야 하겠습니까? 하늘에 한 점 부끄럼 없이 살기를 바랐고 그렇게 살았음에도 불구하고 끊임없이 자신의 참회록을 기록했던 윤동주처럼 우리가 써내려가야 할 참회록은 무엇일까요.

21세기를 가리켜 학자들은 단순성Simplicity과 협력Cooperation이 핵심 가치가 되는 시대라고 말합니다. 지난 세기가 자유와 평등 두 이념이 대결하고 갈등하는 시대였다면, 21세기의 화두로서 소박한 삶과 협동이 제시되었습니다. 단순 소박하게 삶을 사는 일은 우리 주변의 존재들에게, 그것이 사람이든, 한 그루의 나무이든 간에, 그에 대해 우리의 마음을 다하는 일(Mindfulness)로부터 시작합니다. 우리 주변에 늘 가족이 있고 친구가 있고 배고픈 이웃이 있었고, 나무가 있고 꽃이 있지만, 우리가 그들에게 마음을 다하지 못하면 그것들은 없는 것과 마찬가지입니다. 우리는 내 가족을 포함하여 누구에게라도 마음을 다해 본 경험이 있는지 묻고 싶습니다. 한 사람, 나무 한 그루에게 마음을 다하여 살다 보면 우리는 많은 것 없이도, 무엇을 더 소유하려 발버둥 치지 않아도 행복을 느낄 수 있습니다. 프로이트가 소유에 대한 집착이 죽음의 본능으로부터 나오는 것이라고 하지 않았던가요. 서로가 서로에게 마음을 다하는 그곳에서 참다운 협력, 관계의 그물코가 생겨나고 누구도 홀로 외롭지 않은 삶을 만들어 갈 수 있는 것입니다. 마음을 다하는 곳에서 이웃과 한몸 되는 길이 열리기 때문입니다. 성서에는 이를 일컬어 진리가 너희를 자유케 한다했고, 노자 도덕경에는 심무소주心無所主라 하여 절대적 현재를 사는 것이라 했습니다. 바로 이것이 21세기를 사는 한국 기독교인들이 써야 할 참회록의 내용이며, 민족의 거울이 되기 위해 닦아야 할 목표인 것입니다. 은총의 수단으로 알려진 기독교의 성만찬은 우리의 참회록을 위해 좋은 가이드라인이 됩니다. 많으면 많은 대로 적으면 적은 대로 함께 골고루 나누어지는 예수의 식탁, 너무도 단순, 간편하여 버려질 것 하나 없는 그의 식탁을 일상의 삶을 통해 구현함으로써 우리는 민족의 현실을 비추는 깨어질 수 없는 거울이 될 수 있습니다. 아직 우리의 거울은

그래, 결국 한 사람이다

파란 녹이 낀 채로 빛을 비추고 있지를 못합니다. 윤동주 시인이 그랬듯이 밤이면 밤마다 손으로 발로, 그것도 부족하면 자신의 온몸을 던져 파랗게 변질된 마음의 거울을 닦아내려고 애를 써야 할 것입니다. 이끼 끼듯 흉한 녹을 마음 수북이 쌓아 놓고 봄을 맞이하고 부활을 맞이할 수는 없지 않겠습니까? 참된 교회는 저명인사들이 많이 모인다고 훌륭해지는 것은 아닐 것입니다. 한 점 부끄럼 없는 삶을 위해 괴로워하며 매일매일 자신의 참회록을 쓰는 사람들이 많아질 때 교회는 민족을 비추는 깨어지지 않는 거울이 될 수 있습니다.

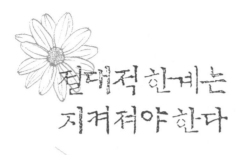

절대적 한계는
지켜져야 한다

기독교 탈핵 연대가 꾸려져서 오늘 이렇듯 희망 버스를 타고 밀양에 오게 된 것을 기쁘고 고맙게 생각합니다. 얼마 전까지 밀양은 이창동 감독의 영화로 유명한 곳이었으나 지금 이곳은 송전탑으로 야기된 탈핵, 반핵의 상징처가 되었습니다. 이로 인해 밀양은 우리 기독교와 너무도 친근하고 밀접한 관계를 맺게 되었지요. 당시 영화가 기독교가 말하는 용서를 주제로 우리 크리스천을 부끄럽게 했다면, 오늘의 송전탑이 그 자체로 하나님의 창조 및 생명의 주제와 맞닥트리게 한 까닭입니다. 며칠 전 서울 부암동 나눔문화 공간에서 이곳 주민 두 분 여성을 만나 뵌 적이 있었습니다. 74세 되신 이치우 할아버지의 죽음으로 불붙기 시작한 밀양 송전탑 투쟁이 처음에는 생존 터를 지킬 목적에서였으나 이제는 핵 자체가 이 땅에서 사라져야 마땅한 일인 것을 알게 되었다고 증언하였습니다. 이 과정에서 아무리 인권을 유린당하고

그래, 결국 한 사람이다

폭력에 노출되고 편 가름 당하며 회유가 지속되더라도 자신들의 저항은 결코 중단되지 않을 것이라 눈물로 호소하였습니다.

주지하듯 삶의 터전을 앗아가는 송전탑 사태는 발전과 개발의 명분 하에 박정희 정권 시절 만들어진 전원개발 촉진법에 근거를 두고 있습니다. 이 법을 집행하는 무소불위의 기관이 바로 지식경제부 산하의 한전이지요. 이런 이유로 송전탑 건설을 둘러싸고 밀양에서뿐 아니라 현재 수십 곳에서 이런 싸움이 벌어지고 있습니다. 벌써 정권이 수없이 바뀌었고 정치적 민주화의 길을 이뤘다는 지금도 이렇듯 민의를 무시하고 생존권을 박탈하는 강제법이 실행되고 있으니 통탄할 노릇입니다. 사실 우리 중에도 밀양사태가 발발하기 이전에는 산과 들, 논과 밭을 가로질러 세워진 흉물스런 송전탑에 눈길 한번 제대로 주지 않았던 분들이 적지 않을 것입니다. 이 모든 송전탑이 이 땅의 수많은 약자들의 눈물 위에 세워진 것임을 밀양의 주민들이 값비싼 대가를 치르며 지금 우리에게 알려주고 있습니다. 그래서 누군가 어느 책자에서 '전기는 눈물을 타고 흐른다' 했습니다. 우리 대다수가 살고 있는 도시가 더욱 밝고 시원하며, 안락, 풍요로움을 유지하려면 더 많은 눈물이 뿌려져야 할 것입니다. 그렇기에 송전탑 건설을 중단시키려면 우리 삶에서도 멈춰져야 할 것이 있음을 분명히 깨달아야 합니다. 밖을 향한 투쟁 이상으로 우리의 욕망에 대한 내적 저항이 역시 필요한 시점인 것이지요. 높은 산을 오르내리며 생존 터를 지켜내려는 할머니들의 고통과 눈물이 20층 아파트 두 배만한 높이의 송전탑은 물론 아니 어쩌면 그보다 더 높이 쌓은 우리 속의 욕망을 그치게 할 수 있는 좋은 기회가 될 것입니다.

송전탑 투쟁으로 시작된 밀양 주민들의 눈물의 역사가 탈핵, 탈원전의 가치로 이어진 것은 사실 이 땅 한반도의 미래를 위해서 크나큰 축복이 아닐 수 없습니다. 우리나라에서 가장 낙후된 원전, 그래서 고장이 잦았고—1978년부터 지금까지 225회나 오작동 되었습니다—, 온갖 비리로 얽힌 고리 발전소와 밀양의 송전탑은 본래 동전의 양면처럼 얽혀져 있었지요. 최근 코리아 타임즈(2013년 7월 23일 자)에 실린 그린피스의 보고에 의하면 만약 고리원전에 후쿠시마와 같은 사건이 터졌을 때— 그 개연성은 아주 높은 정도인데— 한국의 경우 그곳보다 훨씬 취약한 구조를 지녔다고 경고합니다. 고리를 기점으로 반경 30킬로 이내에 거주하는 인구가 350만 명에 달하는바, 이들 모두가 일시에 방사능 오염에 노출될 수 있다는 것입니다. 이들 중 오직 5% 내외의 사람에게만 약물치료가 현실적으로 가능한 상황이라 하니 대다수 사람에게는 분명 최악의 상황이 될 것이 명확하겠지요. 방사능 오염의 후폭풍으로 입게 될 경제적 손실도 한국으로선 회생 불가능한 수준이 될 것이란 예측도 있습니다. 이렇듯 그린피스의 경고를 귀담아듣고 지금부터 핵 없는 세상을 준비하는 것이 이번 밀양 송전탑 사태에 관심하는 우리 기독인들의 사명일 것입니다. 지금 인터넷상에 떠도는 후쿠시마 사건 이후 일본의 참담한 실상에 대한 이야기를 접하신 분들이 적지 않으실 것입니다. 과장된 부분을 충분히 감안하더라도 영토의 절반에 이르는 지경이 방사능으로 오염된 일본의 미래를 누구도 낙관하지 않을 것입니다. 집단 자위권을 행사하기 위해 헌법을 바꾸려 안간힘을 쓰는 우경화된 일본 정치 행태에서 우리는 과거처럼 남의 땅을 차지하려는 제국적 야욕을 느낄 수밖에 없으니 결국 핵으로 동북아의 평화가 위협되는 현실을 다시 맞게 될 것 같아 걱정입니다.

그래, 결국 한 사람이다

하나님께서 모든 것을 인간에게 맡기시되 오직 동산 한가운데 있는 나무 한 그루를 먹지도, 만지지도 말라고 하신 창세기 말씀을 주목해 봅니다. 모든 것이 가능하지만 적어도 삼가야 할 것이 있음을 알려주기 때문입니다. 일찍이 『순수이성의 한계 안에서의 종교』란 책을 썼던 칸트 역시도 성서 첫머리에 '…하지 말라'는 신적 명령이 있는 것을 눈여겨보았습니다. 종교란 인간 삶의 행복을 위해 존재하는 것인데 행복의 조건으로서 절대적 한계에 대한 통찰을 적시한 것입니다. 지금껏 인류는 한계를 극복하는 것을 능사로 알았으나 자연의 한계 안에서 사는 것이야말로 인간을 성숙시키는 지름길임을 가르친 것이지요. 뭇 생명은 실상 자연의 한계 안에서 자신을 적응시키며 잘 살아왔습니다. 그러나 인간만이 한계를 벗고자 했고 그렇기에 본래 자연에 없던 플루토늄을 만들어 핵무기와 원전을 인류의 미래인 양 선전해 왔던 것입니다. 유력 기독교인들 중에 핵 마피아가 상당수란 것도 이미 알려진 사실입니다. 정말 그들이 기독교신앙인, 더욱이 창조 신앙을 고백하면서도 과연 핵 마피아가 될 수 있는지 의문이지만 그럴수록 우리는 절대적 한계 안에서 사는 삶을 그들에게 가르쳐 지키게 해야 할 것입니다. 하나님이 금한 바벨탑을 쌓은 죄로 멸망한 인류를 대신하여 노아가 하나님의 새로운 파트너가 되었을 때도 하나님은 그에게 한계 안에서 사는 법을 명하셨지요. 사람들 눈에서 억울한 눈물을 흘리지 말 것과 동물을 피 채로 먹지 말라는 근원적 한계를 적시하신 것입니다. 그렇기에 기독교인은 애당초 '믿는 자에게 능치 못할 것이 없다'—불가능은 없다—고 믿는 신념(성공)주의자가 되기보다는 좋은 세상을 위해 절대한계 안에서 삶을 택하는 존재인 것을 명심할 일입니다.

밀양의 어르신들은 이제 송전탑이 다른 마을로 옮겨진다 해도 기뻐하지 않을 것입니다. 그것은 고통의 전가일 뿐 문제의 해결이 아님을 알기 때문입니다. 님비 현상으로 몰아가는 언론과 주민을 돈으로 분열시키는 정부 기관을 향해 부질없는 짓거리 말라고 오히려 힐책합니다. 그곳에서 살아온 수십여 년의 삶을 알지도 보지도 못한 채 그런 소리 말라는 것이지요. 그들은 오로지 지금처럼 자연과 더불어 살 수 있기를 간절히 원할 뿐입니다. 그들에게 송전탑은 이제 생존투쟁을 넘어 삶을 달리 생각하는 세계관의 핵심 주제가 되었고, 전기 식민주의에 물들고 에너지 중독에 빠진 우리에게도 생명의 하나님을 바라보도록 하는 신앙적 테마가 되었습니다. 하지만 여전히 대안적 에너지 정책을 비웃는 핵 마피아들에게, 여전히 박정희 시대의 법을 강요하는 행정가들에게 민중들의 바닥의 힘—믿음은 밑(바닥)의 소리이다—과 기독교적 신앙의 열정이 강력히 전달되어야 할 것입니다. 이제 밀양은 경상도 속 작은 지역이 아니라 옛 가치와 새 가치가 투쟁하되 미래를 열어내야 할 거룩한 땅이 되었습니다. 오늘 우리의 삶도 밀양처럼 새로움을 낳고자 힘겨운 싸움을 하는 거룩한 공간이 되기를 축원하며 밀양에서의 이 예배 역시 우리 삶에 새 술을 담는 의미 있는 의식Ritual으로 기억되길 간절히 바랍니다.

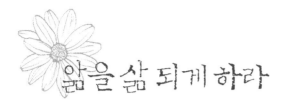

앎을 삶 되게 하라

반가운 가을 비가 주말 내내 내렸습니다. 떨어져 젖은 낙엽을 밟으며 늦가을(晚秋)을 즐기는 사람이 적지 않아 보입니다. 우리에겐 낭만적으로 비치겠으나 자신들의 생존과 이 땅의 바른 역사를 지키려 모였던 10만의 사람들에게 가을비는 아마 고통이었을 것입니다. 하늘이 주시는 가을비마저 이렇듯 달리 느낄 수밖에 없도록 사람을 편 가르고 이념을 덧씌우는 현실을 거리에서뿐 아니라 교정에서도 봅니다. 채플 종탑 위, 비 젖은 천막 안에서 벌써 7일째 학생 고소 철폐를 외치며 기도하고 있는 후배 교수가 있는 탓입니다. 이래저래 저 역시도 이 절기를 버겁게 보내고 있습니다. 그래도 이 가을이 맘껏 좋고 아름다우니 감사한 일이겠지요.

흔히 가을이 외롭지 않아야 한 해를 잘 산 것이라 합니다. 정작 자연은 풍성한 선물을 인간에게 안겨주는 데 가을을 느끼는 우리의 감정은 감사보다는 외로움이 지배적인 듯합니다. 추수감사절을 맞고 있으나 우리 마음은 여전히 허한 듯 외로울 수 있겠습니다. 때론 벌거숭이 나목裸木이 자신의 실상처럼 느껴진 탓도 있겠고 나뒹구는 낙엽처럼 방황하는 삶(실존) 탓이라 하겠으며 마지막 잎새를 보며 자기 인생의 끝을 헤아렸던 까닭일 것입니다. 아마도 우리 인생 마지막에 느끼는 감정이 늦가을인 이때의 우리 심정과 유사할 것이라 상상해봅니다. 모든 것이 풍부한 이 절기에 오히려 '허함'을 느끼도록 하는 자연을 통해 우리의 지난 삶을 돌이켜 봅니다. 풍요함 속에 빈곤, 그것이 분주하게 살았던 우리들 삶의 자화상自畵像이라 말하면 지나친 것일까요? 풍성함을 위해 힘껏, 바쁘게 살아왔는데 정작 자신을 돌보지 못했기에 가엾어졌고 초라해진 자신을 돌보고 사랑하라고 이 가을이 축복하고 있습니다. 그렇기에 풍요와 빈곤, 허함과 충만은 우리 인생이 하늘과 자연을 향해 감사해야 할 조건일 것이라 생각해 봅니다.

언젠가도 말씀드렸듯이 저는 광화문 교보빌딩에 걸린 글과 그림들 보며 걷기를 즐겨합니다. 교보서적을 방문한 독자들의 작품들 중 선택된 것이라 하는데 넘치는 상상력과 좋은 뜻을 많이 담고 있습니다. 11월에 내걸린 작품에는 이렇게 쓰여 있습니다. "광활한 우주가 우리에게 준 선물 두 가지, 묻는 힘과 사랑하는 힘"이라고 말이지요. 여기서 우주는 하늘로, 하나님이라 바꿔 생각할 수 있을 것입니다. 묻는 힘과 사랑하는 힘, 하나는 머리(몸)와 다른 하나는 가슴(마음)과 관계되는 일일 것입니다. 이 두 가지 능력에 더해 상상하는 힘, 곧 믿음의 힘을 보태고 싶습니다. 상상력이란 몸과 마음, 머리와 가슴이 함께 만들어 내는 '바라는 것들의 실상으로서' 우주와 하늘이 준 선물이라 생각하는 까닭입니다. 그래서 러시아 사상가 베르쟈예프Nicholals A. Berdyaev는 상상력이야말로 하나님의 모상Image of God이라 했던 것입니다. 여하튼, 묻는 힘, 사랑하는 힘, 상상하는 힘이야말로 인간에게 주어진 가장 고귀한 선물로서 하늘은 반드시 그 씨앗에 대한 열매를 기대할 것입니다. 그래서 풍족함에도 불구하고 가을을 맞는 우리 마음이 허한 것은 묻고, 사랑하며, 상상하는 힘을 온전히 펼쳐내지 못한 탓이 아닐까를 반문해 봅니다.

이런 맥락에서 '씨 뿌리는 사람의 비유'에서 생각거리를 찾고자 했습니다. 마가 복음서를 비롯하여 마태, 누가서에도 함께 기록되어 있으니 예수의 어록임을 누구도 의심할 수 없을 것 같습니다. 조금씩 표현의 차이는 있으나 하늘 씨앗이 네 종류의 밭에 뿌려졌고 그 결과는 각기 달랐던 바, 달라진 이유가 무엇인지를 공통적으로 설명하고 있습니다. 저마다 30배, 60배 그리고 100배의 결실을 한 경우도 있다는 것으로 본문 말씀을 끝맺고 있지요. 예수 당시 이 본문 말씀은 어떤 상황, 처지 그리고 어떤 사람을 만나든지 간에 열심히 하늘나라를 선포하라는 뜻을 담았습니다. 오늘의 제목 그대로 '씨 뿌리는 자'의 비유였던 것입니다. 그러나 본문 후반부에 적시되었듯이 예수의 초기 말씀은 제자들 공동체 안에서 '씨 받은 자의 비유'로 전환되어졌습니다. 즉 후반부의 말씀은 예수 자신의 말씀이 아니라 제자들의 해석이자 풀이라는 것이지요. 길가, 돌짝밭, 가시덤불 그리고 옥토란 것이 구체적으로 인간 실존에 있어 어떤 상황인가를 자신의 공동체(교회) 안에서 설교했던 내용입니다. 다시 말해 앞쪽 본문은 예수 말씀이고 뒤쪽 본문은 예수 사후死後 제자들의 설교라 보면 좋을 것입니다.

예나 지금이나 예수 말씀의 핵심은 하늘나라 선포에 있습니다. 하지만 이 땅의 사람들은 자신의 처지와 상황에 따라 하늘나라를 불편하게 생각했고, 더러는 아예 거부했으며, 혹은 그의 실현을 적극적으로 원하기도 했습니다. 예수는 하나님의 나라를 사람들이 원하든 원치 않든, 거부·저항하든지 간에 열심히 최선을 다해 전하라 했습니다. 이것이 '씨 뿌리는 자의 비유'가 본래 뜻하는 바였습니다. 신학자들은 이런 하나님의 나라를 일명 '체제 밖의 사유'라 부르고 있지요. 하늘나라는 때론 체제 내 가치와 양립할 수 없고 체제를 지키려는 자들에 의해 배척당할 수밖에 없었던 탓입니다. 이런 하늘나라를 원하는 사람은 실상 체제로부터 버림받은 사람들, 당시의 언어로 '암하렛츠', 곧 땅의 사람들이었습니다. 예수 역시도 당시의 체제, 곧 율법의 기준으로 죄인 된 뭇 사람들, 그들을 위해 이 땅에 왔다고 분명하게 언급하셨지요. 우리 식으로 말한다면 하늘나라는 실정법에 의해 양산된 뭇 죄인들의 구원과 무관할 수 없다는 말입니다. 주변을 살펴보십시오. 얼마나 많은 사람들이 자신의 약함을 호소하다가, '을乙'의 고통을 항변하려다 범법자가 되어있습니까? 이 시대의 광화문은 바로 그 고통의 울부짖음의 장場이 되고 있는 것입니다. 제 경우도 수명의 교수들과 함께 종교권력의 부당함을 지적하다 고소당해 경찰과 검찰을 오가며 수차례 조사받았고, 우리 학생들 역시 기소되어 재판을 받기에 이르렀습니다. 돈으로 산 법法이 신앙적 가치를 맘껏 조롱하고 있는 현실을 본 것입니다. 하지만 예수의 하늘나라는 체제 밖 사유를 통해 실정법을 무력화시켰습니다. 안식일이 사람을 위한 것이라 했던 것입니다. 그뿐 이겠습니까? 인과응보, 이해타산이 지배하는 일상적 현실에서 예수는 되갚을 능력이 없는 자들을 초대하여 잔치를 베풀라 했으며 그것이 바로 하늘나라와 같다고 역설하셨습니다. 이렇듯 일상을 넘어 선 요구, 체제 밖 사유야 말로 바로 우리 속에 심겨지고 싹 틔워져야할 가치일 것입니다. 우리가 어떤 상황 속에 있든지, 가난하든지, 병들어 있든지, 고통 속에 살고 있든지 아니면 부유하든지 그 어떤 상황에도 불구하고 이 씨앗을 틔워 30, 60 그리고 100배의 열매를 맺으라 하셨습니다.

이런 차원에서 저는 하늘나라의 선포, 곧 씨앗의 파종을 처음 제시한 '묻고, 사랑하고 상상하는 힘'이라 여기며 이를 다시 풀어 생각할 것입니다. 무엇보다 하늘나라를 선포한 예수를 의당 주님이라 고백하고 있는 까닭에 우리의 물음이 바뀔 필요가 있을 것입니다. 즉 도대체 우리들의 문제(물음)가 무엇이기에 예수가 대답(주님)이겠는가? 하는 것입니다. 어떤 문제, 어느 상황에 대해 예수가 진정 구체적인 주님이요 대답인 것인지를 질문해야 합니다. 이 점에서 묻는 힘은 대단히 중요합니다. 하지만 일상에서 우리는 언론이 전해주는 것에, 온종일 종편이 떠드는 소리에, 법이 판단한 결과에 묻혀 하늘이 준 힘, 물음을 놓쳐 버렸습니다. 오히려 사실을 묻고, 알고자 하는 이들을 향해 그만할 것을 말하며 우리 스스로가 체제 속에 갇힌 존재가 되어 버린 적도 많습니다. 예수를 믿는다 하면서도 정작 예수를 죽이는 사람들 편에 서게 된 것입니다. 그래서 생각하는 대로 살지 않으면 사는 대로 생각한다는 말이 생겼고, 생각하는 백성이 되라는 소리도 작지 않게 들려옵니다. 모든 영역에서 더 철저하게 묻고 물어져야 합니다. 아무리 부정해도 부정될 수 없는 사실(진실)이 있는 까닭입니다. 또한 우리는 사랑의 힘의 극치를 예수에게서 보고 믿은 사람들입니다. 고통 하는 이웃의 얼굴에서 신神의 모습을 보는 것이 우리 기독교입니다. 이런 이웃을 사랑하다 스스로 십자가에 달린 분, 그가 우리 주님이십니다. 이런 눈(觀)으로 세상을 보자고 모인 공동체가 바로 교회일 것입니다. 이경성 연출의 연극 "비포/애프터" 역시 타인의 고통에 가닿을 수 있는 힘을 드러내고자 힘껏 애를 썼습니다. 수능에 응했어야 할 250명의 세월호 아이들을 위해 책가방 250개가 광화문 광장에 전시된 것을 보았습니다. "하나님의 말씀은 구체적 현장現場 속에서만 꽃이 될 수 있다"고 하신 돌아가신 오재식 선생의 유언도 아직 귀에 쟁쟁합니다. 예수는 어떤 상황인지와 관계없이 하늘나라 씨앗을 뿌리셨고, 이제 열매를 맺으라 하십니다. 상상하는 힘 역시 하늘나라 씨앗과 연계할 때 대단히 중요합니다. 말했듯이 예수가 전한 하늘나라는 체제 안에서는 느낄 수도, 만질 수도, 이해하기도 어렵습니다. 체제 밖의 사유인 까닭입니다. 불가능한 것에 대한 열정을 통해서만 접촉 가능한 세계입니다. 보이는 것에만 관심하고 가능한 것, 유익한 것만을 셈하며 살고 있는 우리 속에 상상의 힘, 보이지 않는 것을 보는 믿음의 힘이 쇠약해졌습니다. 이것이야말로 '우리의 믿음 없음을 도우소서'란 말의 우리 식 해석(Version)일 것입니다. 체제 속에 갇혀 사는 한 우리는 세상적 불의와 맞설 수 없습니다. 개인적 차원의 신앙 양식에 젖은 적당한 타협, 불법과의 공존만이 있을 뿐입니다. 예수가 품었던 하늘나라의 비전 그것이 지금 우리에게 뿌려졌다고 생각하며 살아 보십시다. 30배를 넘어 60배, 100배의 열매를 기대하신 예수님의 마음을 헤아리면서 말입니다.

이렇듯 하늘이 주신 세 씨앗, 곧 묻는 힘, 사랑하는 힘 그리고 상상하는 힘을 저는 인간 삶의 과거, 현재, 미래와의 연관 속에서 달리 생각해 보고자 합니다. 지금 우리 사회는 과거를 지배하여 현재와 미래까지 독점하려는 무서운 폭력을 일상화시키고 있습니다. 수많은 이들의 비탄과 탄식이 지속됨에도 불구하고 이를 귀담아들으려는 위정자가 없습니다. 3포, 5포 아니 N포 시대를 사는 젊은이들의 증가로 인해 우리의 미래 역시 밝지 않습니다. 이런 정황에서 하늘의 씨앗인 묻는 힘, 사랑하는 힘 그리고 상상력이 더없이 중요해졌습니다. 끝까지 물어서 이 땅의 이곳 사람들의 과거를 옳게 회복시켜야 합니다. 옳은 과거 없이 우리 역사는 한 치도 앞을 향할 수 없습니다. 마음을 갖지 못한 대통령과 국가를 대신하여 탄식하는 이들을 위한 사랑을 우리의 몫으로 만듭시다. 슬퍼하는 자들과 더불어 맘껏 슬퍼하십시다. 우리의 슬픔이 클수록 우리의 꿈 역시 더욱 커져야 할 것입니다. 이 땅이 하늘나라가 될 수 있도록 우리의 생각과 마음과 뜻이 더욱 커지길 바랍니다. 예수는 우리를 향해 세상의 빛이라 했습니다. 이렇듯 약한 존재이나 우리를 빛이기에 빛이라 한 것입니다. 빛이 아닌데 빛이라 한 것이 결코 아닐 것입니다. '하늘나라가 너희 중에 있다'는 말까지 남기시지 않았습니까? 모두가 행복하지 않을 때 누구도 행복할 수 없을 것입니다. 지금 우리는 홀로 자족하고 혼자서 기쁠 수 없는 세상을 살고 있습니다. 인류 미래를 위한 아프리카의 지혜, '우분투'Ubuntu, 즉 우리이기 때문에 나(I am because we are)라는 사유가 바로 이를 적시합니다.

오늘의 제목이 '앎을 삶 되게 하라'는 것이었지요. 당연한 말이지만 결코 당연할 수 없는 말일 것입니다. 우리들 인생에서 영원한 숙제라 해야 옳겠지요. 그러나 살아생전 이 숙제를 풀지 못하면 우리는 거듭 허기虛氣를 느낄 것이고 가을이 올 때마다 외로워질 것이며 인생 마지막이 많이 불안(Should be complex)할 수도 있을 것입니다. 이번 가을 추수감사절을 지나며 자연이 주는 풍요 속에서 외로움을 느꼈다면 우리는 이 경험을 토대로 하나님의 씨앗을 자신 속에 깊이 뿌리내려야겠습니다. 그럴 경우 이번 가을 우리에게 찾아온 허기는 비로소 거룩한 허기가 될 것입니다. 하늘이 준 씨앗들, 묻고, 사랑하고 상상하는 일들을 통해 우리의 과거와 현재 그리고 미래가 모두 온전해질 수 있기를 간절히 소망합니다. 본 설교문을 마무리하기 직전, 10만 명이 함께한 광화문 광장에서 5시간 이상을 머물다 왔습니다. 수많은 사람들의 한숨과 절규와 분노가 터져 나왔고 그 소리를 귀담아들어야만 했습니다. 그리고 그곳에서 오늘 드려질 예배를 생각해 보았습니다. 아무리 생각해도 광화문 현장과 추수감사절 예배가 함께 상상이 되지 않았습니다. 2015년 11월 광화문 현장은 과거와 현재 그리고 미래를 빼앗긴 이 땅의 암담한 모습 그 자체였기 때문입니다. 풍요로운 가을이지만 우리들 세상이 한없이 초라하게만 느껴졌습니다. 하지만 그럴수록 묻고, 사랑하고 꿈꾸는 일들이 더욱 절실해지기를 소망할 것입니다.

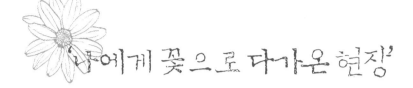
'나에게 꽃으로 다가온 현장'

제 나이 50줄을 훨씬 넘긴 시점에서 오재식 선생님을 알게 된 것이 한편 한없이 부끄러우면서도 얼마나 다행한 일인지 감사하며 지난 몇 년을 살아왔습니다. 같은 시간을 살면서도 선생님을 몰랐다는 것은 제 삶에서 현장의 부재를 뜻하는 것이기에 오늘 이 자리에 서는 마음이 참으로 버겁고 무겁습니다. 하지만 늦었으나 선생님을 통해 현장을 배우고 고민하기 시작한 것은 정말 고맙고 감사한 일입니다. 이런 고백을 드릴 수밖에 없는 제가 벌써 4-5년간 겨자씨 공동체를 통해 선생님 앞에서 설교를 하고 지냈으니 저의 불손과 오만이 하늘에 닿은 듯합니다. 하지만 선생님은 그런 인연으로 저에게 오늘의 기회를 주셨고, 회고록 출판을 준비하신 안재웅 님을 비롯한 여러 선생님들 그리고 시대와 민족의 아픔을 치유코자 동분서주하셨던 평생 동지분들께서 이를 허락하셨습니다. 그렇기에 두렵고 떨리는 마음뿐이지만 선생님께서 남기신 족적을 더 잘 따르려는 마음으로 이 자리에 섰습니다. 고맙습니다.

　기독교서회로부터 받은 가제본된 책을 보는 순간 우선 그 제목 '꽃으로 다가온 현장'이란 말부터 예사롭지 않았습니다. 누구나 피하고 지나치고 싶은 현장이 자신에게 꽃으로 다가왔다는 선생님의 고백은 책 전문을 읽어 보고서야 수긍할 수 있는 본인 생애의 축약이자 기독교 신앙의 본질을 적시했습니다. 스쳐 지나갈 수밖에 없는 국내외 뭇 현장에 발길을 멈춰 마음을 주었고 또 마음을 빼앗기며 힘겹게 사셨으나 오히려 그것이 자신에게 구원이 되었다고 선생님은 아름답고 확신 있게 회고하신 것입니다. 이는 하나님이 인간 되지 않고서는 인간을 구원할 수 없었다는 성육신 신학이 선생님에게서 구체화된 경우라 하겠습니다. 여기서 저는 남미에서 활동했던 독일계 신부 이반 일리치가 선한 사마리아인의 비유를 해석하며 남긴 말 '최선이 타락하면 최악이다'를 떠올려 봅니다. 주지하듯 유대인과 적대 관계에 있던 사마리아인 역시 대제사장, 율법학자처럼 강도 만난 이의 현장을 떠날 수 있었고 떠나야 할 이유가 충분히 있었습니다. 하지만 그는 그리하지 않았고 예수께서는 그 같은 삶의 선택이 영생의 길, 곧 최선의 삶이라 말씀하셨습니다. 그렇기에 현장을 외면하는 것은 일리치의 말대로 최선을 최악으로 만드는 일이라 하겠습니다. 이 점에서 선생님은 영생의 길을 갔던 우리 시대의 선한 사마리아인이었습니다. 기독교 사회운동가로서 선생님이 남긴 발자취, 본 회고록은 그 옛날 전태일의 죽음을 예수의 그것이라 선언하셨듯이 기독교 신앙을 최선의 상태로 구현시키고자 한 새로운 복음서, 신新 사도행전이 될 것이라 생각합니다.

이처럼 현장이 자신에게 꽃이 되고 구원이 되었다는 고백 속에서 선생님은 회고록을 읽는 후학들에게 공간, 곧 현장을 자기 삶의 주체로 삼을 것을 간절히 요구하십니다. 이는 몇 차례 수술 후 병상에 누워 자신의 삶을 돌이키며 하시는 말씀이기에 진정성을 지닌 사자후獅子吼였습니다. 시간의 주인처럼 행세하기보다는 스쳐 지나는 듯 우발적으로 찾아온 공간(현장)에게 자신의 시간을 맡길 때 더 큰 시간이 찾아오며, 공간 역시 전혀 다른 곳이 될 수 있다고 역설하셨습니다. 이는 '나를 사랑하느냐'는 부활하신 예수의 물음 앞에 마주했던 베드로의 운명, '지금까지는 내 마음대로 다녔으나 이제는 남이 나를 띠 띄우고 내가 원치 않는 곳으로 데려가리라'(요한 21:15-18)는 삶을 사랑하라는 것입니다. 우리를 멈춰 세운 공간이 자신의 시간뿐 아니라 자신을 불렀던 공간 자체를 전혀 새롭게 만든다는 것을 온몸으로 사신 선생님이기에 감히 하실 수 있는 말씀입니다. 주위 좌우를 돌아보면 절망, 굶주림, 폭력, 전쟁으로 고통받고 무시당하는 사람이 많고 피조물의 탄식이 전 우주에 가득 차 있습니다. 이를 직시하고 그를 증언할 용기를 가질 때 비로소 시간과 공간이 달리 만들어질 수 있다는 것이 선생님의 확신입니다. 결국 자기 정체성의 포기를 통해 고통받는 세상을 위해 개방적 존재가 되란 말씀이기도 한 것인데 이 역시 성육신 신학의 핵심입니다. 선생님은 하나님 육화의 삶을 신학자의 교리로서가 아니라 기독교 사회운동가로서의 지난한 삶 속에서 표현하신 것입니다. 일체 생명을 감싸 안을 수 있는 공간, 한국을 비롯한 아시아 곳곳에서 그 공간을 만들기 위해 수많은 국내외 단체를 통해 선생님의 팔십 평생의 삶이 쓰이고 바쳐진 것은 선생님 속에 하나님이 사셨던 증거라 생각합니다. 그래서 선생님은 자신의 삶 속에 한 점의 회한도 남기지 않았다고 말씀하셨을 것입니다.

선생님은 하나님이 함께하셨다는 삶의 증거로서 수많은 친구, 동료들의 존재를 언급하셨습니다. 본래 낯선 타자들이었으나 현장, 즉 공간 안에서 씨줄 날줄로 엮어진 국내외 뭇 친구들의 손길, 마음의 덕택으로 자신이 활동했고 살아왔음을 고백하는 것입니다. 선생님에게 친구, 동료는 하나님을 대신하는 존재들이었습니다. 진보, 보수를 아우르는 기독교 신학자들, 사회 활동가들 그리고 국내외 기독교 단체들이 늘 선생님 주변에 있었고, 선생님을 앞세워 일하고자 하였습니다. 회고록 속에는 실제로 헤아릴 수 없을 만큼 많은 국내외 인사들의 이름이 거명됩니다. 혹시 구술하시는 동안 누구 빠진 이름이 없 가를 여러 번 살펴보셨을지도 모르겠습니다. 어느 한 사람도 소홀히 생각할 수 없을 만큼 선생님 삶에 소중한 분들인 까닭입니다. 하지만 '하나님이 일하시니 나도 일한다'는 심정으로 항시 일은 본인의 몫이었으나 정작 선생님은 그들로 인해 공간이 달라졌으며 본인 스스로도 새롭게 되었음을 고백합니다. 선생님의 지인들로부터 수차례 들은 것은 어느 경우든 일의 공로, 열매를 결코 자신의 몫으로 여기신 적이 없는 유일한 분이란 사실입니다. 회고록을 통해 필자는 선생님의 이런 삶의 자세가 미 대통령 오바마의 스승인 조직운동가 알린스키에게서 유래한 것임을 알게 되었습니다. 그러나 배웠다고 아는 것이 아니며, 더더욱 그대로 살 수 없는 현실에서 배워 안 것을 지켜 자신 속에 체화시켜낸 선생님의 삶은 백 번의 죽음과 천 번의 고통을 감내하며 얻은 하늘이 주신 열매입니다. 모든 성과를 친구, 동료, 현장의 사람들에게 돌렸으되 하나님은 선생님에게 모두를 품을 수 있고 모두를 손잡게 하는 어진 인품을 선물로 주신 것입니다. 선생님의 인품 속에서 겸비한 종으로서 그리스도의 모습이 겹쳐지는 것은 저만의 판단은 아닐 것이라 믿습니다.

그래, 결국 한 사람이다

결국 인생의 더 많은 시간을 외국에서 살아야 했던 선생님의 디아스포라의 삶, 일본, 스위스, 미국 등에서 살았던 삶의 여정은 상술된 이런 정신을 깨우치기 위한 외롭고 험난한 과정이었습니다. 가난한 아시아를 서구의 눈이 아닌 예수의 눈으로 재발견했고, 분단된 조국의 진정한 해방, 곧 통일을 위한 초석을 놓았으며, 나아가 민족을 넘어 세계화를 위한 에큐메니칼 운동의 과제를 제안하는 것도 모두 이런 에토스ethos의 산물이라 하겠습니다. 지금도 선생님은 신앙을 지닌 젊은이들에게 아시아를 배우라고 강권하십니다. 서구에 의해 발견된 아시아, 문명이 만들어 놓은 아시아가 아니라 있는 그대로의 아시아를 새롭게 발견하는 것을 예수 정신이라고 믿는 까닭입니다. 서구적 한계를 뛰어넘고 자본주의를 극복할 수 있는 기독교를 그리워하는 것도 선생님의 몫입니다. '민족 통일과 평화에 대한 한국 기독교 선언', 소위 88선언을 기초했던 선생님은 외세에 의존했던 남북한 정권을 혹독히 비판했고, 동족을 적대하는 이데올로기에 침묵했던 한국교회를 질타했습니다. 이를 속죄라도 하듯 선생님은 월드비전 시절, 진보와 보수교회를 아우르며 북한 돕기에 누구보다 앞장서신 것을 모두가 알 것입니다. 하지만 선생님은 결코 민족, 국가주의 틀에 갇혀 있지 않으셨습니다. 민족을 사랑했으나 지구 공간 전체를 생각하는 것을 에큐메니칼 운동의 과제라 인식하신 것입니다. 민족의 경계를 넘어 아시아, 나아가 세계를 공동체로 엮어내는 것, 즉 모두가 공유하는 공간을 창출하는 책임을 이 땅에 사는 후학들에게 맡기신 것입니다. 이는 일방적 힘(이념)이 지배하는 현실 공간에 대한 저항을 요구하는 바, 이를 위해 선생님은 평생 사람을 키우고 조직을 만드는 일에 헌신하셨습니다. 선생님이 뿌린 씨앗들로 에큐메니칼 기독교 운동이 다시금 활기차게 될 날을 기대해 봅니다. 지난 반세기 동안 선생님의 덕분으로 한국 기독교계는 참으로 행복했고 세상에 당당할 수 있었던 것에 대해 깊은 감사를 올립니다.

이제 마지막으로 '노옥신 그의 이름을 부르다'로 명명된 한 챕터의 내용을 소개할 차례가 되었습니다. 평소 교회에서 보여주신 '로맨스 그레이'를 통해 선생님의 사모님 사랑을 가늠할 수 있다고 생각했으나 반세기 이상을 함께 하신 사랑과 정情의 깊이는 헤아릴 수 없을 만큼 깊었습니다. 오늘의 회고록은 실상 노옥신 사모님이 없었다면 쓰여질 수 없는 책일 것입니다. 거의 두 세대에 걸친 한국 기독교의 역사를 증언할 목적으로 구술되어 출판된 오재식 선생님의 회고록이 선생님에 대한 노옥신 사모님의 사랑과 헌신 그리고 믿음의 결과물인 것을 이곳에 오신 분들은 모르지 않을 것입니다. 세상과 역사 앞에 당당했던 한국 기독교 역사는 그렇기에 한 여인, 노옥신에 대한 기억과 함께(In Memory of Her) 후세로 전달되어야 마땅한 일입니다. 자녀들 역시 국내외 현장을 꽃으로 알고 누볐던 아버지 탓에 힘들었고 원치 않는 선택을 했을 것입니다. 그런 중에서도 훌륭하게 성장했고, 저마다 가정을 꾸려 5명의 손자 손녀를 두 분께 안겨드렸으니 참으로 어진 이들이라 아니 할 수 없을 듯합니다. 함께 팔순을 맞이하신 우리 인생의 선생님들, 두 분에게 우리와 함께할 수 있는 시간이 좀 더 많이 주어지길 그들을 당신 팔처럼 쓰셨던 하느님께 청원하고 싶습니다. 선생님, 꽃은 봄과 여름에만 피는 것이 아니랍니다. 늦은 가을에도 심지어 겨울에 피는 동백꽃도 있다 하니 더욱 화사하게 이 시기를 지나실 것을 기도드립니다. 앞으로도 현장 곳곳에서 '나사렛 예수 이름으로 일어나 걸으라'고 외치는 후학들이 많아질 것입니다. 왜냐하면 선생님은 수없는 길을 만들고 스스로 길이 되신 분인 까닭입니다. 선생님은 우리에게 또 다른 전태일이 되셨습니다. 선생님이 계셔서 긴 세월 동안 고맙고 감사했습니다.

돌파
(Breakthrough)

6월 한 달을 광우병 파동으로 걱정스럽게 보냈고, 이 일로 우리에게 남겨진 이해의 절반 역시도 더욱더 소란스럽고 어려워질 것 같습니다. TV나 신문을 보면서 나라 상황이 이렇듯 망가지는 현실에 절망을 느낍니다. 하지만 세상 걱정하기에 앞서서 우리 자신들 걱정부터 해야 옳습니다. 누군가가 이렇게 말하더군요. 광우병이란 결국 인간의 탐욕 탓에 소가 소를 먹고 동물이 동물을 먹는 결과로 인해 발생한 것이라고 말입니다. 그런데 쇠고기 광우병보다 더욱 걱정스러운 것이 있는데, 그것은 '교회의 광우병'이라고 말입니다. 광우병이 동종의 생명체를 먹었던 결과였듯이 동종교배가 거듭 발생하는 교회의 실상을 광우병으로 비유한 것입니다. 협소한 인식 틀, 교리 틀을 정해놓고 그 안에서 사유하는 사람들끼리만 통하는 오늘의 교회를 두고 광우병 파동과 비교하는 것이 흥미로웠지만 가슴 아팠습니다.

이런 상황을 생각하면서 생각거리를 돌파breakthrough라는 말에서 찾았습니다. 실상 '돌파'라는 개념은 중세기 유명한 신비사상가 마이스터 에크하르트Meister Eckhart의 사상을 축약한 것입니다. 창조영성을 강조한 '매튜 폭스Mattew Fox'라고 하는 가톨릭 신학자가 에크하르트의 사상을 한마디로 요약한 것이 바로 '돌파breakthrough'라는 개념이었습니다.

한마디로 이 말은 인간이 만든 언어, 교리의 세계를 단박에 뚫고 올라가라는 뜻입니다. 종교적인 이념일지라도 난파시켜 그것이 지시하는 실재와 옳게 부닥치라는 말이겠습니다. 때론 하나님을 남자, 흑인, 여성으로 혹은 노동자, 농민, 민중이라 하면서 무수한 속성을 만들곤 했으나 일체를 부정하고 신적인 하나님의 본성 그 자체와 만나라는 것입니다. 정통 신학에서는 죄인 된 인간이 감히 하나님일 수가 없다고 하지만, 에크하르트는 교리의 세계, 언어의 세계, 관념의 세계를 돌파해서 실재에 이를 수 있고 신성을 만나라고 했던바, 오히려 그 신성이 인간에게 근원적으로 주어졌다고 했습니다. 인간의 죄성을 강조하는 것보다 인간 속의 거룩한 것, 신적인 것, 신성을 말하는 것이 창조의 영성이자 성서가 말하는 은총, 은혜의 개념에 상응한다고 믿었던 것입니다.

로마서 6장은 우리가 법의 지배하에 있지 않고 은혜 아래 있음을 말합니다. 바울은 우리에게 죄에 대해서는 죽은 자로 생각하며 살라고 했습니다. 오로지 하나님 안에서 살아있는 자로 스스로를 이해하라는 것이지요. 죄가 우리 삶의 본질이 아니고, 아니어야 한다는 것입니다. 예수 그리스도를 죽음에서 살리신 하나님의 은혜를 통하여 죄의 종노릇을 면하게 되었다는 것입니다. 이러한 하나님 은혜가 그의 입장에서는 은혜,

은총이겠으나 우리 입장에서는 '돌파'라 생각해도 좋겠습니다. 하나님 편에서의 은혜가 인간의 입장에서는 일상으로부터의 '돌파'인 것입니다. 사욕에 얽매인 삶으로부터의 돌파, 그것이 가능해졌다는 것이 우리가 '은혜의 때에 살고 있다'는 의미일 것입니다. 바울에게서 부활은 일상적 삶으로부터의 이러한 돌파를 뜻합니다. 돌파가 우리 자신의 삶에서 현실이 될 수 없다면 부활을 말하는 것 자체가 무의미할 것입니다.

74세의 나이로 세례를 받고 새로운 삶을 다짐했던 이어령 선생을 생각해 봅니다. 평생을 인본주의자, 저항과 분노의 실존주의자, 무신론자로 살아왔던 인문학자가 회심하고 기독교인이 된 것입니다. 이런 회심을 공개적으로 언급하는 것이 썩 좋아 보이지 않겠으나 그를 통해 '돌파'라는 말을 떠올려보고 싶습니다. 그가 기독교로 발 들여 놓게 된 계기는 이혼한 딸의 실명 때문이었습니다. 나날이 퇴화하는 눈 탓으로 일상을 살아갈 수 없는 딸을 보며 도움이 될 수 없는 자신의 한계를 뼈저리게 느꼈다고 했습니다. 사랑하는 딸의 아픔 앞에 지식인의 오기도, 거만도, 지금까지 살아왔던 자신의 우월함 그 어떤 것도 남김없이 버릴 수밖에 없었다고 했습니다. 그가 할 수 있었던 것은 교회 생활에 열심이던 딸과 함께 예배드리는 일뿐이었습니다. 그 과정에서 딸의 눈이 치유되는 과정을 목격했고 이를 통해 이어령 선생은 자기 인생에서 '돌파'를 경험하게 된 것입니다.

하지만 이어령은 그런 작은 기적 때문에 세례를 받은 것이 아니라 했습니다. 기적 그 자체가 구원의 핵심은 아니라 여긴 것이지요. 기적이 종교의 본질이라고 말할 만큼 그의 지성이 약하지 않았습니다. 오히려 그는 자신이 사용했던 언어의 한계를 보았습니다. 주지하듯 그는 본래 언어의 천재였습니다. 그러던 그가 언어의 한계를 느꼈다고 말한 것입니다. 인간의 한계와 허물을 느끼면서 그는 내심으로 절대자 하나님을 싫어한 적도 있었습니다. 기다려도 오지 않는 자신의 구원을 생각하며 적잖이 분노했던 경험도 토로했습니다. 그럴수록 그는 전문영역인 문학에 매달렸습니다. 그러나 그의 문학은 그의 좌절과 한계를 치유할 수가 없었답니다. 그가 세례를 받고 했던 강연 제목이 '이성에서 지성으로, 지성에서 영성으로'라는 것이었습니다. 그는 강연에서 이렇게 고백했습니다. 자신이 절대 좌절, 절대 고독 속에 빠져있을 때 '영혼soul'과 '정신mind'은 분명히 자기 안에 있었으나 '영적인 것spiritual'이 자기 밖에서 들어왔다고 말입니다. 이로써 그는 지상의 언어 대신에 빛의 언어를 갖게 되었다고 고백했습니다. 그렇기에 향후 그가 펼칠 언어의 세계가 더욱 기대됩니다.

지상의 언어가 아니라 빛의 언어를 갖게 되었다는 고백은 자기만의 세계로부터의 돌파를 의미합니다. 자기 세계 속에 살던 사람이 영적인 세계로 돌파시킬 수 있는 힘을 갖게 된 것입니다. 그에게 세례란 자신을 죄의 종으로 여기지 않고 삶의 돌파를 이룬 사건이라 할 것입니다. 하지만 에크하르트의 말대로라면 밖에서 온 영성과 자신의 삶 깊은 곳, 삶 속의 '바탈'이 서로 다를 수 없습니다. 지금껏 우리가 자신의 깊은 곳을 건드리지 못한 채 살고 있었다고 고백해야 옳습니다. 자신의 바탈과 접촉하지 못한 채로 하늘을 향하고, 하늘에게 말 거는 것은 올바른 돌파가 아닐 것입니다. 지금까지 그는 자신의 언어를 가지고 남을 감동시켰고 구원시켰으나 자신의 구원이 될 수 없었음을 알았기에 오히려 '돌파'가 가능했습니다. 사도 바울처럼 자신 속 파라독스, 선하려고 하지만 선할 수 없고 의로워지려고 하지만 의로워질 수 없는, 그래서 자신을 정말 곤고

한 자라고 하는 그런 깊은 파라독스 속에서 이어령은 영성SPRITUAL의 세계와 맞닥트린 것입니다.

하늘 높이 나는 새는 자신의 몸을 가볍게 하기 위해 많은 것을 버립니다. 멀리 날기 위해서 자기의 뼛속까지 다 비운다고 합니다. 비움이란 새로운 것을 채울 수 있는 준비입니다. 내면으로 침잠하며 나락으로, 바탕으로 떨어지는 그 순간 우리는 삶으로부터 돌파 가능성을 접할 수 있습니다. 마음이 가난한 사람에게 복이 있다는 말씀은 허언, 빈 소리가 아닌 것입니다.

이어령 선생의 회심 이야기를 새롭게 거론한 것은 겨자씨교회에 함께 한 또 다른 지식인인 이희원 님 때문입니다. 그간 참된 교회를 만나기 위하여, 참된 신앙을 얻기 위하여, 아니 그보다 치열하게 묻고 그 물음의 답을 얻기 위해 많은 곳을 찾아다녔으며 신학 공부를 많이 했던 분입니다. 대화를 나누다 보면 깊고 많은 독서량에 깜짝 놀랄 정도입니다. 이런 분이 겨자씨교회에 마음을 두었다는 것에 깊이 감사할 뿐입니다. 성경 공부를 하면서 신앙을 얻고 싶고 믿음을 갈급해 한다는 말을 여러 차례한 적도 있었습니다. 우리의 친구가 된 이분에게서도 지성으로부터 영성으로, 머리에서부터 마음으로의 돌파가 이루어질 것을 기대합니다.

구약의 예언자 예레미야는 17장을 통해 지금 하나님에게 자신을 고쳐달라고, 구원해 달라고 자신을 돌파시켜달라고 기도하고 있습니다. 이런 고백을 했던 당시 예레미야는 어떤 상황에 있었을까요? 남왕국 유다는 현실에 안주하며 눈앞의 이익만 추구하고 있었습니다. 예레미야는 남왕국 유다가 하나님을 떠났다고 판단했습니다. 그래서 예레미야는 그들에게 하나님의 재앙을 선포했습니다. 하나님의 재앙을 예고한 것입니다. 그러나 본마음으로는 정말 재앙을 원하지 않았습니다. 생각 없이 현실적 욕망만 갖고 있는 그들이 안타까웠을 뿐입니다. 궁극적으로 그들이 하나님께 돌아오기만을 바랐습니다. 결국 예레미야가 선포했던 재앙이 유대민족에게 발생하지 않았습니다. 유대 백성들은 이런 예레미야를 거짓 선지자로 내쳤고 심지어 죽이고자 했기에 사면초가의 어려움에 직면하게 되었습니다. 이런 상황에서도 예레미야는 하나님이 자신의 모든 것이기에 그가 구원을 주실 것이라고 믿었습니다. 바로 그 순간에 예레미야의 삶 속에도 돌파가 일어났습니다. '이성이 지성으로 지성이 영성으로' 터져 나오는 순간을 맞은 것입니다. 이 사건을 계기로 예레미야는 이전의 자신과 확연히 구별되었습니다. 하나님의 사명을 새롭게 감당하는 전환점을 갖은 것입니다.

바울은 우리가 은혜의 때를 살고 있다고 했습니다. 이것은 우리의 삶 속에서 '돌파'가 가능한 시대가 되었다는 것입니다. 어떤 틀에 안주하지 말고 '돌파'를 감행하라는 독려입니다. 한 해의 절반을 마감하고 새로운 절반을 걱정스럽게 시작하는 우리에게 '돌파'가 가능하다는 것입니다. 우리는 죄에 대해서는 단번에 죽은 자요, 하나님에 대해서는 영원히 살아 있기 때문입니다. 이것이 바로 은혜의 때란 뜻입니다. 자신이 쌓아 놓은 일체를 한순간 그리스도에 대해서 죽은 것으로 생각할 때 영원한 은혜의 때가 도래합니다. 삶을 '돌파'할 수 있는 힘이 생길 수 있다는 말입니다.

그래,
결국 한 사람이다

Ⅳ 부

의미 없이
사라지는 것에
대한 기억

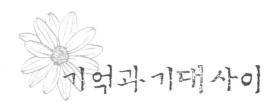

기억과 기대 사이

어느덧 한 해의 첫 달이 훌쩍 지나가 버렸습니다. 신문에 실리는 기사를 보면 하루하루가 살얼음 위를 걷는 듯 위태롭습니다. 살았던 삶의 배경이나 처지에 따라서 느끼는 강도가 다를 수는 있겠으나 오늘의 세상사는 우리의 양심을 참으로 괴롭게 합니다. 곤충들은 머리에 달린 더듬이로 자신 바깥에 있는 상황을 판단하여, 때로는 움츠리기도, 공격하기도 하면서 삶을 유지한다고 합니다. 기독교인에게 있어 신앙 역시 현실을 느끼는 예민한 감수성, 더듬이의 역할을 해야 한다고 믿습니다. 성서의 말씀대로 웃는 사람과 더불어 정말 기뻐하고 슬퍼하는 사람과 함께 눈물을 흘릴 수 있을 만큼 세상사에 대해서 예민한 감수성을 갖고 살아가는 사람들에게 신앙이란 이름도, 기독교인이나 종교인이란 말 역시 어울릴 것 같습니다. 하지만 현실의 우리는 이와는 너무 달라져 있습니다. 달팽이처럼 두꺼운 옷을 입고 자기만의 성에 안주하는, 그러면서도 속은 한없이 무르고 연약한 상태로 살고 있기 때문입니다. 바라기는 일상에서 느끼는 희로애락의 감정이 개인적인, 가정사적인 영역에서뿐 아니라 공적인 영역에서도 함께 일어났으면 좋겠습니다. 공적인 영역에서 일어나는 희로애락의 감정은 분노도 거룩한 분노가 될 것이고, 기쁨도 거룩한 기쁨이요, 슬픔도 거룩한 슬픔이 될 수 있을 것입니다. 이런 감정들이 과장되지도 않고 부족함이 없이 적절하게 표출될 수 있는 삶을 사는 것이 우리들 바람입니다. 이런 삶을 살자는 것이 신앙을 갖는 이유이고 기독교인이라 불리는 까닭이자 명분일 것입니다. 이런 일을 홀로 감당키 어렵기에 함께 배우며 같은 마음으로 세상을 바라볼 목적으로 교회 공동체가 세워졌습니다. 우리 개개인의 삶이 그러하듯이 교회는 기억을 공유하는 공간입니다. 함께 바라고 이루어 내야 할 소망을 가진 기대의 공동체이기도 합니다. '기억의 공동체'이자 '기대의 공동체', 바로 그것이 교회입니다.

누구든 예외 없이 '기억'과 '기대' 사이에서 인생을 살아갑니다. 버리고 싶어도 버릴 수 없는 기억이 있을 것이며, 이루어지기 어려운 것을 알면서도 붙잡아야 될 기대가 있습니다. 개인과 가족의 차원에서 기억과 기대를 갖고 살던 우리가 교회 구성원이 되었다고 하는 것은 성서의 기억과 기대가 우리 것이 되었음을 뜻합니다. 물론 여전히 사적인 기대와 사적인 기억이 있습니다. 그러나 그것이 성서가 말하는 기억과 기대로 폭과 깊이가 확장되어져야 옳습니다. 이것이 우리가 교회공동체에 속했다는 의미일 것입니다. 그래서 교회생활의 연륜이 깊을수록 세상을 보고 느끼는 강도와 지평이 달라지는 것이 당연합니다. 교회공동체에 속했고, 예배를 드리는 것은, 성서의 기억을 공유하고 더불어 성서가 말하는 미

그래, 결국 한 사람이다

래를 우리의 기대로 만들기 위함입니다.

그러나 좌우를 살펴봐도 현실의 교회들은 여전히 사적 차원의 기억과 기대를 신앙의 이름하에 미화하고, 성취토록 축복하며 부추기는 일에 더 힘을 보태고 있습니다. '내가 저 성전을 사흘 만에 허물고 다시 지으라' 하신 예수의 말씀을 기억해 본다면 정말 오늘 우리 주변에는 무너져 내려야 할 교회들이 너무도 많습니다. 그렇다면 예수에 의해서 다시 지어져야 할 성전을 기대해 봅니다. 그 교회 공동체에서는 무엇을 기억하고 어떤 미래를 기대할 것인지 궁금합니다. 이스라엘 민족은 언제 어디서든 하나님께서 자신들을 애굽 땅에서 해방시킨 사건을 기억하며 살았습니다. '히브리'란 말은 어원적으로 떠돌이란 뜻이지요. 유랑자로서 광야를 방랑하며 살았던 볼품없는 소수 민족, 그것이 바로 히브리 민족이었습니다. 그런 방랑자, 떠돌이들을 하나님께서 자기 백성으로 삼고 돌보셨다는 기억을 그들은 늘 학습했습니다. 기쁠 때도, 슬플 때도, 남의 나라에 정복당했을 때도 출애굽의 해방 사건은 그들에게는 잊을 수 없는 기억이었습니다. 이것을 시오니즘으로 포장한 최근 이스라엘의 경우 자신들의 기억을 타락시킨 것이라 하겠습니다. 하지만 본래 이들은 사회적 약자로서 하나님의 도우심으로 민족의 주체성을 얻은 존재들이었습니다. 때로는 고깃덩어리, 고깃국을 그리워했으나 자유가 먹을 것보다 더 중요하다고 가르쳤던 하나님, 그래서 민족의 탈출을 방해했던 바로 왕을 꺾으셨던 하나님을 그들은 언제나 기억했던 것입니다.

아마 우리 민족의 기억도 크게 다르지 않을 것입니다. 함석헌 선생의 『뜻으로 본 한국역사』라는 책은 이 땅을 4백 년간 지배하던 한사군에 대한 이야기를 상기시킵니다. 우리 민족은 시작부터 4백 년 동안이나 남의 나라의 지배를 받고 살아왔던 것이지요. 36년도 긴데, 4백 년 동안 한사군의 지배를 받았으니 참으로 그 운명이 기구합니다. 잃어버린 옛 땅을 찾기 위한 노력이 고구려를 거쳐 고려를 통해 이어지면서 반 토막 난 오늘까지 지속되고 있습니다. 이런 도상에서 우리 개개인들이 가졌던 사적인 비극과 기억은 민족의 기억과 운명과도 무관할 수 없게 되었습니다. 민족사 차원의 고통 속에서 '뜻'이 있다고 가르쳤던 함석헌은 자신의 역사책을 『뜻으로 본 한국역사』라 했습니다. 이스라엘 민족의 하나님과 여기서 말하는 '뜻'은 결코 다른 말이 아닐 겁니다. 하나님을 찾았던 이스라엘 민족들처럼 '뜻'을 찾는 백성이 될 때 우리의 미래가 있다 하였습니다. 그래서 역사는 처음이 있어 마지막이 있지 않고 마지막이 있어서 처음이 있는 것이란 명언을 남겼습니다.

이런 기억을 바탕으로 이스라엘 민족은 고통 중에서도 젖과 꿀이 흐르는 가나안 땅을 꿈꿨으나 이 역시 모든 것이 아님을 경험했습니다. 그렇게 원했던 가나안 땅이었으나 50년도 못되어 빈부 격차가 생겼고 노예제도가 정착된 부정적 현실에 직면했던 것입니다. 또한 다윗 왕조에서 경험한 왕권지배 이데올로기, 예언자들 위에 군림했던 왕의 이데올로기 역시 그들의 기대와는 너무나 달랐습니다. '하나님 나라' 사상이 이때쯤 새롭게 생겨났습니다. 왕이 아니라 메시아가 직접 다스리는 그 나라가 온다는 것입니다. 무기는 쟁기와 낫으로 변하고 어린 양과 사자가 함께 뛰어노는 세상이 되는 하나님 나라, 메시아 왕국을 기대했던 것입니다. 비록 남의 나라 속국으로 살면서도 말입니다. 예수 역시 이런 기대 속에서 하나님 나라의 임박함을 선포했고, 그것이 우리 속에 있으며 우리 속에서 이뤄질 것을 말씀했습니다. 창기들과 함께 먹었고, 안식일에도 병든 자를 고쳤으며, 들의 백합화 속에서도 하나님을 보았고 급기야 종교의 이름으로 만들어진 모든 경계를 철폐했으니 사람들은 그런 예수를 하나님의 아들이라 불렀고 이런 현실 속에서 하나님의 나라를 보고자 했으니 하나님의 나라가 너희 중에 있다는 말씀이 바로 그것입니다.

예수의 기대를 자신의 방식으로 해석하고 발전시킨 바울의 입장을 보겠습니다. 바울은 예수 그리스도에게 사로잡히는 것을 자신의 삶이자 목표로 여겼습니다. 바울에게 있어 하나님의 나라는 예수의 고난과 죽음 그리고 부활의 삶에 참여하는 일이 된 것입니다. 흔히 예수와 바울은 서로 다른 생각을 지녔다고 오해합니다. 바울이 예수님의 가르침을 오도했다는 지적도 있습니다. 물론 활동하던 삶의 장이 달랐고 헬라화된 사람들에게 복음을 전해야 했기에, 일정 부분 표현과 개념이 다를 수 있었을 것입니다. 그러나 차이보다 중요한 것은 하나님 나라에 대한 바울식의 기대입니다. 더구나 바울이 유대적 시각에서 다시 독해되는 상황에서 그가 강조한 하나님의 '의義'는 예수가 전한 하늘나라와 결코 다르지 않습니다.

로마서가 말하듯 부활에의 참여는 바울이 기대한 것이었습니다. 그에게 부활이란 '죄에 대하여 철저히 죽는 일'이었지요. 그리스도와 함께 죽어야 그리스도와 함께 산다는 것은 현실 속에서 죄와의 철저한 단절을 뜻했습니다. 그래야만 의와 평강과 희락이 생겨난다고 믿었습니다. 로마서의 말씀인 의와 평강과 희락은 '너희 중에 하나님 나라가 있다'는 예수의 가르침과 다르지 않습니다. 중요한 것은 '죄로부터의 단절'이 뜻하는 바라 하겠습니다. 우리는 성서에서 자신이 원하는 것은 행치 못하고 원치 않는 것만 하게 된다는 바울의 탄식을 접합니다. 이 본문은 그동안 사적인 차원에서의 고뇌로만 읽혀졌습니다. 정작 원하는 것을 못한 채 원치 않는 것에 마음을 빼앗기고 사는 자기 분열적인 우리의 모습과 동병상련 되었던 탓입니다. 하지만 사적인 차원으로서의 죄는 바울이 뜻한 바가 아니었습니다. 오히려 바울에게는 신음하는 피조물의 실상이 말하듯 공적, 보편적 그리고 우주적 차원의 죄가 우선이었습니다. 바울은 신음하는 피조물들을 고통에서 해방시키는 것이 의義이며, 반대로 이것을 그냥 놓아두는 것을 죄罪라 했습니다. 달리 말하면 유대인과 이방인 모두가 반목을 접고 하나님의 의義 안에서 화해하기를 기대했던 것입니다. 이는 오로지 하나님의 '의'가 은총으로 다가올 때만 가능하다고 믿었습니다. 인간과 자연, 믿는 자나 믿지 않는 자 모두가 예외 없이 탄식과 고통으로부터 자유롭게 되기를 간절히 소망하는 그 일을 위해 자신이 그리스도에 사로잡힌 것임을 분명히 했습니다. 그럴수록 바울이 기대했던 것은 오로지 하나님 의義뿐이었습니다.

오래전의 일이지만 1990년에 한국 땅 서울에서는 JPIC^{Justice, Peace & Integrity of Creation}, 즉 정의 · 평화 · 창조 질서의 보전 모임이 전 세계 기독교인들의 공의회 차원에서 열렸습니다. 정의는 분배 문제의 불균형의 실상이고, 평화는 핵무기의 과다 보유를 비판하는 것이었으며, 창조 보전은 생태계 파괴의 대안이었던바 이런 현실에 대한 기독교인들이 죄책 고백 차원에서 열린 세계적인 모임이었습니다. 이 모임을 발의했던 물리학자이자 철학자인 바이체커^{Carl Friedrich von Weizsäcker}는 이렇게 말했습니다. 분배의 불균형, 핵무기의 과다 보유, 환경 파괴가 지속되어지는 한 "기독교 구원은 요원하며 기독교 정신은 구현되지 않았다"고 말입니다.

기독교의 구원, 기독교의 정신은 이미 얻은 것도, 잡은 것도 아니라는 것입니다. 그 일을 위해 달려가며, 그것을 위해서 그리스도의 남은 고난을 채우는 것을 우리들의 몫이라 했습니다. 이것은 바이체커의 입을 통한 사도 바울의 이야기였고 그의 확신이었습니다.

개인이든 교회든, 모두가 기억과 기대 사이에서 움직이며 살아가는 존재들입니다. 우리가 교회에 속했다는 것은 자신의 기억과 기대를 교회공동체의 기억과 기대에 접붙이겠다는 뜻이라고 서두에 말씀드렸습니다. 사적인 기억과 기대도 소중합니다. 그러나 거기에만 만족하고, 그를 더욱 강화시키려 한다면, 그 차원만 축복이라고만 여긴다면 우리는 세상을 바꿀 수 없습니다. 소금이 맛을 잃게 되는 경우라 할 것입니다. 빛을 등잔 밑에 두는 모습일 것입니다. 부조리한 세상의 현실에 더듬이를 지닌 곤충들처럼 예민하게 느끼고 반응하며 그 속에서 희로애락의 감정을 느끼려면, 교회 공동체의 기억과 기대, 성서의 기억과 기대에 우리가 더욱 절실해져야 할 것 같습니다. 이것이 성서가 우리에게 말씀하신 그리스도의 남은 고난을 채우는 일일 것입니다. 죄로부터 완전히 자유롭다는 것은, 그리스도의 부활에 함께 참여한다는 말은, 피조물들의 탄식이 그치는 그 순간까지 고난에 동참하겠다는 다짐이겠습니다. 이렇게 부서지고 저렇게 넘어지며, 이렇게 갈등하고 저렇게 좌절하는, 바람에 날리는 겨와 같은 삶을 살고 있으나 이런 기대를 함께 공유하는 한, 우리는 세상을 바꿀만한 힘을 지닌 존재가 될 것입니다.

여전히 현실은 우리를 갈등으로 몰아넣는 여러 시각으로 혼재되어 있습니다. 신문들의 편차도 크고 정권이 바뀔 때마다 사회와 역사를 이해하는 방식이 너무 달라 걱정입니다. 심지어 교과서를 단일화시키려는 어처구니없는 정부의 횡포를 목도하고 있습니다. 기독교 안에서도 진보와 보수의 편차가 너무도 커서 같은 말과 같은 개념을 쓰고 있으나 우리가 같은 하나님을 믿고 있는지 의심스럽습니다. 그럼에도 명백한 사실은, 교회 공동체는 성서가 증언하는 기억과 기대 속에서 우리의 현실을 읽어가야 한다는 사실입니다. 우리 모두가 같은 눈으로 세상을 보고 같은 마음으로 현실을 부둥켜안을 때가 올 것입니다. 하나님 나라가 너희 안에 있다고 말씀했기 때문입니다.

모두 교회 공동체의 정체성을 위해서 애쓰고 노력하며 변화를 꿈꾸고 있습니다. 이런 와중에서 우리를 묶어주는 하나의 토대가 있다면, 성서가 말하는 기억과 기대라 하겠습니다. 성서 속 기억과 기대는 분명 우리에게 좌절이 아닌 희망을 선사할 것입니다.

그래, 결국 한 사람이다

신앙(종교)과 정치, 그 밀접한 상관성

지난 대선에 국가 권력이 개입했다는 증거가 명백해지면서 급기야 침묵했던 종교단체들, 특히 가톨릭을 비롯한 개신교의 소리가 커지고 있습니다. 피로서 지켜냈던 민주주의 가치의 훼손에 대해 그리스도교는 그것을 사회적 불의라 여겼고 동시에 하나님 정의의 왜곡이라 판단했던 까닭입니다. 하지만 종교가 이런 정치적 사안에 관여하는 것이 본연의 일인지 이곳저곳에서 시비가 많습니다. 국가권력에 순종하는 것을 신神의 뜻이라 믿으며 인간 영혼의 구원과 치유만이 종교의 할 일이라 여기는 기독교인들이 있는 탓이겠지요. 독재자를위해 조찬기도회를 열고 소위 종북/좌빨의 잣대로 정치인을 매도, 배제하며 최고 권력자와의 핫라인을 자랑하는 이들이 적지 않건만 정작 그런 성직자들의 정치적 행태는 곧잘 묵과되고 잊혀지고 맙니다. 아울러정치적 무관심조차 그 자체로 정치적 행위인 것을 모르는 모양입니다.

다수의 정치적 무관심이 정의로운 사회를 방해하고 하나님 나라의 가치를 쉽게 허물 수 있음을 자각해야 할 것입니다. 본래 인간의 삶이 종교적이면서 정치적인 까닭에 이 둘을 나눌 수 없습니다. 이를 기독교가 부정한다면 그것은 기독교가 희랍적 영육이원론에서 벗어나지 못했다는 반증이겠지요. 노아 홍수 후 새로운 세계를 위하여 성서는 이 땅에서 억울한 눈물이 사라질 것을 신神의 첫 명령이라 여겼습니다. 히틀러를 메시아로 강요하던 독일적 상황에서도 그리스도를 주로 고백하는 그리스도교 신앙은 히틀러 정권에 대한 부정과 다르지 않았습니다. 1919년 당시 기독교인을 비롯한 종교인들이 독립선언서에 서명한 것 역시도 분명 정치적 행위였습니다. 당시 보수 선교사들이 이런 정치적 행위를 신앙의 이름으로 허락지 않았음에도 말입니다. 이렇듯 종교와 정치는 저마다 관계하는 방식이 다를 뿐 결코 분리될 수 없습니다. 그 방식이 비판적인가 야합인가에 따라 진보와 보수로 나뉠 뿐입니다.

이 글을 쓰고 있는 지금 절기는 사순절을 향하고 있습니다. 몇 주만 지나면 예루살렘 입성을 위한 예수의 마지막 일주일을 경험할 것입니다. 역사적 예수 연구가들은 기독교인들에게 익숙한 예수의 '수난'(The Passion of Christ)을 하나님 나라의 '열정'으로 읽는 것이 본래 성서적 맥락과 일치함을 밝혔습니다. 한마디로 예수는 하나님 나라에 대한 열정 탓에 돌아가셨고 그를 후대 사람들이 대속적 죽음이라 고백했다는 것입니다. 하지만 작금의 그리스도교에게 '속죄'만 있고 '열정'은 실종되었으며, '믿기'만 있고 '살기'는 잊혀진 것 같습니다. 하나님 나라가 바로 종교적이면서도 정치적인 개념인 것을 생각조차 하지 않고 있는 것이지요. 한 철학자는 하나님 나라를 '체제 밖'의 사유라 하였습니다. 체제 안에서 희망을 박탈당한 이들에게 예수는 체제 밖 사유를 통해 살 길을 열어 주었다는 것입니다. 예수 당시에도 지금처럼 거리에는 일없어 서성이는 사람들이 많았던 모양입니다. 아침은 물론 점심때도 그리고 해지는 이른 저녁까지 일없는 사람들을 포도원 주인이 불러 일을 시켰고 그들에게 동일한 품삯을 주었다는 하나님 나라 비유는 사실 체제전복적인 이야기라 하겠습니다. 하나님 나라를 되갚을 수 없는 연약한 자들을 위한 잔치 자리로 비유한 예수는 분명 세상과 다른 생각을 하셨던 분이었지요. 예나 지금이나 통념을 깨는 일은 체제로부터 미움을 받을 수밖에 없습니다. 세상 안에서 세상 밖을 꿈꾸는 일은 종교와 정치가 둘일 수 없다는 반증일 것입니다. 인간을 안식일의 주인으로 불렀으며, 하나님을 죽은 자가 아닌 산 자의 신神이라 하였고 기존 체제로부터 내쳐진 수많은 죄인들을 하나님의 자녀라 여겨 보듬었던 예수는 오늘 우리 교회가 생각하는 예수와는 너무도 다른 모습이었습니다.

성서 본문을 제대로 읽으려면 무엇보다 당시 정황에 대한 이해가 필요합니다. 예루살렘 입성으로 시작되는 예수의 마지막 일주일은 종교와 정치의 잘못된 결합, 즉 로마와 성전(제사장) 신학 간 야합에 대한 예수의 저항, 곧 하나님 나라 열정의 시각에서 읽혀져야 옳습니다. 승자독식의 제국을 꿈꾸며 황제를 신神의 아들로 호칭했던 로마 제국주의 신학과 그들 하수인인 제사장들의 성전 신학이 거룩의 상징인 예루살렘을 황폐케 했던 탓에 예수는 그와 다른 길, 하나님의 평화를 위해 입성하고자 했습니다. 예수의 종교적 열정이 정치성을 띨 수밖에 없는 것은 당연한 이치겠지요. 지성소이길 포기한 성전의 타락상을 열매 없는 무화과나무의 비유를 통해 두 차례나 정죄하였고, 황제 얼굴을 새긴 동전을 사용하여 예수를 올무에 빠트리려는 제사장들에게 도리어 황제의 졸개들이라 호통친 것을 기억할 일입니다. 유월절을 기념한 마지막 만찬은 제국과 성전 체제로부터의 해방, 곧 새로운 출애굽을 의도한 것이었고 그 직전에 있었던 5천 명을 배부르게 한 사건은 하나님의 공의가 실현된 나라의 실상을 드러냈다 하겠습니다. 또한 성금요일, 예수의 죽음과 함께 발생한 두 사건, 성전 휘장의 찢겨짐과 예수를 하나님의 아들이라 한 로마 백부장의 고백은 성전 신학의 붕괴는 물론 결국 '로마가 졌다'는 표시였다는 것이 마가 신학의 골자였습니다. 어디 복음서뿐이겠습니까? 바울서신 역시 동일하게 읽어야 한다는 것이 최근의 연구동향 중 하나입니다. 바울의 회심을 유대적 특권주의(율법)와 헬라적 우월주의(지혜)로 부터의 탈주로 보는 것이 그 첫 번째 특징이지요. 이런 담론을 토대로 사람들을 나누고 차별하는 옛 실존을 벗고 자신을 누구와도 동일시할 수 있는 보편적 삶의 세계를 열었습니다. 특별히 예외자들, 예외적 사건에 대한 바울의 관심이 중요합니다. 당시 인습화된 노예제도의 포기를 비롯하여 여성을 존중하는 탈^脫가부장제 그리고 유대인과 이방인, 유대인과 그리스도교인의 하나 됨, 곧 화해를 위한 노력이 다메섹 체험 이후의 바울이 목적한 삶이었던 까닭입니다. 기득권을 버려 스스로 예외자 되기를 자처하는 방식으로 자신의 종교성을 표출했던 바울은 분명 예수와 너무도 닮았습니다. 이 점에서 성서학자들은 바울이 말하는 '오직 믿음'에 대한 오독을 경고하기 시작했지요. 신앙이란 본래 행위, 더욱이 정치적 판단을 지닌 행위를 동반하는 것이지 그와 독립된 것일 수 없다는 것입니다. 사람은 오직 행한 것만큼만 아는 것이며, 자신이 맺는 삶의 열매를 통해서만 신앙(존재)을 입증할 수 있는 법이라 했습니다. 정치적 행위 없이 신앙을 논하는 것은 예수의 하나님 나라를 포기하는 것과 같습니다. 이 점

그래, 결국 한 사람이다

에서 최근 교종은 세상의 불의에 눈감은 채 복을 비는 기도는 종교적 아편과 다름없다고 경고했었지요.

그러나 오늘의 교회 현실은 어떠한가요? 예외자가 되려 하기는커녕 성소수자들의 권익을 부정하는 일에 앞장서고 있지 않습니까? 어느덧 다수가 되어, 지킬 것이 많아졌기에 당시의 제국 신학, 성전 신학의 모습을 이 땅의 교회가 재현하고 있는 듯합니다. 우리는 종종 기독교가 로마를 기독교화한 것이 아니라 로마가 기독교를 로마화시켰다는 혹독한 역사적 평가에 직면하고 있습니다. 거부하고 싶으나 그럴 수 없는 것이 오늘의 실상입니다. 교회 안에만 구원이 있다는 말로 탈脫정치화를 말할 경우 교회란 무너져야 할 성전일 수밖에 없으며, 자본주의 체제 속에 안주, 기생하는 한 그것은 로마의 제국 신학을 승인하는 것과 다르지 않을 것입니다. 이로부터 한국교회는 자신에게 저항해야 할 것이 얼마나 많은지 크게 자각해야 마땅합니다. 저항은 상상(환상)에서 비롯하는 바, 저항이 없다면 상상의 부재를 뜻할 것이며, 그것으로 우리 존재 이유는 실종되고 말 것입니다. 체제 밖의 상상을 통해 체제의 한계를 넘어설 것을 가르치신 이가 예수였고, 스스로 예외자가 되어 그들과 하나 될 것을 가르친 이가 바울이었음을 기억했으면 좋겠습니다. 이들에게는 신앙(종교)과 행위(정치)는 같은 것은 아니겠으나 결코 나뉠 수 없는 하나였습니다.

거리의 촛불
행함 있는 믿음의 실상

광우병 파동으로 야기된 60여 차례의 촛불집회가 소강상태에 접어들었습니다. 혹자는 그때의 촛불이 횃불로 확대되기를 바라고 있고, 어떤 사람은 이제는 촛불이 꺼져야 할 시점이라고 말합니다. 그래서 어떤 사람은 촛불이 소강상태에 들어선 현실을 경제를 위해 다행한 일이라 말하며, 다른 이들은 이런 상황이 향후 공안정국을 초래할 것이라고 걱정합니다. 자신의 입장에 따라서 촛불의 의미를 달리 해석하는 탓이겠습니다. 이명박 대통령을 배출한 한국의 주류 기독교는 거리의 촛불을 타도되어야 할 악마의 세력으로 간주했습니다. 하나님의 영광을 위해서 조국을 하나님께 바쳐야 한다는 명분을 위해서 그리했습니다. 이번 촛불 시위로 다시 한 번 종교와 정치의 관련성 문제가 불거졌습니다. 촛불을 든 목회자들과 기독교인들이 정치 목사요, 운동권 교인이란 이름으로 매도되고 있습니다. 사실 정교분리의 입장을 고수하는 주류 기독교인들은 과거 전두환, 노태우 정권 시절에도 국가권력은 하나님께로부터 오는 것이라고 말했습니다. 내노라하던 당시의 큰 목사들이 조찬기도의 이름으로 권력자들의 만수무강을 하나님께 빌어주었으니 기가 찰 노릇입니다. 장로로서 기독교인들의 절대적 지지를 받아 대통령이 된 탓에 이명박은 하늘이 낸 사람으로, 기독교 교회를 영화롭게 만들 주역으로 떠받들어 지고 있습니다. 이렇듯 교회는 정교분리를 앞세우나 종교와 정치를 더 철저하게 결탁시켜 버렸습니다. 하지만 이런 식의 결탁은 종교와 정치 모두를 타락시키는 불행을 가져올 것입니다. 옛적 구약의 예언자들이 왕권 이데올로기를 지지했던 왕 옆의 제사장들 그룹과 얼마나 혹독하게 싸웠던가를 기억할 필요가 있겠습니다. 예수 역시도 로마와 결탁했던 당시의 대제사장들, 그들의 손에 넘겨져 죽었습니다. 예수의 죽음은 바로 당시 정치와 종교의 연합된 힘의 결과물이었습니다. 정교분리를 그렇게 강조하지만 정치와 종교가 우리의 현실처럼 그렇게 결합할 때, 진리는 예수가 죽듯이 그렇게 죽는 법입니다. 그래서 오히려 현실 정치를 비판하며 거리에 나서는 종교인들이 진정한 의미의 정교분리를 외칠 수 있는 자격이 있는 사람입니다. 종교가 정치를 비판할 수 있는 힘을 키울 때 비로소 종교와 정치는 건강하게 공존할 수 있을 것입니다.

최근 촛불집회를 두고 벌어진 몇몇 사건들을 소개하겠습니다. 우리가 잘 아는 어느 교회에서 있었던 일입니다. 젊은 청장년을 중심으로 촛불집회에 교회 단위로 참여했던 것 같습니다. 그들은 교회 홈페이지에 촛불의 당위성을 설파했고 어른들의 동참을 요구했습니다. 사회에서 상당한 위치를 지녔던 나이 든 교인께서 이런 청장년들을 향해서 원색적인 비판을 했고, 교회가 젊은이들의 철없는 짓을 묵과해도 되겠냐는 항의를 자신의 권위를 배경 삼아 열변을 토했다고 합니다. 청장년들 역시 그들대로 촛불의 의미조차 이해하지 못하는 교회가 어떻게 대안적 교회가 될 수 있는가를 항변했고 보수층 교인들과 맞섰다고 합니다. 많은 교회들이 관심 있게 그들의 대화를 지켜보았습니다. 기성 교회와 변별성을 갖겠다고 나선 교회, 목회자 없는 교회를 실험하고 있는 교회, 사도신경이 신학적으로 문제가 있다 해서 교회의 고백에서 퇴출시킨 이 진보적 교회에서 생겨난 논쟁의 실상을 우리 역시 깊게 생각할 필요가 있습니다. 이것은 아마도 세대 간의 갈등 그 이상의 의미로 우리에게 깊은 상처가 될 것입니다.

다른 사건 하나는 제가 속한 감리교단에서 발생했습니다. 한반도 대운하, 광우병 파동, 쇠고기 재협상 요구 등 일련의 현안 문제를 두고 감리교 본부에서는 시국선언문을 발표할 계획을 세웠습니다. 산하 환경선교회 소속 회원들을 불러 선언문을 기초했고 제가 대표 집필하여 교단에 제시했습니다. 교단 관계자들에 의해 여러 차례 말의 강도가 약화되었고 우여곡절 끝에 감리교단장의 이름으로 발표되었습니다. 당시로써는 어느 교단에서도 선언문이 나오지 않았던 관계로 교계 언론에 꽤나 주목을 받았습니다. 그러나 정치적 입장을 달리하는 다수 감리교 감독들과 장로회 이름으로 교단장과 직무 담당자들에 대한 성토가 빗발쳤다 합니다. 한마디로 이명박 대통령에게 누가 된다는 이유에서였습니다. 감독 회장의 공개사과까지 요청하다가 이 안을 주도했던 감독 회장실 비서실장 목사 한 분을 해임하는 것으로 일단락 지었습니다. 그러나 더 큰 문제는 이명박 캠프에서 일하던 장로 몇 사람들이 장로회를 움직였고,

그래, 결국 한 사람이다

목사와 감독들에게 강한 영향을 끼쳐서 감리교단 내에 반이명박 정서를 뿌리 뽑겠다는 의지를 확신시키고 있는 현실입니다. 정교분리를 주창하는 그들이 이렇게 물밑에서 정교일치를 작업하는 현실이 참 걱정스럽습니다. 물론 이런 상황을 진보 기독교의 절체절명의 위기로 보고 젊은 목회자들 역시 세력을 집결하고 있으니 우려할 부분이 더욱 많아졌습니다. 이명박 대통령 그의 몰락은 사실 기독교의 몰락이 운명을 같이 할 수도 있을 만큼 얽혀져 있다고 보아야 할 것입니다.

야고보서는 그동안 오직 의인은 믿음으로 산다고 외쳤던 바울과 종교개혁자 루터 등에 의해 소홀하게 평가되어왔습니다. 경전 66권에서 제외될 지경에 처하기도 했던 하나님의 말씀입니다. 루터에 의해서는 지푸라기만도 못한 책이라는 혹평도 들어야 했습니다. 야고보서가 믿음보다 행위를 더 강조하는 듯한 인상을 주기 때문입니다. 그러나 야고보서가 재평가되면서 바울서신과 야고보서의 관계가 새롭게 정립되고 있습니다. 이방인을 선교 대상으로 했던 바울에게 율법이나 할례가 중요했던 것이 아니라 믿음 하나만이 소중했다면, 예수를 알고 예수를 따르던 유대 기독교에게 소중한 것이 오히려 행위였다는 것이지요. 따라서 예수를 믿고 교회 공동체 안에 사는 우리에게 야고보의 말씀이 더 절실하게 다가와야 할 것입니다. 야고보는 예수의 형제였는데 행위를 강조하는 야고보의 내용은 굶주린 자에게 한 것이 곧 나에게 한 것이라는 예수의 말씀과 도무지 다르지 않습니다. 믿음과 행위, 이 둘이 본래 하나이지 둘일 수 없는 것은 너무도 자명한 이치입니다. 영혼 없는 몸이 죽은 것과 같이 행함 없는 믿음 역시 죽은 것이라는 말씀이 그것을 말합니다. 그래서 우리가 살고 있는 동양 세계에서도 아는 것과 행한 것이 다르지 않으며, 사람은 행하는 것만큼만 아는 것이란 말들이 회자되고 있습니다. 성서는 말만 하고 구체적인 행위가 없는 것을 일컬어 귀신들의 장난이라 조롱합니다. 형제자매가 헐벗고 굶주리고 있는데 정작 그 몸에 유익한 일을 해주지 않으면서 배불러라, 덥게 하라, 평안하라, 안심하라, 염려마라, 이렇게 말하는 것을 귀신 장난에 불과하다고 했습니다.

오늘의 말씀대로라면 우리는 어쩌면 영혼 없는 몸으로 살아 있는 존재인 듯합니다. 웰빙, 참살이에 대한 관심이 높아졌습니다. 웰빙을 '참살이'라고 번역을 하고 있지요. 삶의 속도를 조정하고 방향도 교정하며 때로는 자기가 쌓아놓았던 기득권도 포기할 수 있는 사람들이 생겨나고 있습니다. 먹을 것, 입을 것, 살 집에 대한 관심도 다양해졌습니다. 획일화된 가치에 얽매이지 않고 모든 것을 선택이라고 보며 자신의 요구를 당당하게 주장하고 있는 것입니다. 월드컵 4강 신화를 이뤘을 때의 촛불, 효순 - 미순 사건 때의 촛불, 그 이후로 세 번째로 나타난 광우병 사태의 촛불 그리고 이어진 세월호 참사의 촛불은 자신들의 일상을 성찰하는 힘을 보여주었습니다. 피교육자, 어린아이로만 알고 있던 고등학생들조차 현실 교육의 희생자로만 머물지 않겠다며 자기 의견을 표출하기 시작했습니다. 그들은 미친 소(광우)만이 아니라 경쟁만을 만병통치로 생각하는 미친 교육을 스스로 문제 삼기 시작했습니다. 자신들이 배우는 역사 교과서에 자신들 의견을 개진하고 있는 것입니다. 백성들 역시 경제 때문에 MB정권을 탄생시켰고 박근혜를 대통령으로 만들었으나 삶의 질을 포기할 수 없고 국민주권과 삶의 자존감을 그 어떤 것으로도 대신할 수 없다고 판단하기 시작했습니다. 변신에 능한 처세술로 국가 위에 군림해온 조중동 언론의 실체를 백성들이 서서히 알아간 것도 금번 광우병 파동이 준 선물이었습니다. 한 가수가 자비를 들여 독도가 한국 땅이란 광고를 뉴욕타임스에 게재했다는 소식도 우리를 마음껏 기쁘게 했습니다. 정부가 못한 일을 한 개인이 백성의 염원을 담아 일종의 퍼포먼스 차원에서 행한 것입니다. 촛불 퍼포먼스 역시 다른 나라에서 볼 수 없는 한국 고유의 민의民意 표출 방식이었습니다. 이런 상황에서 종교인들은 폭력 시비로 꺼질 뻔했던 촛불을 다시 살려내었습니다. 저는 이 촛불을 귀신들의 장난에 춤추지 않고 영혼 없는 몸으로 살지 않겠다는 종교적 상징으로 이해하고 싶습니다.

촛불이 한국에서 가능할 수 있는 몇 가지 이유가 있습니다. 또한 촛불이 담고 있는 문명사적인 과제 역시 적지 않다고 생각합니다. 지난 6월 시청 앞 촛불집회 현장에서 중국에 거주하는 한국 교수 몇 사람을 만난 적이 있습니다. 시위를 거리의 축제로 만들고 있는 엄청난 거리의 시민을 보며 당 독재에 길들여진 중국에서는 물론이고 개인주의가 만연된 서구에서도 감히 생각할 수 없는 일이라 하였습니다. 촛불시위는 한국에서만 발생할 수 있는 유일무이한 것이라고 그들은 입을 모았습니다. 이렇게 말할 수 있는 근거가 있습니다. 주지하듯 어느 나라보다 짧은 시기에 민주화 경험을 했고, 독재에 대한 승리의 경험을 축적했으며, 빠른 시간 안에 IT 강국에 위상을 확립했기에 인터넷 공간에서 발생하는 새로운 소통구조를 통해 대의민주주의의 한계도 넘어설 수 있었던 것입니다. 일방통행식의 지시가 아니라 양방향의 댓글 체제는 많은 병폐가 있음에도 불구하고 유사시 민의를 접하는 통로가 되었습니다. 그래서 인터넷상에서 일어나는 일련의 과정은 종교적인 의미를 부여받기도 합니다. 지속적인 의견 교환을 통해 문제를 심화시키고 사건을 진화시켜, 해결책을 제시하는 이런 절차를 살아 있는 역사라고 칭하는 신학자도 있습니다. 그러나 이것만으로는 충분한 답이 되지 않습니다.

학자들은 민주주의 경험과 IT 강국의 위상 그리고 그 안에서 일어나는 활발한 소통 구조, 그 이면에 한국 민족의 고유한 영성, 풍류, 곧 멋과 삶을 지향하는 종교성을 언급합니다. 일제 치하에서 일본은 우리 민족을 지지리도 못난, 한을 품고 살아가는 민족이라 폄하했습니다. 하지만 한의 민족이라는 것은 조작된 것일 뿐, 본래 신명, 삶과 멋을 추구하는 '풍류'가 한국 고유의 정서였습니다. 20년 가까운 중국유학 후 귀국했던 고운 최치원이 발견한 한국 고유의 영성이 바로 그것입니다. 그는 풍류에 다음 두 역할이 있다고 보았습니다. 다른 것을 하나로 품어내는 힘(包含三敎)과 사사물물 모든 것들에 처하여 그것들을 살려내는 힘(接化群生)이 그것입니다. 차이를 묶어내는 힘과 사물과 사건에 임하여 그 상황을 살려내는 힘, 바로 이것을 풍류의 본질이라고 한 것입니다. 이를 달리 풀면 앞의 것은 차이를 수용하고 뒤의 것은 서로를 살리는 일로서 우리 시대가 필요로 하는 영성적 가치이겠습니다. 이것이 바로 촛불 속에 내재된 사상적, 종교적 차원일 것입니다. 이런 가치를 담보한 민족적 영성에 대한 이해가 없다면 50여 일을 평화롭게 이어온 거리의 촛불은 상상하기 어렵습니다. 이렇듯 무형의 과거 영성과 유형의 IT 기술이 결합되어 창발된 거리의 촛불은 한국인의 성숙한 정체성의 표현이 되었습니다.

이런 맥락에서 우리는 행함이 없는 믿음은 죽은 것이란 야고보의 강력한 메시지를 생각해야 합니다. 세계화는 사실 말로만 배 불러라, 평안하라, 유익하라 이렇게 떠들고 있습니다. 실제로는 더 많은 절대 빈곤층

이 양산되고 있음에도 말입니다. 세계화가 지속되면 향후 세계는 절대 부한 자와 절대 가난한 자들로 양분되고 말 것입니다. 그래서 아프리카 투투 주교는 '리우+10' 대회에서 미국식 세계화는 악마적인 것임을 아프리카 상황에서 천명한 바 있습니다. 이런 와중에 자연 생태계는 질적으로 파괴될 것이고, 소를 소에게 먹여 생존하는 식의 전대미문의 광우병 파동은 절대 종식되지 않을 것입니다. 성서의 말씀이 허공을 치는 빈말이라는 조롱을 받지 않도록 할 책임이 우리에게 있습니다. 말로만 평화를 외치는 일은 이미 귀신들의 장난이요, 영혼 없는 몸의 일인 것을 보았기 때문입니다. 촛불이 진정 신명 나는 종교적 의미를 가지려면 촛불은 꺼지지 않는 빛으로 바뀌어야 합니다. 이것은 '촛불을 넘어 횃불로'라는 슬로건보다 더 강력합니다. 우리 역시 지금껏 촛불을 들고서 수 없는 말을 해왔습니다. 그러나 정작 일상적 삶에서 우리 역시 촛불을 끄려고 했던 그들과 조금도 다르지 않았습니다. 동일한 걱정, 염려, 의식과 사고를 갖고 살고 있기 때문입니다. 이런 우리에게 들려진 촛불은 바람 앞에 쉽게 꺼지고 말 것입니다. 그러나 의식을 갖고 일상적 삶을 성찰하여 다시 새롭게 살기 시작할 때, 우리는 태양처럼 누구도 끌 수 없는 스스로 빛나는 존재가 될 수 있습니다. 스스로 행하는 사람만큼 무섭고 당당한 존재는 없기 때문입니다.

살려는 의지가 없는 생명체는 존재하지 않습니다. 우리가 먹는 것은 다 살아있는 의지를 지닌 생명체입니다. 그래서 우리의 일상의 식탁은 하늘이 허락한 성찬과 다르지 않습니다. 교회에서 하는 성찬만 성찬이고 우리의 일상의 식탁이 성찬이 아닌 것이 아닙니다. 우리가 남의 생명을 먹는 한, 살려고 하는 의지를 가진 존엄한 생명을 먹는 한, 우리는 하늘을 먹는 것이고 거룩한 것을 먹는 성찬입니다. 일상을 하늘이 준 성찬으로 인식한다면 우리는 광우병 파동을 계기로 세상을 달리 볼 수 있어야 합니다. 광우병 쇠고기에 대한 염려를 넘어 가공, 유통되는 불의한 구조를 적시하고 나아가 종국적으로는 육식의 종말도 선언하면서 전체를 희생시켜 일부를 풍족하게 만드는 세계 현실에 대해 거룩한 분노를 표출해야 옳습니다. 이라크 침공을 비롯해 광우병 파동에서 드러나듯 도덕적, 종교적 정당성을 잃어버린 미국, 그런 미국을 슈퍼파워로 인정하는 미국 중심적 정치 현실을 하나님 신앙 아래서 비판해야 합니다. 미국식의 세계화가 아닌 하나님의 세계화, 그것이 바로 '하나님 나라'일 것입니다. 그것을 시작해야 합니다. 우리의 신앙이 개인적 차원의 사적인 영역과 무관할 수 없겠으나 그를 넘어 공적인 의식을 개발할 책무도 피할 수 없습니다. 사적인 영역에서 자신의 지경만 관심하는 차원을 넘어 야고보서의 말씀과 거리의 촛불을 보며 신앙의 공적 차원을 생각해야 할 때입니다. 더 이상 촛불에 의지하지 말고 여러분의 삶으로 세상을 이겼으면 합니다. 삶이 없는 촛불로는 현실을 이겨낼 수 없습니다. 야고보가 지적한 대로 실제로 그것은 아무런 유익도 줄 수 없기 때문에 그렇습니다. "아, 허탈한 사람아, 행함이 없는 믿음이 헛 것인 줄 알지 못하느냐." 이것이 나라의 역사마저 바꾸려는 현 정권의 불의를 바라보는 우리의 마음이기를 기도합니다.

그래, 결국 한 사람이다

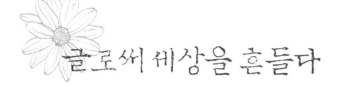

글로써 세상을 흔들다

　　무엇보다 15년 넘게 거의 20년 가까운 세월 동안 『성서와 문화』가 끊이지 않고 출판된 것에 대해 깊은 놀라움과 고마움을 품지 않을 수 없습니다. 모두가 이 일을 위해 협력했겠으나 결국 중요한 것은 한 사람의 의지와 판단 그리고 실천력이었을 것입니다. 세상이 두 번 바뀔만한 긴 세월 동안 「성서와 문화」를 기획하고 글을 모으고 출판, 발송하는 일들이 얼마나 수고로운 것인지 상상할 수 있습니다. 사람은 누구든지 자의로 좋고 훌륭한 일을 한두 번쯤 시도할 수 있을 것입니다. 하지만 그 과정에서 가늠할 수 있는 난관에 봉착할 때 뜻을 접는 것이 다반사입니다. 이런 이유로 필자는 언제부턴가 한 사람의 뜻한 바가 지속될 때, 그리고 그것을 매듭짓는 경우 이를 성령의 역사라 일컫고 있습니다. 한두 차례 혹은 서너 번 정도는 누구나 뜻을 품고 실행에 옮길 수 있겠으나 이를 지속하는 힘(誠)은 오로지 성령의 몫인 까닭이지요. 바람 그 자체는 볼 수 없되 바람 부는 것을 오로지 나뭇가지 흔들림을 통해 알 수 있듯이, 성령의 사람은 그가 맺는 열매를 통해 알 수 있다는 말씀에 근거할 때, 「성서와 문화」는 성령의 열매가 분명할 것입니다. 오늘 이 자리는 긴 세월 동안 「성서와 문화」에 실린 글들을 발췌하여 엮은 『예술가들의 이야기』와 『그 멀고도 가까운 이야기』란 제목의 두 책 출판을 기뻐하며, 엮은이의 노고를 치하하고, 그간 글과 생각을 나눈 이들 간의 사귐을 목적하여 마련되었습니다. 아울러 「성서와 문화」가 새로운 방식으로 진화할 것을 바라며 그의 앞날을 축복하기 위해 모였습니다. 달려갈 길을 달려온 한 사람의 수고는 끝났으나 그 뜻과 얼을 잇는 새로운 후학들로 인해 애쓴 삶의 흔적들이 더욱 또렷이 각인되기를 기도합니다. 분명 지난 세월 동안 「성서와 문화」, 그것이 있음으로 해서 척박했던 기독교가 생명을 얻었고 표류하던 교회에게 새로운 방향성을 제시했던 것을 모두가 아는 까닭입니다.

수년 전 「성서와 문화」를 처음 접하여 독자가 되고 이곳에 글을 쓰게 되었을 때 필자는 김교신의 「성서조선」이란 잡지를 생각했고, 박영배 목사를 김교신과 견줘 생각해 보곤 했습니다. 우찌무라의 영향을 받고 이 땅 조선에서 하늘 뜻 펴기를 간절히 염원했던 김교신, 순박한 조선 사람들 마음속에서 하늘을 느꼈던 그의 역할이 박영배 목사로 이어졌다고 판단한 것입니다. 사실 필경을 비롯하여 편집, 출판, 발행 심지어 자전거를 타고 배송까지 도맡았던 김교신과 박영배는 너무도 닮았습니다. 이에 더해 박영배 목사는 글쓴이에게 반듯이 감사 편지와 함께 책 한 권 사 보라고 도서구입권을 넣어 보내시는 일까지 감당했지요. 그런 정성에 누군들 굴복하지 않을 수 없었을 것이고, 그 마음에 답하는 글을 쓰지 않을 수 없었습니다. 오늘과 같은 좋은 글들이 모여 출판된 것은 오로지 이런 정성 탓입니다. 당시 조선 혼을 사랑했던 김교신처럼 그렇게 이 땅과 이곳의 기독교를 사랑했던 한 사람의 넉넉하고도 품격 있는 신앙 때문이었습니다. 단지 시대가 달라졌기에 「성서조선」이 「성서와 문화」로 관점이 달라졌을 뿐입니다. 일본 제국주의에 맞서 저항적 민족주의가 필요했던 시기에 김교신이 있었다면 한 해 13억의 인구가 한류와 접속하는 문화 강국이 된 우리 현실에서 박영배와 같은 역할이 존재해야만 했습니다. 오늘 우리 시대는 민족주의와 탈脫민족주의가 격하게 논쟁하는 중입니다. 흔히들 민족주의 담론을 버릴 수도 지킬 수도 없는 입속의 뜨거운 감자로 비유하곤 합니다. 이에 「성서와 문화」는 민족의 의미와 신앙의 보편성을 함께 말했고, 우리의 민족주의를 보편적 문화가치로 승화시키는 일에 큰 역할을 해왔습니다. 오늘 출판된 책 속의 다수의 글이 보편성을 담지한 문화적 가치에 초점을 맞추고 있다는 사실이 그 생생한 증거가 될 것입니다.

언젠가 언론을 통해 불문학자로서 문학평론가로 살았던 학계 원로의 글을 예사롭지 않게 읽었던 기억이 있습니다. 비록 글과 말에 많은 한계가 있고 삶이 없기에 힘도 빠져 있으나 "글과 말로서 세상을 흔들지 못하면 세상은 한 치도 나아갈 수 없다"고 질책하며 좋은 글, 뜻 담은 말들의 중요성을 역설했던 까닭입니다. 이 학자의 글을 읽으며 정작 글과 말을 생각하는 저 자신의 의식이 달라졌으니 이 말이 틀리지 않다 생각합니다. 이후 저는 학생들과 만날 때, 결혼식 주례사를 비롯하여 목사 안수식 그리고 학교 채플에서 세상을 흔들 수 있는 말과 글의 힘을 이들에게 주실 것을 간구하고 있습니다. 거지반 강산이 두 번 바뀌는 기간 동안

「성서와 문화」에 실린 글들은 분명 세상을 바꿀만한 힘이 있었다고 믿습니다. 산을 옮길만한 믿음이 글을 통해 표현되었던 까닭이지요. 비록 다수는 아니겠으나 수천의 독자들이 글을 받고 읽었으니 그런 힘을 공감하며 인생을 살았을 터, 그들로 인해 분명 세상이 한 치라도 달라졌을 것이 분명합니다.

그렇기에 필자에겐 로마서 끝자락에 위치한 바울의 이야기도 동일한 맥락에서 읽혀집니다. 바울도 지금 자신이 세운 로마의 교회, 즉 이질적인 로마제국 속에 거하는 이 작은 공동체가 그들 가치관과는 다른 삶을 살아 로마를 흔들고 다른 방식으로 세상을 새롭게 할 목적으로 편지를 썼던 것입니다. 당시 바울의 과제는 유대인과 이방인, 유대인과 기독교인 그리고 좁게는 유대적 기독교인과 이방적 기독교인들 간의 화해를 이루는 일이었습니다. 지금껏 세상은 율법(유대인)과 양심(이방인)이 주어졌음에도 그 가치를 지켜내지 못했고, 로마와 같은 폭력적, 불평등한 세상의 지배하에 놓였다는 것이 로마서 서문의 내용입니다. 하지만 다메섹에서 예수를 보고 알게 된 바울은 자신의 부활 체험에 근거하여 인생을 달리 살았고, 그에 더해 그리스도 복음을 전했으며 교회를 세웠던 것입니다. 그는 교회를 통해 로마를 흔들기를 원했습니다. 다른 세상을 만들고자 한 것이지요. 자신의 확신에서 나온 글, 곧 복음 전파를 통해 세상이 한 치라도 변화될 것을 믿었던 것입니다. 그렇다면 바울의 글에 힘이 있었던 이유는 무엇이겠습니까. 무엇보다 바울 그는 지금껏 자신을 지배했던 담론들, 유대적 예외(특수)주의와 헬라적 보편주의를 버렸습니다. 다메섹 체험이란 것이 바로 이런 담론들과의 결별을 뜻합니다. 지금껏 자신만의 예외주의 관점에서 세상을 보았고 지식에 맹종하는 거짓

담론에 익숙했으나 그는 과감하게 그와의 결별을 선언했습니다. 그러나 그것이 바울의 모든 것이 될 수 없었습니다. 이에 더해 바울은 '마치 …인 듯'(as if)의 관점, 즉 가진 자에게는 가진 자처럼, 약자에겐 약자처럼, 유대인에게는 유대인과 같이, 헬라인에게도 그처럼, 궁극적으로 모두에게 모두의 방식대로 되는 삶의 경험을 복음이라 믿었고 이것이 바로 그의 부활(다메섹) 체험의 골자였습니다. 즉 복음을 전하는 글을 가지고 그는 쪼개지고 나눠진 파편화된 당시의 세계를 하나로 엮고자 했고 엮을 수 있었습니다. 지금껏 종교개혁자들의 시각에서 바울을 칭의의 관점에서만 읽고 독해했으나 바울은 우리 시대가 필요로 하는 화해의 사도인 것을 더욱 주목할 수 있었으면 좋겠습니다.

「성서와 문화」도 이런 정신에 입각해 있습니다. 보수 근본주의적 기독교, 열광주의적 기독교 나아가 기복적으로 경도된 기독교가 대세인 현실에서 「성서와 문화」는 일종의 대안 기독교 운동이었던 것이지요. 정말 세상을 흔들어 한 치 앞으로 나아가게 할 목적으로 이 땅에 존재했고, 존재해 왔습니다. 바울이 그랬듯 모두에게 모두처럼 되는 방식으로 존재하겠다는 것이 바로 「성서와 문화」가 지향했던 가치라 생각합니다. 이런 문화를 위해 노력하는 사람이 바로 기독교인들인 것을 숙지해야 할 것입니다.

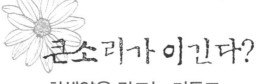

큰소리가 이긴다?
희생양을 만드는 기독교

지난 한 달 동안 참으로 큰 사건들이 이곳저곳에서 터졌습니다. 호국불교로만 알았던 불교계가 대정부를 성토하는 집회도 열었고, 철옹성과 같이 영원하리라 생각했던 미국의 월가 몰락 소식을 접했으며, 중국에서부터 파급된 멜라닌 분유 파동의 여파로 믿고 먹을 것이 없다고 아우성을 치는 상황을 목도하였습니다. 이런 굵직한 사건들을 접하면서 한국 기독교의 부족한 모습들이 다시 떠올랐고, 환경 문제에 대한 책을 읽었으며, 종교, 정치 그리고 경제가 하나가 되어 만든 월가의 실상에 대해 다시 한 번 눈을 뜨게 되었습니다.

유대 지역의 총독이었던 로마인 빌라도의 눈에 예수는 아무리 보아도 죽을 죄를 지은 사람이 아니었습니다. 그래서 그는 사형보다는 태형 정도로 형량을 낮춰 유대인들도 안심시키고 예수도 살리려 했었지요. 그

그래, 결국 한 사람이다

것이 합당한 일이라고 여겼습니다. 그러나 예수를 죽이려고 작정한 대제사장들에게 빌라도의 생각은 흡족지 않았습니다. 거룩한 성전을 뒤엎었고, 자신을 하나님의 아들이라 불렀으며, 숱한 기적으로 민심을 이끄는 예수는 하나님을 사칭하는 존재였고, 지금껏 종교권력자였던 제사장들에게 가장 큰 위협적인 존재였기 때문입니다. 그래서 백성들을 시켜 민란의 주범인 바라바를 살리고 예수를 죽게 하라고 소리치게 했습니다. 바라바는 백성들의 정치적 자유를 위해 무력시위를 했고 그 과정에서 사람을 죽였던 살인자였습니다. 빌라도의 눈에는 정치적인 행위를 했던 바라바가 좀 더 위협적인 존재로 보였습니다. 자신을 하나님의 아들이라 말하는 예수에게서 정작 자신을 위협하는 무엇을 느낄 수 없던 것이지요. 제사장에게 충동질 당한 유대인들은 더욱 큰소리를 내며 예수를 십자가에 매달기를 소원했습니다. 그래서 성서는 그들의 큰소리가 이겼다고 하였습니다. 예수의 죽음은 종교와 정치가 손잡은 결과였습니다. 하나님의 아들로 자칭한 예수를 없애는 것이 제사장들에게 이익되는 일이었고, 유대인들의 큰소리를 작게 만드는 것 또한 출세를 목적했던 유대 총독 빌라도에게 나쁘지 않은 일이었습니다. 이렇게 예수는 유대 사회의 희생양이 되었습니다. 적당히 로마에 굴복하고, 적당히 종교 체제를 유지하며 안정된 삶을 원했던 그들에게 예수는 치워버려 져야 할 거추장스러운 존재였던 것입니다.

이처럼 예수는 정치와 종교의 합작으로 인해 죽어야 했던 희생양이었습니다. 르네 지라르René Girard는 이런 희생양 예수를 회복시켜 끊임없이 기억하는 일이 중요하다고 강조합니다. 왜냐하면, 억울하게 죽었던 희생양 예수 속에서 하나님의 역사가 새로 시작됨을 믿는 까닭입니다. 하나님은 성서 및 인간 역사를 통해 소리 없는 이들의 고통을 드러냈고, 억울한 사람들의 고통을 잊지 않았으며, 역사, 가정, 사회 속에서 희생된 존재들을 다시 노출시켜 그들을 통해 새로운 길을 이루려 했기 때문입니다. 성서에 숱하게 기록된 성령에 대한 기사들은 모두가 약자와 탄식하는 자를 대변하고, 위로하며, 용기를 주는 내용으로 채워져 있습니다. 성령은 고통받는 이들을 대신하여 탄식하고, 위로하고, 새로운 세상을 향한 용기를 주는 까닭입니다. 그렇기에 우리에게 희생은 새롭게 이해되어야 마땅합니다. 오히려 성서는 우리에게 희생양이 되라고 가르치는 것 같습니다. 역사 속에서 큰소리를 친 사람들이 이긴 것 같지만, 그들이 주인이 된듯하지만 정작 희생양들이, 희생된 자들이 역사의 진정한 힘인 것을 성서가 증언합니다. 현실의 기독교는 이웃하는 타자들을 살리고 포용하며 그들을 감싸는 넉넉한 종교가 되지를 못했습니다. 오히려 예수를 죽이라고 큰소리를 쳤던 옛날 제사장들의 종교처럼 되어버렸습니다. 소위 '장로 대통령'을 둔 한국 사회는 지금 종교, 정치, 경제가 하나가 된 무서운 폭력에 직면해 있습니다. 월가를 지탱하는 힘이 종교와 정치, 경제의 삼위일체적 관계라 보는 이들도 많습니다.

이 땅에 들어온 기독교는 구습 타파와 근대화의 명목으로 신앙과 미신의 구별을 필두로 모든 것을 이분법적으로 나눠 생각해 왔습니다. 1907년, 민족 대부흥운동 이후 신앙 방식에 따라 정통과 이단의 싸움이 시작되었고, 해방 이후에는 친미와 반미의 구도 속에서 북한을 적그리스도로 칭했으며, 급기야 얼마 전에는 뉴라이트란 개신교 집단이 다른 종교는 물론이고 다른 형태로 존속하는 기독교인들을 종북좌파로 매도하기 시작했지요. 이처럼 이 땅의 기독교는 본래의 정신으로부터 일탈하고 말았습니다. 배타적인 자기 정체성의 입증을 위해 끊임없이 타자를 희생시키는 일들을 확대 재생산했습니다. 타자 부정적 배타성이 이제 기독교 내부를 편 가르는 지경에까지 이르렀습니다. 기독교 안에서도 희생시켜야 할 타자가 생겨난 것입니다. 옛적 유대 문화가 그랬듯이 순수와 오염, 순결과 불결 등의 이원적 틀을 갖고서 오로지 영혼 구원만을 인정, 강조하는 신앙체계로 굳어진 탓입니다. 자기 안에서조차 희생양인 타자가 없으면 정체성을 얻을 수 없다고 보는 기독교가 된 것입니다. 이런 기독교에게서 선교는 타자의 주체성을 빼앗고 타자를 자기화시키는 것과 동일시될 뿐입니다. 세상에 오염되지 않은 순수한 영적 상태를 견지하는 것을 구원이라 하는 것도 달리 생각할 일입니다. 이로 인해 기독교는 본래 정신과 멀어져도 한참 멀어졌습니다. 영적 순수함을 강조한 초월적인 열망이 급기야 세계금융을 쥐락펴락한 월가의 정신적인 에토스가 되었다는 것은 참으로 놀라운 아이러니입니다.

여성신학자인 샐리 맥페이그가 저술한 『기후변화와 신학의 재구성』이라는 책 속의 내용입니다. 종교를 개인화, 사사화 하는 일, 다시 말해 기독교의 순수와 오염을 가르고, 자신의 영혼만 추구하며, 개인의 행복 추구권만을 강조하는 일들이 신자유주의 정치이념과 짝짜꿍이 되어 인간을 이기적인 개인으로, 사적 이익만을 최우선으로 하는 경제체제를 만들었다는 것입니다. 구원의 문제를 사적인 문제로 만들고, 그것을 신성화 시키는 일이 월가의 근간이라는 역설적인 현실에 주목해야 합니다. 우리가 장로 정권을 염려스럽게 지켜보는 것은, 그의 가슴 속에 종교와 정치, 경제를 하나로 엮으려는 에토스가 있기 때문입니다. 보수근본주의의 사사화된 종교를 근간으로 뉴라이트 지지 세력이 결집하되, 그 힘으로 경제를 살릴 수 있다는 오만한 판단이 오늘과 같은 사회 분열을 비롯해 기독교 내부 분열과 나아가 종교 간의 갈등을 초래하고 있는 것입니다.

하나님 나라가 이 땅에서 이루어질 것을 믿는 기독교는 처음부터 공적인 종교였습니다. 사적인 종교가 아니라 공적인 특성이 기독교의 본래성이란 것입니다. 모두를 위한 길을 준비하는 그런 종교였습니다. 본래 예수의 삶 속에는 성과 속의 구별이 없었습니다. 당시 사회가 금기시했던 것도 예수는 포용했습니다. 종교적으로 지지된 금기를 깬 것이 죄가 되어 당대 종교, 정치 세력에 의해 오히려 희생양이 되었을 뿐입니다. 하지만 예수는 희생양을 만든 사람들조차 내치지 않았습니다.

이 점에서 빌라도 법정은 이 땅의 현실을 상당 부분 반영합니다. 무엇보다 타자를 희생시켜 자신의 기득권을 지켜 온 종교지도자들이 예수를 희생양 만든 것이 분명합니다. 당시로는 큰소리를 치는 자들이 이긴 듯 보였습니다. 빌라도는 아무 일 없었다는 듯 손 털고 유대 땅을 떠났을 것이고, 대제사장도 안심하며 잠을 이뤘을 것입니다. 그러나 그들이 지키려 했던 이스라엘 성전은 허무하게 무너졌고, 빌라도 역시 그 이름이 불명예스럽게 기억되고 있습니다. 희생양이 된 예수는 죽음 이후 오히려 성령으로 되살아나 그의 뜻을 잇고 있습니다. 그래서 지라르는 오늘 우리들에게 이렇게 말합니다. '오히려 희생양이 되라'고 말이지요. 큰소리를 치며 희생양 만드는 사람되지 말고, 사적인 종교에 머물지 말고, 모두를 위해 새로운 세상을 꿈꾸는 그런 존재가 되라 합니다. 세상의 통념, 세상이 만든 이념, 종교가 만든 교리, 금기, 이 모든 것을 깨부수고 그러다가 희생양이 될 수 있다면 오히려 그것을 축복으로 여기라는 말입니다. 스스로 희생양으로 출발한 기독교가 희생양을 양산하는 종교가 되어 버렸기에 기독교는 구원의 종교가 될 수 없습니다. 그런 기독교가 주는 물에 목하여 누구도 목말라 하지 않고 있습니다. 그럴수록 희생양으로 내몰린 사람들을 살피는 일이 필요합니다. 야만인으로 내몰렸던 우리의 조상들, 교리가 아니라 종교 체험을 강조한 것 때문에 이단으로 내몰린 뭇 여성들, 분단이 아니라 민족의 하나 됨을 원했던 민족주의자들, 정말 다른 세계를 꿈꾸며 살았던 우리 시대의 영원한 이상가들, 그들을 중히 여겨야 옳습니다. 그들 속에 성령의 역사가 이어지고 있는 까닭입니다.

9·11 사태 이후로 월가가 무너지고 있습니다. 그것의 기초였던 사사화된 종교, 이것 역시도 달라지고 무너져 내릴 수 있음을 인식해야 마땅합니다. 아브라함의 자손이 아니라 돌들이 소리치는 시대가 되었기 때문입니다. 월가에게 기초 이념을 제공했던 보수 근본주의, 사사화되고 개인주의화 된 기독교로는 더 이상 이 세상을 향해 소리칠 수 없습니다. 이제 돌들이 밖에서 소리를 칠 것입니다. 너희 기독교인들이 달라지라고 말입니다. 저 위에 계신 초월의 하나님은 우리를 만날 수 없습니다. 우리는 예수의 얼굴에서 하나님을 보는 성육신 신앙의 추종자들입니다. 우리가 보는 하나님은 오직 인간 예수의 얼굴에서 가능할 뿐입니다. 하나님이 인간이 되었다고 믿는 이 신앙은 희생양 된 예수의 길을 따르라 합니다. 기독교는 본래 죽어야 사는 길을 가르치는 종교인 탓입니다. 큰소리를 치면 이긴다, 그렇지 않습니다. 큰소리치는 그때는 이긴 것 같으나 그것으로 세상의 구원을 이룰 수 없습니다. 돌들이 소리치는 시대가

되었습니다. 여전히 희생양을 만드는 기독교 신앙이 될 것 입니까? 아니면 타자를 끌어안고 모두를 아우르는 공적인 기독교, 종교가 만들었던 통념과 금기와 모든 이념조차 넘어서는 기독교, 그것을 위해 내 삶이 부름을 받았음을 인정하며 사는 새로운 기독교인이 되려 하십니까? 이를 위해 우리에게 재차 '희생양이 되라'는 예수의 말씀을 귀담아들어야 하겠습니다.

그래, 결국 한 사람이다

하나님 나라

마음의 사이버 공간

15년간 지속된 종교인들의 모임이 며칠 동안 경북 영주에서 있었습니다. 승가대학의 스님 교수님, 원불교 교무님, 가톨릭 신부님, 또 수녀 교수님 그리고 성균관 대학의 유학자들, 이런 분들이 함께 만나 종교 수행법을 비롯해 풀어야 할 난제 등을 나눴던 좋은 자리였습니다. 공통된 한 가지는 저마다 다른 개념과 용어를 갖고 있었으나, 지금과는 다른 세계를 만들어야 한다는 것이었습니다. 종교마다 '다른' 세계에 대한 가르침이 있었음에도 그렇게 살지 못한 삶을 철저히 참회했고, 참회로만 끝나지 않고 자신들 종교 전통이 가르쳐 준 '다른' 세계에 대한 꿈을 더욱 열망할 것을 피차 다짐했습니다. 각기 자기 종교 창시자들의 이상에 온전히 마음을 열고, 그 세계와 전적으로 동화될 때 자신들이 가르치는 성도들 역시 그리될 수 있다고 믿은 것입니다.

이런 맥락에서 성서를 살펴보니 예수의 가르침 모두가 기존 가치를 전복시키는 데에 초점을 둔 것이라 생각되었습니다. 예수 이전의 사람들은 길들여진 기존 종교 가치에 따라 삶을 살아왔습니다. 그런 기존 가치를 무력이 아니라 온유한 방식으로 뒤집는 예수의 가르침은 시작이자 마침이었습니다. 예수의 비유들 속에는 당시 유대인들의 인습적인 가치를 뒤바꿀만한 혁명적인 내용이 많이 담겨 있습니다. 선한 사마리아인의 비유, 탕자의 비유, 큰 잔치의 비유 등이 바로 그렇습니다. 선한 사마리아인의 비유는 당시 하나님의 사람이라 여겨진 제사장 그리고 율법을 가르쳤던 서기관들이 참된 이웃이 될 수 없고, 인간 대접도 받을 수 없었던 사마리아 사람이 진짜 우리 시대의 참된 선한 이웃이었다는 메시지를 전합니다. 보통의 이야기로 들릴지 모르지만, 이 비유는 당시 제사장들과 서기관들과 율법학자들의 존재를 한순간에 전복시키는 엄청난 내용이라 하겠습니다. 탕자의 비유 역시 아버지 곁에서 평생을 함께한 첫째 아들, 즉 유대인들에게 경종이 되었습니다. 율법이 없으면 죽은 목숨이라 생각하던 이들을 부끄럽게 만든 이야기입니다. 하나님은 유대인들만의 존재가 아니라 아버지 곁을 떠나 율법과는 무관한 삶을 살았던 사람들 역시도 사랑했기 때문입니다. 율법을 어긴 죄인 된 그들도 하나님께서 품으시며 자신의 소중한 분깃마저 나누신다 했습니다. 당시 유대인들이 탕자의 이야기를 듣고 큰 분노를 일으킨 것은 당연한 일입니다. 큰 잔치의 비유도 그렇습니다. 한 부자 주인이 잔치를 준비해서 당시 사회의 주류의 사람들, 종교인들, 율법학자들을 다 초대했었지요. 그런데 그들은 저마다 자기 일에 분주해서 주인이 초청한 자리에 응할 수 없었습니다. 그러자 주인은 종을 시켜 거리의 방랑자들, 병자나 거렁뱅이, 아무라도 데려와 잔치 자리를 채우라고 하셨습니다. 하나님 나라를 상상하도록 한 이 비유 역시 인습적 지혜와 변별되는 가치전복적인 내용을 충족히 담았습니다. 잔치의 비유는 계급이나 성, 지위나 종족 등을 막론하고 율법이 만든 무수한 경계를 허무는 내용이었던 것이지요. 이런 상황이니 당시 종교 지도자들이 예수를 죽이려 했던 것도 이해가 됩니다.

당시 유대인의 가치 체계 중에 정결법이라는 것이 있었습니다. 이 법의 핵심은 가난한 자, 여자, 병자, 불구된 사람들과는 결코 예배와 식탁을 함께할 수 없다는 것입니다. 예배와 식탁을 함께하지 않는다는 것은 그들과의 공동체성 자체를 인정치 않는 것이지요. 이런 정결법을 지키는 것이 거룩하신 하나님을 옳게 섬기는 것이라 유대인들은 믿었습니다. 이런 정결법은 자본주의가 지배하는 우리 시대에도 형태를 바꿔 작동되고 있습니다. 자본주의적 소비문화 속에서 가르고 나누는 가치 체계가 있다면 아마도 경제법칙일 것입니다. 과거 유대인들이 정결법에 따라 불결한 자들과 함께하는 것을 두려워하고 멀리했듯이 주류 기득권자들 역시 소유 정도에 따라 사람을 나눴고, 중산층 기독교인들, 뉴라이트들로 불리는 사람과 가난하며 교육받지 못한 이들을 대별하고 있는 것입니다. 그래서 그들은 고등학교 졸업자인 노무현과 같은 사람이 주류 사회에 들어온 것에 큰 불편을 느꼈고, 그를 대통령으로 인정치 않으려 했던 것이지요. 하지만 예수께서 과거의 정결법을 부수었듯이, 가난한 자들, 비정규직, 교육받지 못한 이들과 함께하지 않으려는 반反공동체적인 기독교를 우리 역시 좌시할 수 없습니다. 예수는 오늘 우리에게 정말 다른 세계가 가능하다고 말씀하며 그 실상을 하나님 나라 비유를 통해 설명하고 있는 것입니다.

성서는 누구나 일상에서 경험할 수 있는 소재들, 겨자씨와 누룩을 갖고 새로운 세상, 하나님 나라를 설명하고 있습니다. 가장 작은 것이 모두를 품을 수 있고, 가장 적은 것이 모든 것을 변화시킬 수 있다는 것이 겨자씨와 누룩 비유의 뜻이자 하나님 나라의 실상입니다. 그래서 우리 스스로가 겨자씨가 되고 누룩이 될 것을 요구했습니다. 가장 작은 겨자씨 속에 온갖 새들을 품을 수 있는 세계가 존재한다고 믿었습니다. 이상한 냄새가 나는 누룩이 밀가루 전체를 변화시킬 수 있다고 했습니다. 예수는 이 비유를 종교지도자들, 율법 가르치는 사람들에게 전한 것이 아니었습니다. 정결법 체계에서 소외당했던 죄인들, 식탁 공동체에 참여할 수 없었던 무지렁이들, 공동체 밖에서 떠돌이로 살 수밖에 없었던 사람들에게 하신 말씀이었습니다. 그들은 문자 그대로 겨자씨와 같은, 바람이 불면 날아가 버리는 그런 하찮은 사람들이었습니다. 있음의 가치를 조금도 인정받을 수 없는 그런 존재였었습니다. 하지만 그들 속에 모두를 품을 수 있고, 모든 것을 변화시킬 힘이 있다고 가르쳤습니다. 정말다른 세계를 만들 수 있고, 다른 세계가 그들 속에 있다는 사실을 가르쳐믿게 한 것입니다.

아마도 예수께서 이 시대에 맞게 하나님 나라 비유를 말씀한다면 겨자씨와 누룩 대신에 사이버 공간을 예로 들 것 같습니다. 사이버 공간에 대한 찬반 논의도 많고, 부정적인 면도 있지만, 이것이 지닌 긍정적 의미에 주목하려고 합니다. 사이버 공간 안에서는 누구나 평등합니다. 이 속에서는 위계성이라는 것이 존재할 수가 없지요. 아무리 사회에서 막강한 권력을 갖고 있다고 하더라도 사이버 세계에서는 그냥 한 사람일 뿐입니다. 특정인의 절대성이 보장되지 않습니다. 아무리 적은 자라도 다

중의 정체성을 지닐 수 있어 이곳에선 무한한 존재가 될 수 있습니다. 자기 자신을 얼마든지 다르게 구성할 수 있는 여지가 사이버 공간에 있습니다. 더 이상 가난하고 굶주린 사람으로 존재하지 않아도 됩니다. 사이버 공간 안에서 확대된 자아로서 세상과 소통할 수 있는 넉넉한 사람이 됩니다. 그래서 어떤 신학자는 가상공간의 구원적 기능을 적극적으로 옹호하고 있습니다. 무엇보다 가상공간 속에서 타자 없이는 자신 역시 무의미하기 때문입니다. 타자와 더불어 있을 수밖에 없는 것이 가상공간의 실상입니다. 이런 이유로 사이버 공간 안에서 일어나는 친밀 공동체를 조심스럽게 살펴볼 필요가 있습니다. 우리에게 익숙한 거리의 촛불도 이 공간 안에서 만난 사람들의 움직임에서 비롯한 것이기 때문입니다. 그래서 '마음의 사이버 공간'이란 말도 생각난 것입니다.

우리 시대의 죄는 작은 꿈과 작은 바람을 갖고 살고 있다는 사실에 있습니다. 도덕적으로 무엇을 잘못한 것이 아니라, 꿈이 너무도 초라하며, 소원이 작고, 사적인 데만 관심하여 '다른' 세계를 망각하고 현실만을 전부로 여기는 것이 문제입니다. 하지만 인간의 마음은 사이버 공간처럼 무한하며 열려있습니다. 엄청난 종교적 상상력이 실현될 수 있는 자리인 것입니다. 하늘의 별을 손으로 잡을 수 없다 하여, 아예 하늘의 별 보기를 포기하는 것이 우리들 일상입니다. 컴퓨터를 통해 가상현실의 실상을 알면서도 우리 마음의 사이버 공간 즉 상상력을 활용치 못하고 있습니다. 자신 속에 모두를 품고, 모든 것을 변화시킬 힘이 있음을 믿지 못하는 것입니다. 우리 각자 속에는 아직도 길들여지지 않은 부분들이 있습니다. 개발되지 않은 야성野性이 간직되어 있는 것입니다. 한 번도 그리 생각해보지 못했던 사고방식이, 가보지 않았던 길이 우리 속에 내재

되어 있습니다. 한 신학자는 이것을 일컬어 우리 몸속의 '야생 공간'이라 했습니다. 길들여지지 않은 야생 공간의 발견은 대단한 의미가 있습니다. 야생 공간이 다시 살아나야만, 겨자씨로 비유되는 하나님 나라를 일굴 힘을 얻을 수 있기 때문입니다. 우리 속의 야생 공간이 길들여진 기존 가치관에 파묻혀 소리를 내지 못한 탓에 전혀 다른 세상을 꿈꿀 수조차 없습니다. 이것이 예수께서 "내가 아무리 피리를 불어도 춤추지 않는다"라고 탄식하신 실상입니다. 기존 틀 속에 묻혀 살고 있는 한, 상상력 넘치는 하나님 나라의 비유에 대한 공감은 없습니다. 예수의 하나님 나라 비유는 우리 속 야생 공간을 촉발시키는 불쏘시개라 하겠습니다. 눈을 감고 우리 속에 있는 길들여지지 않은 야생 공간을 상상해 보십시다. 예수는 하나님 나라의 비유를 통해 우리 속의 야생 공간을 불러내길 원합니다. 그것이 되살아나지 않으면, 하나님 나라의 비유도 무의미해지고 말 것입니다. 과거의 정결법, 오늘의 경제법칙, 그리고 이 땅의 소비문화에 발 담고 몸 담그며 살고 있는 한 거짓된 평화만이 세상에 가득할 것입니다. 그래서 예수는 평화를 원하지 않고 검을 주러 왔다고 하셨습니다. 이 땅의 언론들과 주류 기득권 세력들은 우리 속의 야생 공간을 지속적으로 억누르고자 할 것입니다. 세월호 참사를 통해 경험했듯이 정부도, 교회도 "가만있으라"할 것입니다. 그러나 하나님 나라 비유는 지금껏 가지 않았던 길, 한 번도 그리 생각하지 못했던 생각을 깨울 것입니다. 맘껏 체제 밖을, 길들여지지 않은 야생 공간을 상상하라 할 것입니다.

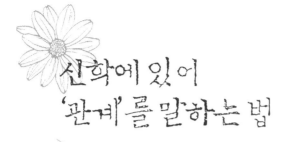

신학에 있어 '관계'를 말하는 법

몇 해 전 경복궁 옆 옛 수방사 터에 국립미술관을 짓고 개장할 때, 동·서양 거장들의 작품이 전시되었습니다. 뉴욕이나 베를린의 그것과도 결코 뒤지지 않는 세계적 규모의 국립 미술관을 우리도 갖게 된 것이 참으로 자랑스러운 일입니다. 당시 여러 작품을 전시하며 내건 주제가 있었는데 그것이 바로 *"Connection & Unfolding"*, 즉 "연결과 펼쳐짐"이었지요. 필자의 기억에 의하면 그때 미술관에는 동서양의 건축물, 물질과 정신의 상관성, 남과 여의 상호 공속 그리고 여러 장르가 파괴된 채로 상호 아우러진 예술작품들이 대거 소개되었습니다. 동이 서에서 멀 듯 무관하게 보였던 주제들을 상호 연결, 관계 지움으로써 전혀 새로운 작품이 탄생된 것입니다. 인간 내면과 외면의 연결 즉 뇌와 마음의 관계를 엄청난 규모의 장치를 통해 신비스럽게 표현했던 것도 기억 속에 남아있습니다. 이렇듯 개별적인 것으로 머물 때 식상하고 단조로웠던 것이 상호 '연결'되어 예상치 못한 작품으로 창발된 것을 일컬어 '펼쳐짐'이라 했던 것입니다. 바로 이것이 미술, 곧 예술의 세계에서 조망하는 미래의 모습일 것입니다. 아니 미래라기보다 그것이 본래 세상이 존재하는 방식이었을 것입니다. 홀로(獨我)가 아니라 상즉상입^{相卽相}入한 것이 바로 세계의 실상이란 말이겠지요. 그렇다면 이것은 종교, 무엇보다 기독교(신학)가 말하는 세계상과 전혀 다를 수 없습니다. 오늘의 주제인 "관계"가 바로 이를 일컫는 것으로 기독교의 핵심주제인 까닭입니다.

기독교는 본래 세상을 만드신 하나님의 환호, '참 좋다'를 오늘도 이 땅에 이어가기를 원하는 종교입니다. 우리의 예배가 바로 하나님을 기쁘시게 하는 일인 까닭이지요. 하나님께서는 당신이 지은 세상이 상호 관계 속에서 옳게 유지, 존속되는 것을 보고 기뻐하셨고, 그 기쁨이 하나님 안식의 근거이자 이유였습니다. 천지인天地人 모두가 저마다 자기 역할을 충실히 할 때 세상은 존속되고 하나님의 환호가 지속될 수 있으며 우리는 이를 일컬어 예배라 할 것입니다. 따라서 예배란 교회 안에서 행해지는 의식^{ritual}이기 전에 하나님의 환호를 세상 속에서 지속시키는 구체적 삶의 모습이어야만 할 것입니다. 예컨대 자연 생태계가 파괴되어 인간이 병들고, 청년실업으로 먹고사는 문제가 힘겨운 정황에서, 하루하루가 일(노동) 없는 날인 사람에게 안식일(주일)은 결코 복된 날일 수 없고 하나님의 환호 역시 지속될 수 없을 것입니다. 일을 갖지 못한 실업자의 안식일에 하나님의 환호는 없을 것입니다. 따라서 삶과 예배, 행위와 믿음은 애당초 나뉠 수 없는 하나(不二)로 존재해야 마땅합니다. 이는 세상과 교회가 나뉠 수 없다는 말과도 유사할 것입니다. 그간 우리 기독교 교회는 분리하는 일에 앞장섰고 그것을 핵심 에토스情操로 삼아왔습니다. 신자와 불신자(이웃 종교인)를 나눴고, 일상과 안식일을 분리했으며, 정치와 종교를 상호 무관타 여겨왔고, 급기야 현실과 내세를 양분하여 세상을 망가트리는 일에 앞장서온 것입니다. 이는 예수를 죽음으로 이끈 교조적인 바리새주의일 뿐 예수의 복음과는 거리가 멀 것입니다. 하나님의 거룩함을 위해 일상/안식, 세상/성전, 이방인/유대인, 여자/남자를 구분했던 바리새인들과 달리 예수에게 일상이 거룩했으며 곳곳이 예배처였던 것입니다. 모든 것을 '관계'와 '연결' 속에서 생각했던 예수 안에서만 '참 좋다'는 하나님의 환호가 이어질 수 있었지요. 이 점에서 이 땅을 밟았던 교종의 일갈一喝, "교회가 먼저 복음화되지 못하면 세상의 복음화 어림없다"는 말이 의미 깊습니다.

종교宗敎라는 말을 우리는 '으뜸가는 교리'로 이해하지만 실상 라틴어 어원에 따르면 그것은 'religio'에서 유래한 것으로 '세상이 얼마나 상호 의존적으로 존재하는 것인지를 경외하는 마음으로 지켜봄'이란 뜻을 담고 있습니다. 세상은 홀로 자족하여 돌아가지 않고 늘 관계로서만 존재하는 바, 그 관계로서 존재하는 세상을 놀랍게 지켜보는 것이 종교의 본질이란 말입니다. 거룩성을 뜻하는 단어 'Holiness'가 Wholeness전체성와 동일한 어원에서 비롯했고, 이것이 궁극적으로 Salvation구원과도 연결된다는 사실이 바로 이를 잘 적시합니다. 성서는 이런 관계성이 망가진 절정의 현실을 노아의 홍수를 통해 보여주고 있습니다. 주지하듯 성서의 창조 이야기는 하나님과 인간의 분리가 인간 간의 단절로 이어지고 급기야 자연이 인간을 부정하고 인간이 자연으로부터 버림받는 총체적 불행을 그리고 있습니다. 하나님처럼 되려는 욕망으로 인해 오히려 하나님을 피해 숨는 존재가 된 인간은 급기야 형제를 살해했고, 하나님 없는 땅, 놋에서 인간의 문명을 건설했는데 그것이 도시의 신화적 의미라고 신학자들은 말합니다. 도시에 살고 있는 우리를 일컬어 가인의 후예라 일컫는 것입니다. 저마다 자율성에 근거하여 효율적 존재가 되려 한 탓에 관계가 상실되어 급기야 형제를 살해한 가인의 죄를 몇십 배 능가하는 문명을 만들었던바, 그것이 바로 무너져야 할 세상, 천민자본주의에 물든 오늘의 세계라 할 것입니다. 성서는 이런 세상을 노아의 홍수를 통해 무너뜨렸습니다. '참 좋다'는 환호를 지르실 만큼 아름다운 세상이었으나 하나님은 관계성을 잃은 현실, 더불어 숲이 되지 못한 인간 세상을 포기하신 것입니다. 성서는 곳곳에서 자연으로부터 버림받은 인간의 비참함을 여실히 묘사하고 있지요. 흙이 먹을 것을 주지 않고 가시덩굴을 만들어고 있으며 땅이 민둥산이 되어 소출을 낼 수 없게 되었다는 것입니다. 인간이 하나님께 다시 돌아올 때 자연 역시도 인간에게 다시 소출을 줄 것이란 말도 덧붙이면서 말입니다. 노아의 홍수로 인한 세상의 멸망은 결국 하나님과 인간, 인간과 인간 그리고 인간과 자연 간의 관계성의 파괴 탓이라 해도 과언이 아닐 것입니다.

하지만 하나님은 당신의 세상을 완전히 파멸로 이끌지 않았습니다. 의로운 자 노아를 통해 방주를 짓게 했고 그 속에 유/무용의 가치 판단을 떠나 존재하는 일체 생명체를 한 쌍씩 살려 놓으셨습니다. 가인의 세계와는 전혀 다른 관계성을 만들기 위함이겠지요. 여기서 중요한 것은 유무용의 인간적 판단을 앞세우지 않았다는 사실입니다. 예컨대 하나님의 시각에서 잡초란 없습니다. 모두가 세상을 위해 관계망 속에서 필요한 존재일 뿐입니다. 노아 역시도 가인의 후예가 아니라 아담과 하와의

그래, 결국 한 사람이다

또 다른 자식인 셋의 후손이란 점도 중요합니다. 가인의 후손이 아니라 전혀 다른 인간 셋의 후예로서 노아의 존재는 오늘 우리에겐 '그리스도 안의 존재Sein in Christo'로 읽혀져야 옳습니다. 오늘 우리도 새로운 관계망을 만들기 위해 방주를 지어야 할 노아가 되어야 하는 까닭입니다. "백만 척의 방주, 백만 명의 노아" 바로 이것이 오늘날 예수를 믿은 우리가 할 일이고 교회가 존재할 이치입니다. 방주 속에서 생명을 유지한 노아와 그 속의 생명체들은 하나님 앞에서 새로운 삶의 원칙이자 강령을 다짐합니다. 사람들 눈에서 억울한 눈물을 흘리지 않게 할 것과 동물을 피 채로 먹지 않겠다는 다짐이었습니다. 전자는 인간과의 관계에서 형평성을 지키겠다는 정의의 감각을 일컫고 후자는 자연의 생명들을 함부로 망가트리지 않겠다는 생태 의식의 발로라 할 것이다. 한마디로 가인 공동체와의 변별됨을 위해 하나님과 인간 간의 새로운 계약, 곧 새로운 관계성의 법칙이 성립한 것입니다. 필자에겐 이 약속을 지키는 것이 인간됨의 길이자 기독교인 됨의 첫걸음이라 생각합니다. 여기서 중요한 것이 정의와 생명 혹은 평화라 하겠습니다. 정의는 인간간의 관계성 원리이고 생명과 평화는 정의가 지켜질 때 귀결되는 사태라 할 것입니다. 2013년 부산에서 열렸던 WCC 10차 대회 주제 역시 '생명의 하나님 저희를 정의와 평화로 인도 하소서'였습니다.

우리가 본 지면을 통해 '관계'를 말하는 것은 바로 정의와 생명(평화)이 깨어진 세상에 대한 걱정과 염려 때문입니다. 개천에서 용나는 시대가 사라질 만큼 태생적으로 다른 신분으로 태어나는 아이들이 있습니다. 자기 노력에 의해 신분을 달리 만들 수 있는 기회가 축소되고 있는 것입니다. 이를 일컬어 교육적 정의의 실종이라 합니다. 어디 교육 영역에서

뿐이겠습니까? 결혼, 출산, 주택, 직장 등을 포기하며 인생을 살아야 하는 젊은이들이 사회의 문젯거리가 되고 있습니다. 아무리 노력해도 집 한 칸 마련할 수 없는 빈곤한 이들이 존재하는 한 우리 사회가 정의롭다 말할 수 없을 것입니다. 이 점에서 '정의는 은총'이란 말이 있습니다. 자본주의 체제하의 제도로서는 정의를 실현시키기 어렵다는 말입니다. 이 점에서 성서가 말하는 포도원 주인의 비유가 중요합니다. 예수께서 하늘나라의 비유로서 하신 말씀입니다. 아침, 점심 그리고 오후 늦은 시간에 일하러 온 자일지라도 포도원 주인은 동일한 품삯을 주었다는 것입니다. 법과 규정 이상의 보상을 통해서만 세상의 정의가 아닌 하나님의 정의가 실현될 수 있다는 말입니다. 이것이 하나님의 정의가 실현되는 방식이자 하나님 나라의 실상입니다. 억울한 이들의 눈물과 한숨이 있는 한, 하나님의 환호는 지속될 수 없는 법입니다. 생명 역시 동일합니다. 인간이 자연을 물질로서 소유 대상으로 삼는다면 자연은 인간에게 황폐함을 돌려줄 것입니다. 인간과 자연을 삶의 공동 운명체로 여길 때 비로소 이 땅에 생명과 평화가 깃들 수 있습니다. 우리는 이를 생태적 정의Eco-Justice라 명명합니다. 인간의 탐욕으로 자연이 새로운 의미의 '가난한 자'(New Poor)가 된 이래로 생태정의는 평화의 지름길일 수밖에 없습니다. 생태학의 근본 공리가 '모든 것은 모든 것과 더불어 관계를 맺고 있다'는 것을 깊게 숙고할 일입니다. 국가 경제를 살린다는 명분하에 4대강을 파헤치고 며칠간의 동계 올림픽을 위해 수백 년 나무로 울창한 산림을 황폐화시키는 이 땅에서 '관계'라는 개념이 설 자리는 없습니다. 이는 그토록 교회들이 많건만 그 누구도 종교적이지 않음을 반증합니다. 기독교를 비롯하여 종교 인구 비율이 가장 높은 대한민국이 욕망 지수가 가장 높은 나라, 자살률 최고의 국가라는 것이 그 구체적 실상입니다.

왜 노아 홍수가 일어났었는지를 다시금 숙고할 때가 되었습니다.

불행하게도 성서 역시 하나님의 백성들이 이런 계약을 온전히 지켜내지 못했음을 적나라하게 고지해 주고 있습니다. 하나님의 희년법이 발휘된 것도 이런 어긋난 현실을 되돌릴 목적에서였습니다. 관계를 파괴한 백성들을 하나님은 처음 상태로 되돌려 놓으려 했던 것입니다. 천지인天地人의 상관성을 회복시키고자 한 것이지요. 더 많은 땅을 소유한 사람, 사람을 종 부리듯 하는 뭇 상전, 자신의 모든 것을 빼앗긴 자연, 이 상태로서는 즉 이렇듯 관계망을 부순 상태에선 누구도 평화로울 수 없고, 누구도 구원에 이를 수 없음을 깨닫게 할 목적에서였습니다. 기독교인들 중 보수적인 사람들은 주로 하나님과 사람 간의 관계에만 주목합니다. 하나님을 믿되 사람과의 관계, 자연에 대한 경외가 없다면 이는 하나님을 옳게 믿은 것이 아닐 것입니다. 가장 많은 비정규직 노동자를 고용하면서 교회에 헌금을 한다면 그것은 옳은 신앙이라 말할 수 없습니다. 상대적으로 진보적인 기독교인들은 인간과 인간의 관계를 강조합니다. 사람 간의 형평성, 정의의 문제를 신앙의 문제로 수용하고 있습니다. 그러나 자연이 그들에게 여전히 낯선 대상일 경우가 많습니다. 자연 생명에 대한 경외 없이 하나님을 바르게 이해할 수 없을 것입니다. 본래 성서와 자연은 기독교 전통 속에서 하나님의 계시의 두 지평이었음을 기억해야만 합니다. 이렇듯 기독교 신앙이란 하늘과 인간 그리고 자연의 상호 관계성 하에서만 이해될 수 있습니다. 인간의 내면, 곧 마음 안에 혹은 교회라는 공간 속에 한정된 하나님이 아닌 탓입니다. 만물 위에 계실 뿐 아니라 만물 안에도 있고, 만물을 통해서 일하시는 분이 하나님이시기에 예수 역시도 들의 백합화와 공중 나는 새를 통해 하나님을 보라고 하였던 것입니다. 로마서는 이렇듯 관계가 깨진 세상을 일컬어 피조물이 탄식하고 있다는 말로 표현하였습니다. 여기서 피조물의 탄식은 곧 성령의 탄식이기도 할 것입니다. 슬픔이 너무 커 탄식할 수조차 없는 것을 위해 대신 슬퍼하는 이가 성령인 까닭입니다. 하나님이 우주적 존재이듯이 성령 역시 우주 속에서 관계가 깨진 것을 한없이 슬퍼하고 있습니다. 따라서 피조물들, 그것이 사람으로서 약자이든, 파괴된 자연이든 간에, 그들의 고통소리를 듣고 그 아픔과 하나 되는 것이 우리 시대에 있어서의 성령 체험이라 말할 수 있겠습니다. 한마디로 성령 체험은 잃어버린 관계의 회복이란 말입니다. 인문학적 용어로 공감력의 확장이라 말해도 좋습니다. 근자에 들어 인간의 본질을 '공감하는 존재Homo Empathicus'라 일컫는 학자들이 있습니다. 중세기가 인간 본성의 전적 타락에 기초하여 믿음을 통한 내세 신앙을 강조했다면, 근대에 이르러 인간의 낙관적 이성에 바탕한 진보 신앙이 등장했었습니다. 그러나 작금에 이르러 내세 신앙도, 진보 신앙도 아닌 새로운 공동체성이 요구되고 있습니다. 상처받기 쉬운 인간 본성에 대한 새로운 자각의 빛에서 타인 역시 자신과 마찬가지로 상처받을 수밖에 없는 존재인 까닭에 상호 공감하는 인간상이 생겨난 것입니다. 공감을 통해 상호 허약한 인간끼리 새로운 연대, 즉 공동체를 만들고자 한 것이지요. 이런 인간 이해는 중세와 근대를 모두 빗겨나 있습니다. 인간의 상처받음을 인정하기에 타락한 본성을 말하는 중세와 유사하나 새로운 공동체를 지금 여기서 대망하기에 근대를 닮기도 했습니다. 달리 말하면 공감하는 인간 속에서 우리는 인간에 대한 부정과 긍정의 일면적 시각을 넘어설 수 있게 된 것입니다. 공감하는 인간이야말로 인간의 관계성을 부각시키는 동양적 전통, 곧 인仁을 닮았습니다. 자신을 미루어 자신이 원치 않는 것을 남에게 하지 않는 배려, 바로 그것이 공감적 인간상과 너무도 닮은 것입니다. 항차 인간의 공감력이 상처받은 자연에로까지 이르러야 함은 당연지사라 할 것입니다.

바로 이 점을 부각시켜 지성에서 영성의 세계로의 비약을 이룬 이가 있으니 이 땅의 지성 이어령이란 노학자입니다. 최근 한 TV 강연에서 그는 아프리카 사유와 이 땅의 사유 간의 유사성을 강조했던바, 그 핵심 개념이 '우분투Ubuntu'였습니다. 이것은 수 세기 동안 백인 지배하에 있던 조국을 흑인들의 힘으로 해방시킨 아프리카 정신의 골자라 할 것입니다. 이 말뜻은 '우리이기 때문에 나다I am because We are'입니다. 한마디로 관계를 중시하는 이들의 공동체성이라 할 것입니다. 한 예로 굶주린 아이들을 향해 100m 앞에 먹을 것이 있으니 달려가서 먼저 취하라고 이야기해도 아이들 누구 하나 앞서나가 자기 것으로 만든 이가 없었다고 합니다. 밥이 하늘이어서 누구든 밥을 독점할 수 없다는 이 땅의 옛 사고가 그랬듯 이들 역시 함께 먹어야 먹는 것임을 온몸으로 체득했던 것이지요. 바로 이 정신을 갖고 만델라가 대통령이 되었고 흑인을 해방시킬 수 있었다고 합니다. 더구나 백인들에 대한 증오심 없이 말입니다. 이 점에서 '우분투', '우리가 있기에 나다'라는 생각은 관계적, 공감적 사유의 전형적 모습이라 하겠습니다. 작가 이어령은 아프리카적 사유인 '우분투'야말로 환경 위기로 인한 저성장 시기에 인류 모두를 살릴 수 있는 복음이라 여겼습니다. 실제로 '우분투'는 이미 오래전 기독교 사유에 큰 빛을 던져 주었습니다. 예수 당시 예수를 하나님이라 고백한 부활 이후 기독교 신앙인들에게 있어 유일신론을 주장하는 유대교와 일자一者로서의 최고신을 상정하는 희랍 사상을 극복하는 일이 쉽지 않았습니다. 유대교와 희랍 철학의 틀 속에서 예수가 신神일 수 있는 논리가 형성될 수 없었던 것이지요. 이런 정황에서 바로 아프리카적 사유 '우분투'가 예수를 신이라 고백할 수 있는 논거를 제시했습니다. 우리이기에 내가 있듯이 신 역시 자신속에 복수성을 지닐 수 있었던 탓입니다. 기독교 초기 북아프리카적 사유를 통해 사위일체 논의가 시작된 것도 결코 우연이 아닐 것입니다. 삼위일체란 본래 하나님 안에서의 관계(내재적 삼위일체)뿐 아니라 세상과의관계를 적시하는 방식으로서 결국 '관계'에 대한 논리라 할 것입니다.

지금껏 가톨릭과 개신교의 경우 신인神人 '관계' 혹은 하나님과 세상의연관을 표명함에 있어 각기 다른 신학적 원리에 바탕을 두고 있었습니다. 전자가 '존재유비Analogia entis'라면, 후자는 '신앙유비Analogia fidei'라 하겠습니다. 존재유비가 유기체(자연)적 목적론을 지향한다면 신앙유비는 기계론적 세계관과 조우하며 자연적 상태를 부정하는 경향성을 지녔습니다. 그렇기에 가톨릭은 이성과 신앙을 함께 긍정했다면 개신교의 경우 '오직믿음'을 강조했지요. 신앙을 떠나서는 신神과의 관계를 용납하지 않은 것입니다. 전자가 히브리적 초월신과 희랍적 자연Physis의 종합이라면, 후자는 히브리적 초월신이 독일 신비주의 지평에서 내면화된 경우라 할 것입니다. 하지만 이 둘의 경우 오늘날 존재하는 무수한 사조들, 동양적 사유들과 관계 맺기에 한계가 있습니다. 관계란 상호 의존적인 것으로서그것 없이는 자기 존재 자체도 없는 것이기에 평등하고 정의로워야 할것입니다. 상대방을 적대시하거나 자신의 일부로 보는 태도로서는 더불어 살기가 용이치 않습니다. 과거 아프리카 사유가 기독교를 구했듯이오늘날 동양적 사유, 예컨대 '불이不二', 모든 것이 하나도 아니지만 둘도아니라는 새로운 관계 논리가 기독교의 미래를 위해 필요할 듯싶습니다. 또한 '인중천지일人中天地一', 사람 속에서 하늘과 땅이 하나라는 천지인天地人 삼재 사상 역시 자연 망각의 종교라 비판받은 기독교를 생태 우주적 종교로 거듭나게 하는 밑거름이 될 수 있을 것입니다. 어느 종교가 더 많은 관계성을 회복하느냐가 종교의 미래를 좌우할 것이고 그로써 인류의 미래가 그에 의존하게 될 것입니다. 처음의 말로 되돌아가 말을 정리하자면 더 많이 결합할 수 있는 힘을 지닌 종교가 인류의 미래를 위해 예기치 못한 것을 펼쳐낼 수 있을 것입니다. 기독교가 항차 *Connection & Unfolding*의 역할을 감당하는 종교가 되기를 소망합니다.

보라네 어머니, 우리 자식이 아니던가?

우리 주변에는 영원히 2014년 4월 16일에 머물 수밖에 없는 슬픈 이들이 존재합니다. 세월호 참사 이후 600일이 지났고 조만간 2주년이 다가올 것입니다. 지금 절기는 여름을 거쳐 가을을 지났으며 새봄을 맞고 두 번에 걸쳐 가을을 깊게 하건만 유족들의 마음은 여전히 지난 4월의 팽목항을 떠날 수 없습니다. 지금 자연은 저마다 자신들 소임을 마치고 겨울을 준비하지만―밤나무는 밤을, 대추나무는 대추를, 감나무는 감을 내며 자신들 생을 마감하는 중이지만― 세월호에 탑승했던 우리 아들딸들은 이 땅 어른들 잘못으로 꽃을 피우지도 못한 채 생을 마감하고 말았습니다. 실로 한 생명이 태어난다는 것은 어마어마한 일일 것입니다. 장차 그가 일굴 미래가 결코 가늠할 수 없을 만큼 크기 때문입니다. 사제, 목사가 되려 했던 아이들도 있었고 가수, 디자이너 그리고 선생이 되고 싶은 재능 있던 학생들도 다수였습니다.

그래, 결국 한 사람이다

이 가을, 자신들의 열매를 뽐내는 신실한 자연 속, 나무들을 보면서 그들 미래를 수장시킨 세월호 참사가 너무도 애통하며 아직도 진실과의 대면을 회피하는 정부가 너무도 밉고 괘씸합니다. 더구나 유족을 배제한 여야의 정치적 야합이 백성을 절망케 했고 향후 진실 자체를 실종시킬 것만 같아 정치권에 대한 배신감이 극에 달하고 있습니다. 이백여 일에 걸친 5백만 시민의 거리투쟁이 없었다면 그나마 이 정도의 특별법도 없었을 것을 생각하면 정말 세월호 참사를 둘러싼 진실 공방은 이제부터일 것입니다.

그동안 유족들 마음을 아프게 했던 것은, 교회들의 냉혹함과 무관심이었습니다. 사실fact을 제대로 밝혀 같은 일이 반복되지 않도록 특별법 제정을 바랐으나 다수 교회는 유족들 편에 서지 못했습니다. 세상의 중심이 약자에 있다는 십자가의 가르침을 길가에 떨어진 씨앗처럼 무가치하게 만들었습니다. 광화문 광장이 유족들의 고통과 절규의 장소가 되었고 애통하는 이들의 안식처가 되었으나, 그 옆에 우뚝 서 있는 감리교 빌딩, 감리교는 이들에게 충분히 벗 되지 못했습니다. 마틴 루터 킹 목사의 말이 떠오릅니다. "우리 시대의 최고 비극은 악한 자들의 아우성이 아니라 선한 이들의 침묵"이란 말씀입니다. 당시 국립극장에서는 단테의 〈신곡神曲〉이 공연되고 있었습니다. 그중 한 대사가 같은 뜻을 전했습니다. "지옥의 가장 뜨거운 자리는 도덕적 위기 시기에 중립을 지킨 자들에게 예약되어 있다"는 것입니다. 대한민국의 총체적 부실을 드러낸 세월호 참사, 자식들 죽음을 실시간으로 지켜본 전대미문의 비극 앞에서 하나님은 기억을 지우려는 이들과 기억하여 행동하겠다는 사람들 중 어느 편에 설 것인가를 묻고 있습니다. 그것이 우리 기독교인을 사랑하시는,

단테의 말을 빌리자면 지옥 불을 면케 하려는, 하나님의 방법인 까닭입니다. 여신학자 D. 죌레가 말하듯 하나님은 우리를 언제든 정의 편에 서게 하시는 영원한 신비라는 생각을 멈출 수가 없습니다.

세월호 유족들을 생각하면서 저는 아들 예수의 십자가 처형을 지켜보는 어머니 마리아의 마음을 헤아려 봅니다. 아무리 성령으로 잉태되었다 한들 자기 몸으로 낳은 아들 예수였습니다. 다른 형제들도 있었지만 어머니 마리아에게 예수는 특별한 아들이었습니다. 그를 통해 세상이 달라질 것이란 희망을 품을 수 있었기 때문입니다. 누가복음 첫 장에 기록된 마리아 찬가를 보면 이 여인은 예수를 잉태하면서 자신의 삶이 얼마나 복될 것이며 자기 인생이 비교할 수 없을 만큼 자랑스럽게 바뀔 것인지를 맘껏 노래했습니다. 연약한 여인이지만 잉태를 통해 자신의 삶이 예상치 못한 방식으로 달라질 것을 스스로 대견해 했고 그 자신감을 만방에 선포했던 것입니다. 이렇듯 자신의 삶을 달리 만들었던 예수가 지금 자기가 보는 앞에서 십자가에 달려 처형당하고 있습니다. 더구나 흉악한 강도들 틈에 끼여 자칭 유대인 왕이라 조롱받았고 그의 옷은 벗겨져 맨몸이 드러났으며 생각 없는 군인들에 의해 오락거리가 되고 말았습니다. 자신이 믿었던 아들, 자신의 존재감을 새롭게 각인시켜준 아들의 비참한 고통과 죽음을 목도하는 어머니 마리아 심정이 어떠했을까를 생각하며 세월호 유족들, 아이들의 죽어가는 모습을 실시간 지켜보았던 단원고 어머니들을 함께 떠올려 봅니다.

실시간으로 중개된 세월호의 침몰, 아마도 그것은 마리아가 지켜본 십자가 처형만큼이나 안산의 어머니들에게 고통스러운 사건이었을 것

그래, 결국 한 사람이다

입니다. 예수의 십자가 죽음이 죄 없는 억울한 이의 사건이었듯이 세월호 참사 역시 이 땅의 사악한 이들로 인한 무죄한 아이들의 억울한 희생인 탓에 이들 두 어머니의 마음은 너무도 닮았습니다. 무고한 자식의 비참한 죽음을 목전에서 지켜본 어미의 심정을 헤아린다면 이 땅의 지도자들이 이처럼 악할 수는 없습니다. 죄 없는 유족의 고통을 조롱했고 방관하는 오늘의 위정자들 그리고 그에 빌붙은 이 땅의 성직자들, 그들은 옛적의 빌라도이며 로마 군인들이자 당시의 제사장들과 조금도 다르지 않습니다. 남의 희생을 대가로 자신들 권력을 유지하려는 가장 추악한 존재들일 뿐입니다. 익히 알 듯 안산 단원 지역은 상당히 가난한 동네였습니다. 그렇기에 그곳 부모들은 자식 낳아 기르며 오직 그들만을 뒷받침하며 자신들의 미래를 새롭게 꿈꿔왔습니다. 일 때문에 함께 살지는 못했지만, 비정규직이라 충분히 가르치지 못했겠으나, 맞벌이 부부인 탓에 끼니 챙겨주는 일조차 쉽지 않았어도 이들 유족들은 자식을 통해 오늘의 고통을 잊었고 내일을, 미래를 꿈꾸며 하루하루를 기쁘게 살았습니다. 비록 가진 것 적다는 이유로 현실에서 홀대받았어도 자식 있는 까닭에 가슴을 펼 수 있었고 자식들로 인해 남부럽지 않았던 어머니들이었습니다. 이들 어머니들 역시 나름대로 수없이 '마리아 찬가'를 썼을 것이며 자신들 삶을 보람 있다 했을 것입니다.

성서와 안산의 두 어머니의 마음이 교차, 비교될 수 있듯 세월호 참사 역시 십자가 의미에 잇대어 설명될 수 있을 것 같습니다. 세월호는 인간 욕망지수가 세상에서 가장 높은 대한민국의 실상을 반영합니다. 종교와 욕망은 상호 반비례하여야 옳습니다. 하지만 이 땅이 세계에서 욕망지수 1위라는 지적은 한마디로 종교, 기독교 무용론을 드러내 줍니다.

대통령마저 국가를 기업화했기에 백성들 모두가 경제동물이 되었고 그 귀결이 공공성의 실종으로서 '관피아', '법피아'라는 기형적 존재들을 양산했습니다. 아이들을 살릴 수 있던 마지막 시간, 소위 '골든타임'이란 절체절명의 순간조차 선장과 선원들은 자신들 과적을 숨길 방도를 본사와 교신했다 하니 자본에 물든 악의 평범성, 노예성이 너무도 깊고 넓게 우리 현실을 지배하고 있습니다. 그렇기에 세월호 참사는 자본의 제국, 악의 제국주의에 의해 희생된 우리 시대의 십자가일 것이며 수장된 아이들 역시 억울하게 희생된 이 땅의 작은 예수들입니다. 본 참사로 인해 우리는 이 땅의 실상을 적나라하게 보았고 자신들 속의 악 역시 깨칠 수 있었습니다. 우리의 역사가 세월호 참사 이전으로 머문다면 이 백성 모두는 언젠가 떼죽음을 당할 수밖에 없음을 자각한 것입니다. 하지만 경제를 앞세운 악의 세력들은 여전히 자신들 기득권에 관심하며 오로지 그것을 지키고자 했습니다. 유족들과 민주세력을 와해시켜 재집권을 통해 세월호 참사를 기억에서 지우는 일이 정부 여당의 정치적 목표가 된 것입니다. 그럴수록 우리는 세월호의 실체적 진실을 찾아야 합니다. 이는 죽은 예수를 부활시키는 일과 결코 다르지 않습니다. 자식의 죽음을 통해 그들 부모들이 먼저 부활했습니다. 그래서 그들은 생사를 걸고 어떤 보상도 바라지 않으며 사실만을 찾고자 동분서주했습니다. 자신들의 소중한 일상을 접은 채, 온갖 모욕적 언사도 감내하면서 광화문, 여의도, 안산 분향소를 오가며 그들은 지금 거리에서 숙식하고 있는 것입니다. 이제 그들 절규를 듣고 그들 손을 잡는 것이 이 시대의 부활(성령) 체험인 것을 숙지하십시다. 진실이 밝혀질 때 비로소 아이들의 죽음 바로 그것이 시대의 질고를 짊어진 죽음이었음을 알게 될 것입니다. 그래야 거리로 내몰린 유족들이 일상으로 돌아갈 것입니다. 남겨진 가족들을 돌보며 그들 남은 인생을 살아낼 수 있을 것입니다.

못과 창의 여파로 죽을 지경에 이른 예수께서 있는 힘을 다해 자신을 지켜 오던 어머니와 제자들에게 이렇게 말씀합니다. "어머니, 이들이 당신 아들입니다. 제자들아, 이분 마리아가 이제 네 어미다"라고 말입니다. 제게 이 말씀이 결코 예사롭게 들리지 않았습니다. 온몸의 피를 쏟으며 죽어가는 아들 예수를 지켜보는 어미의 마음을 느꼈기 때문입니다. 최근 페이스북에 담겨진 후지 TV 영상을 통해 보듯, 물이 턱밑까지 차오르는 상황에서 살고자 애쓰는 딸의 모습을 바라보는 어미의 마음을 어찌 헤아릴 수 있을까요? 그런 정황에서 예수는 마리아를 향해 제자를 비롯한 주위 사람들이 이젠 "당신의 아들이 되었다"라고 말씀합니다. 그리곤 제자들에게도 마리아가 그들의 어미가 되었다고 선포하였습니다. 모두가 모두에게 어미가 되고 자식이 되는 새로운 관계를 만들어 주신 것입니다. 흔히 기독교는 유교적 가족관계를 넘어선 탈脫경계적인 보편 종교라 자랑해 왔습니다. 하지만 현실 기독교는 자기 교회, 자기 종교, 급기야 자기 자신밖에 모르는 이기적 종교가 되고 말았습니다. 세월호 유족, 그 어미들의 아픔에 결코 공감하지 않았던 탓입니다. 오히려 그들의 아픔이 그칠 때가 되었다고, 더 이상 자식 앞세워 나라 어지럽히지 말 것을 엄히 문책하는 낯선 율법, 종교가 되어버린 것입니다. 너무도 잔인하고 무책임하며 어설픈 신앙인의 모습일 뿐입니다. 아직 끝날 수 없고 결코 이렇게 끝나서는 아니 될 슬픔을 자기 자식, 가족의 경우가 아니기에 냉혹하게 말하는 그들에게서 예수의 가상칠언架上七言 중 하나인 마지막 본문 말씀이 가슴에 공명될 리 없습니다. 하지만 수장된 세월호 아이들이 우리의 자녀이고 자식 잃은 부모가 우리의 부모라는 것이 오늘 성서가 전하는 뜻이 아니겠습니까? 그렇기에 세월호 슬픔은 아직도 지속되어야 옳은 일입니다. 세월호는 그 실체가 낱낱이 파헤쳐질 때까지 영원히 생각될 사안입니다. 경제를 앞세워 피로담론을 퍼트리는 이 땅의 정치가들에 편승하는 추악한 기독교의 모습을 접어야 할 때입니다. 지금 우리에겐 피로감이 아니라 궁금증만 더욱 가열차게 일어나는 까닭입니다. 궁금합니다! 더욱 알고 싶습니다! 세월호 참사는 우리 시대를 향해 보이신 하나님의 유일한 표징으로 남을 것입니다. 그 옛날 요나의 니느웨 표적밖에 없다 하신 예수 말씀처럼 박근혜 정부의 세월호 참사는 멸망으로 치닫는 우리 시대의 표징이 분명합니다. 이를 보지 못하고 시류에 편승, 잊기를 바란다면 미래 세대는 우리에게 이렇게 물을 것입니다. "그 힘겹고 애통하던 시기에, 5백만 이상이 특별법을 위해 애쓰던 시기에 너 기독교, 아니 감리교회는 무엇을 하며 그 시간을 보냈느냐?"고.

지금껏 10월이 되도록 모두들 주목하지 않았지만 2014년은 히틀러 정권과 그를 지지하던 독일 기독교를 향해 소수 기독교인들이 반기를 들었던 바르멘 선언(1934년) 80주년이 되는 해입니다. 모두가 히틀러를 지지하고 그를 메시아로 고백하던 시기, 그것을 양심의 가책 없이 당연시했던 시절, 2%의 지극히 작은 기독교인들의 본 선언이 없었다면 독일 기독교란 도대체 역사 앞에서 아무것도 아니었을 것입니다. 얼마 전 KNCC 90주년 행사에서 고백 되었듯 한국교회, 아니 이 땅의 교회는 너무도 크게 흔들리고 있습니다. 부활한 예수가 제자들에게 '갈릴리'로 가라 명하셨듯이 어느덧 세월호처럼 되어버린 무늬만 화려한 교회에서 뛰어내려 거친 광야로 나가야만 합니다. 광화문 광장이, 청운동 그리고 안산이 우리의 교회요 제단이 되어야 마땅합니다. 교회라는 공간에 안주하며 종교적 책임을 다했다는 자기만족으로부터 탈출해야 합니다. 대통

그래, 결국 한 사람이다

령과 국회가 유족을 버렸으니 우리 백성들, 기독교인들이 끝까지 그 곁을 지켜야 옳습니다. 그곳에서 고통 하는 이들과 부둥켜안을 때, 유족들과 함께 웃고 울 때, 모두가 우리 어머니요 자식이란 생각이 들 때 우리 교회 역시 부활할 것입니다. 하여, 감히 외쳐봅니다. '이 땅의 기독교여, 교회들이여 유족들과 함께 역사를 소생시키는 부활의 길을 향해 나아갑시다. 정치권이 막은 길을 정의의 하나님을 믿는 우리 신앙인들이 헤쳐 나가 봅시다.' 수백의 아이들을 수장시킨 지난 부활절이 슬픈 부활절이 었듯 자연의 열매에 감사하는 이 절기에 자식과 자신들의 미래를 빼앗긴 이들의 아픔을 생각하며 그들의 앞날에 힘이 되겠다고 다짐하는 것이 금번 감사절을 지나는 자세라 믿습니다. 한 해의 결산을 우리 모두 애통하는 마음의 크기로 가늠해 보십시다.

세월호 참사의 현재와 하나님의 배고픔

세월호 참사 1주기를 참으로 허탈하게 보냈습니다. 지난 1년간 참사의 진실 규명을 위한 노력이 끊이질 않았으나 이 정부가 정작 법의 이름으로 그 예봉을 교묘히 피해간 탓입니다. 유족들과 시민들의 입과 손발을 묶어 놓을 만큼 그리고 국민의 기억에서 세월호 비극을 철저히 벗겨낼 만큼 집요하게 절차적 수순을 밟아 간 까닭입니다. 세월호 특조위를 구성하는 과정에서 유족들의 진을 빼놓더니 비용 때문에 배 인양의 불가함을 떠벌리다가 총체적 민의 수렴 차원에서 이를 수용한다고 선심 쓰듯 처음 뜻을 접긴 했지만 이후 지속적으로 특조위 축소를 주장하는 방식으로 여론을 호도했고 뜻있는 시민들의 애간장을 태웠습니다. 이 과정에서 정부는 세월호 인양이란 불투명한 약속을 앞세워 민심을 잠재웠고 유족들 다수의 거부에도 불구하고 보상금액을 제시하여 마치 수령한 듯 여론을 이끌었으며 결국 세월호 유족과 민심 사이를 이간질하여 유족들을 고립시켰던 것이지요. 최근 실시된 거짓된 청문회로 인해 유족의 고통이 배가된 것도 걱정스럽습니다. 이들의 분노가 하늘에 닿았기 때문입니다.

이렇듯 지난 1년 간 유족들과 800만을 넘긴 이 땅 백성들의 호응(서명)으로 정부가 세월호 인양 쪽으로 방향을 틀기는 했으나 청문회를 통해서 드러나듯 실제로 그것이 성사될 것이라 믿는 이들이 많지 않습니다. 일단 정부를 믿을 수 없는 탓에, 인양의 목적이 실종자 찾기와 증거 보존에 있을 터인데 정부가 성심껏 응하지 않으리라 판단하는 것입니다. 앞으로 인양 방식을 두고도 갑론을박하며 시간을 낭비하고 초점을 흐릴 것을 충분히 예상할 수 있겠습니다. 이런 이유 등으로 세월호 특조위 위원장이 길거리에서 단식하며 투쟁하는 상황까지 벌어졌으니 정부에 대한 뜻 있는 민초들의 염려와 근심 그리고 불신이 참으로 골 깊어졌습니다. 더구나 대통령 눈치 보는 여당은 방역망이 뚫린 메르스 정국을 틈타 제대로 된 검증 절차 없이 총리를 인준했으며, 그의 첫 행보가 4·16 세월호 대책위 사무실 수색이었으니, 이로써 언론은 향후 공안정국을 예고했고, 따라서 세월호 진상 규명은커녕 세월호 참가자들을 범법자로 몰아세우는 일들이 많아질 것이 염려스럽습니다. 정말 이 정권이 세월호 참사를 이렇듯 인식하고 접근한다면 이 민족의 미래는 긍정적일 수 없겠지요. 우리는 이미 '이것이 국가인가?'를 물었고 그의 부재를 여실히 경험하였습니다. 더구나 메르스를 통해 세월호에 대한 정부의 무능을 다시 확인하였으니 이 정권의 오판이 가져올 화가 두렵기만 합니다.

오늘 이 지면을 통해 필자가 감당할 주제는 세월호 참사 1주기를 지난 오늘의 이런 실상을 신학적 관점에서 풀어 설명하는 일입니다. 지난

1년간 우리 신학자들은 세월호 이후의 한국 사회와 교회를 염려하며 몇 권의 책자를 펴냈습니다. 수많은 학자들이 머리를 맞대 이룬 공동지성의 결과물들이었지요. 세월호 참사를 아우슈비츠의 대학살과 비교하며 문제의 심각성을 부각시킨 글들도 더러 눈에 띠었습니다. 종북좌파의 프레임으로 세상을 바라보는 정치적 파시즘이 우리의 일상이 되었고 대형 교회를 중심으로 한 기독교가 이런 이념을 확대시켜 전파했으며 또한 피케티의『21세기의 자본론』이 베스트셀러가 될 정도로 이 땅에 만연된 경제적 불평등의 현실이 시공간적으로 다른 두 사건을 중첩시켜 볼 수 있는 충분한 단서가 되었습니다. 하지만 아우슈비츠로 인해 정작 죽었던 것은 유대교(인)이 아니라 기독교(인)였다고 서구역사가 판단하였듯이 세월호 참사 역시 기독교의 민낯을 드러낸 탓에 이 땅 기독교의 앞날을 어둡게 했고, 미래를 저당 잡았다 할 것입니다. 세월호 참사에 대한 대형교회들의 신앙적 편견, 무관심과 막말 파동 등으로 평생 크리스천으로 살았던 세월호 유족들 다수가 교회를 떠나 방황하고 있는 기막힌 현실을 이 땅의 백성들이 직시하고 있습니다. 세월호 유족을 둔 교회들조차 교통사고(?)로 그만큼 보상받았으니 다행이고 믿음을 지녔기에 천국에 갔을 터, 슬픔을 그치라고 권면하였지요. 하나님의 이름을 부르며 살기를 원했던 아이들의 눈물겨운 사투가 담긴 영상을 보면서도 세월호 참사의 사실facts에 눈감도록 신앙의 이름으로 종용했고 오히려 정부를 대변하듯 정치·경제적 안정을 염려했기에 교회에 대한 유족들의 좌절과 분노가 극에 달했습니다. 성서가 말하듯 슬퍼하는 자와 함께 슬퍼하는 공동체이기를 스스로 포기한 결과일 것입니다. 최근에는 안산 분향소에서 추모 성가제를 열려는 지역 청장년층의 선한 시도를 유족들을 둔 교회 목사들이 거부했다는 소식도 들립니다. 이처럼 사실을 접고

그래, 결국 한 사람이다

천국 신앙에 안주하기를 권면하며 정부의 나팔수 역할을 하는 기독교는 예수(성서)의 종교이기는커녕 마르크스가 말하는 인민의 아편이자 이데올로기(대타자)로 전락하여 무신론만도 못한 지경에 이르렀다 하겠습니다. 세월호 참사가 이 땅에 만연된 총체적 부실의 실상이자 단편인 것을 알았다면 기독교는 결단코 이와 다른 입장을 취했어야 옳았습니다.

　따라서 본고에서는 세월호 참사를 달리 이해할 수 있는 신학적 틀을 제시하는 데 초점을 둘 것입니다. 본 참사를 달리 읽을 수 있는 눈(觀)이 있어야 오늘의 실상과 마주할 수 있는 여력이 생기는 탓입니다. 이는 성서를 개인적 차원의 종교성을 뜻하는 칭의稱義의 책이 아닌 유대적 맥락에서 하나님 정의正義의 보고로 읽는 관점을 요구합니다. 지난 500년 동안 개신교는 종교개혁자들의 성서 이해의 틀에 절대적으로 의존하고 있었습니다. 중세기 가톨릭교회 내 공로(행위)사상의 타락 탓에 율법과 믿음을 절대적으로 분리시켰고 '오직 믿음'으로만 인간의 구원의 길이 열린다는 것을 종교개혁 이후 개신교 신학의 핵심이라 여긴 것입니다. 따라서 '오직 은총'이란 것도 인간의 자유의지 혹은 이성과 대립되는 개념으로 이해되었을 뿐 하나님의 정의와의 연관성을 잊고 말았습니다. 개신교 신학의 다른 원리인 '오직 성서' 역시 이런 식의 믿음과 은총을 전제로 한 배타적 고백이자 교리가 되었습니다. 하지만 종교개혁 시기에 형성된 이 3대 원리가 오히려 작금의 개신교 타락을 가져왔고, 개신교를 정치적 불의에 무능한 종교로 만들었다는 비판이 일고 있습니다. 이런 조짐은 유럽에선 벌써 아우슈비츠 사건 이후 나타났고, 기독교의 죽음과 함께 희랍적 사유와의 연결 대신 유대적 사유의 재발견으로 이어졌습니다. 하나님의 정의의 차원이 다시금 살아났고 율법의 무효화 대신

성서의 믿음이 반드시 행위를 동반한다는 것을 강조할 수 있었습니다. 이 경우 행위란 정치적 영역과 결코 무관치 않습니다. 로마 시대에 살면서 로마와는 전혀 다른 삶의 양식을 창출해야 했고, 로마와는 다른 방식으로 세상의 평화를 이뤄내는 것이 신앙의 과제였던 까닭입니다. 이는 오늘 우리에게도 적용되어야 할 진리입니다. 자본주의가 지배하는 세상에서 그와 달리 살며 전혀 새로운 공동체를 일궈야 하는 탓이겠지요. 따라서 성서의 하나님은 예배와 제사를 원하는 분이 아니라 이 땅의 정의를 바라는 분으로 재정위再正位되어야 마땅합니다. 하나님의 음식은 인간이 바치는 예물이나 제사가 아니라 이 땅에서 펼쳐지는 공의라는 것이지요. 그렇기에 이 땅에 정의가 사라지고 불의가 판치는 한 하나님은 여전히 배가 고프십니다. 배고프신 하나님, 아사餓死 직전에 놓이신 하나님, 이것이 세월호 참사를 겪는 이 땅의 현실에서 우리 기독교인들이 선포해야 할 하나님 상像이어야 합니다.

하지만 세상의 정의와 하나님의 정의는 결코 동일시 될 수 없습니다. 세상의 정의는 법을 통해 이뤄지는 것이나 하나님의 정의는 의당 법 차원을 넘어서는 탓이지요. 물론 법 없이는 하나님의 정의 또한 이뤄질 수 없는 것이 사실입니다. 그러나 그것만으로 하나님의 정의가 실현되기 어렵습니다. 하나님의 정의는 하나님 나라의 실상인 탓입니다. 이 점에서 서구 기독교 역사는 세상법과 하나님의 정의 간의 대립과 갈등의 역사라 해도 틀리지 않습니다. 빌라도가 자신의 법정에 예수를 세운 이래로 세상법은 지금껏 하나님의 법, 곧 그의 정의를 능멸했고 부정해왔습니다. 따라서 사도 바울이 로마서(7장)에서 고민했던 두 가지 법 간의 내적 싸움은 세상법과 하나님의 정의간의 갈등이라 해도 틀리지 않겠지요. 자기가 살았던 로마 시대의 법과 다메섹 체험 이후 발견한 하나님의 정의 간의 내적 투쟁이라 할 것입니다. 이는 자본주의 시대에 살면서 하나님의 정의를 사랑할 수 있겠는가를 묻는 이 시대의 우리의 물음이기도 합니다. 그렇다면 왜 세상법이 문제가 되는 것일까요? 하나님의 정의는 세상법과는 어떻게 달라야 하는 것이지요? 한국교회가 세월호 참사를 경험하며 고민해야 할 지점도 바로 여기에 있습니다. 세상법에 안주하며 내세 신앙으로 답하기보다 세상법과 갈등하며 치열하게 하나님의 정의를 실현해야 옳기 때문입니다. 불행하게도 한국교회는 하나님의 정의를 너무도 쉽게 포기했고 현실(법)에 굴복해 버렸습니다. 법의 논리에 하나님의 정의, 곧 신앙의 물음을 묻히게 했던 것이지요. 이 땅에서 이뤄야 할 하나님 나라에 대한 관심을 잃은 탓입니다. 이로써 하나님은 지금도 여전히 굶주려 있습니다. 수천억 원 들여 지은 교회에서 예배를 드리고 제사를 바치지만 하나님의 주린 배는 채워지지 않고 있습니다. 세월호 유족들의 피눈물이 그쳐지지 않는 한 하나님은 여전히 굶주릴 것입니다. 그의 음식은 세상법을 넘어선 정의, 곧 억울한 약자들의 눈물을 씻기는 일인 까닭이겠지요.

세상법이 지닌 문제성이 지금 세월호법을 통해서 여실히 드러나고 있습니다. 율사 출신들이 국회에 입성하면서 세상은 온통 법으로 지배되고 있는 것 같습니다. 그러나 그 법은 기득권자들을 위한 것일 뿐 약자들을 대변하지 않습니다. 법의 강제력을 집행하는 정부 역시 마찬가지가 아니던가요. 법의 옳고 그름에 대한 물음도 토론도 없이 지킬 것을 강요하며 그 틀거리에서 이탈하는 사람들을 범법자로 내몰고 있습니다. 세월호 참사의 진실을 밝히는 것이 옳은 일이며 그 일의 진척을 위해 특조위가 제대로 옳게 구성되었어야 할 것이고, 또한 인양 방식에 대한 합리적 토론이 의당 필요했을 터인데 법으로 이 과정을 방해하며 불투명하게 만들고 있으니 유족들의 한恨은 결코 치유될 수 없을 것 같습니다. 유족의 한 맺힌 절규에 눈감고 법으로 세월호 진실을 방해하는 율사들이 정치인으로 존재하는 한 세상은 한 치도 달라질 수 없습니다. 정작 그들은 청문회를 통해 보듯 법망을 피해 온갖 불의를 자행하고 있음에도 말입니다. 따라서 세월호 진실, 곧 하나님의 정의를 위해 기독교인들이 할 일은 때론 세상법과 맞서며 그를 어기는 일일 수 있겠습니다. 한마디로 범법자가 되란 말입니다. 바로 이것이 바울이 고뇌했던 자신 속 두 가지 법과의 내적 싸움이었다고 성서학자들은 말합니다. 예수 역시 당시의 실정법을 어긴 죄로 십자가에 달렸으니 기독교인의 운명이 처음부터 이리 정위된 것은 아닐까 싶습니다. 안식일 법을 어겨 안식일에도 사람을 고쳤고, 먹였으며, 성전 법과 달리 신령과 진정으로 예배하는 그곳을 성전이라 했기에 실정법을 어긴 존재가 분명했습니다. 그런 예수를 종교 지도자들이 로마 법정에 세웠으니 기독교는 하나님 정의를 위해 세상법과 갈등하는 종교일 수밖에 없습니다. 그래서 지금도 세월호 유족들을 위해 일하다가 법을 위반하여 기꺼이 감옥에서 노동하는 목회자들이 있는 것이겠지요. 한국교회는 바로 이런 존재들을 주목하고 그들을 새롭게 평가해야 옳습니다.

흔히들 종교와 정치, 신앙과 정치를 상호 무관한 영역이라 여기며 상호 분리를 당연시합니다. 하지만 유대적 사유를 수용한 기독교 신학은 이를 용납지 않습니다. 주지하듯 올해 신학계는 히틀러 암살 음모에 가담했던 죄목으로 70년 전 처형당한 신학자 본회퍼를 깊게 추모하고 있습니다. 그 역시 그리스도의 제자가 되는 길에 정치 영역을 결코 제외시킬 수 없다고 하였지요. 이는 세상법과 하나님의 정의 사이의 현실적 간극에서 오는 결과라 할 것입니다. 거듭 말하지만 세상법은 억울한 자의 눈물을 닦아 주지 못합니다. 세월호법이 진실을 알고자 하는 유족들의 열망을 짓밟고 있는 까닭에 하나님의 정의가 더욱 필요한 시점이 되었습니다. 세상법은 기억을 지워 체제를 유지시키고자 하나, 하나님의 정의는 법을 무효화시켜 세상질서를 흔들고자 합니다. 오로지 약자들의 눈물이 거둬지는 새로운 세상을 위해서 말입니다. 그렇기에 성서에 적시된 하나님 나라의 비유를 음미하는 것이 중요하고 필요합니다. 세상법은 오전에 일하러 나온 이들에게 오후에 일자리를 얻은 이들보다 더 많은 임금을 줄 것입니다. 그러나 하나님 나라에서는 누구에게나 같은 품삯, 곧 일용할 양식을 준다고 하였습니다. 언제 일자리를 얻었든지 간에 하루를 살 돈이 누구에게나 동일하게 필요하다고 여긴 탓입니다. 또한 성서는 되갚을 능력이 없는 사람들을 초대하여 잔치를 베풀 것을 역설했습니다. 그들이 오히려 갚을 것을 두려워하고 염려하라고 했습니다. 이렇듯 하나님의 정의는 세상법 내지 관습(인습)과 달리 표현되고 있습니다. 따라서 세상법을 넘는 차원이 바로 신앙의 세계이며 교회 공동체가 꿈꿔야 할 미래, 하나님 나라인 것입니다. 그러나 이것은 진실로 범법자가 되어야 가능한 일이겠습니다. 모두에게 동일한 임금을 주는 것은 자본주의 체제를 유지하는 실정법을 어긴 범법자의 실상일 것입니다. 소위 세계 시민사회라 일컬어지는 작금의 시대에 불법 이주 노동자들의 존재를 부정하며 살 수 없을 것입니다. 이들을 품으며 그들 인권을 위해 이 땅의 기업가들과 싸우는 사람들 역시 범법자가 될 수밖에 없을 것입니다. 하지만 하나님의 정의는 이런 방식으로 세상법을 능가하며 세상 속에 현존합니다. 그러나 인간이 온전히 하나님의 정의를 실현시킬 수 없는 것이 현실이겠지요. 그렇기에 우리는 하나님의 정의를 은총이라고 밖에 달리 표현할 수 없습니다. 단지 은총이 종전처럼 자유의지, 이성에 반하는 개념이 아니라, 이 땅에 정의가 이뤄지는 방식을 일컫는 말이란 것에 유념할 필요가 있습니다. 한마디로 정의는 은총이며 지금도 그 실현을 위해 애써야 할 과제가 되었습니다.

우리 시대는 하나님의 은총이 가장 필요한 시대가 되었습니다. 세상 법에 맞서 하나님의 정의를 실현시킬 목적에서 말입니다. 말하였듯 하나님의 은총은 때론 우리에게 범법자의 길에 나설 것을 요구합니다. 이것은 기독교인에게 있어 숙명과도 같은 일입니다. 파괴를 위한 것이 아니라 새로운 질서를 위한 것이기에 이것은 예수가 걸었던 마지막 일주일의 여정, 곧 '호도스(길)' 그것과 결코 다를 수 없습니다. 이는 법을 앞세워 공안 통치를 자행하려는 현 정권의 정책과 너무도 다른 길입니다. 예수 당시 성전 신학을 로마의 제국 신학이 후견하였듯이 오늘의 기독교 역시 정치와 법에 의해 후견 되고 있습니다. 그렇기에 법에 의존해 정치와 경제 체제를 옹호했고 약자들의 고통에 둔감했으며 그들의 아픈 기억을 지우고자 했습니다. 하지만 그들의 슬픔과 고통을 기억하는 일에 혼신을 다해야 기독교에게 하나님의 나라를 선포할 자격이 주어질 것입니다. 향후 시간이 흐를수록 세월호 참사는 잊혀져갈 것이며 유가족들의 고통은 가중되고 점차 세상으로부터 고립되어 질 것입니다. 하지만 이 땅의 총체적 부실을 알리는 세월호 참사의 진실이 묻혀 가려지고 유족들이 한恨이 온 산하를 덮고 있는 한, 우리나라는 한 치도 앞으로 나갈 수 없다는 것 역시 분명한 사실입니다. 그렇기에 하나님의 정의만이 이 땅을 되살릴 수 있음을 기독교인들이 고백해야 옳습니다. 은총으로서의 정의를 위해 정치, 경제, 종교 모든 영역에서 기꺼이 범법자가 되라는 하나님의 거친 부름 앞에 응답하는 것을 우리의 과제로 인식해야 할 것입니다. 참으로 어려운 숙제가 되겠으나 이런 신앙의 길, 기독교의 모습을 사랑할 신앙인이 아주 소수라도 이 땅에 존재한다면, 아니 존재했기에 그래도 우리는 희망을 노래할 수 있습니다.

2017년이면 교회는 종교개혁 500년이 되는 시점에 이르게 될 것입니다. 과거 개혁의 주체였던 교회가 개혁의 대상이 되고 있는 시점에서 우리는 '교회의 복음화 없이 세상 복음화 없다'는 명제 앞에 정직하게 직면할 필요가 있습니다. 이 일을 위해 무엇보다 종교개혁의 3대 원리를 메타크리틱metacritic해야 옳습니다. 개혁의 원리 자체를 오늘의 시점에서 그리고 성서적 시각에서 철저히 검증해 보자는 것입니다. 세월호 참사에 마음을 쏟는 기독교로 거듭 탄생할 수 있기 위함이지요. 무엇보다 하나님께서 이 땅에 정의를 원하신다는 것, 그의 음식이 세상의 공의라는 성서 말씀에 유념하십시다. 가난한 자(약자)들 편에서 그들과 함께하는 삶을 살아내는 것이 본래 성서가 말하는 복음이었음을 기억합시다. 성전과 제국으로부터 내쳐진 땅의 사람들(암하레츠)을 하나님의 아들로 불렀고 그들을 공동체의 일원으로 되부른 것이 예수의 복음, 기쁜 소식이었습니다. 바울 역시 로마법과 갈등하며 하나님의 법, 곧 그의 정의를 위해 자신의 일생을 바친 존재였습니다. 자신이 세운 공동체(교회)를 통해 로마와 다른 방식으로 세상을 고쳐 만들기 원했던 것입니다. 그가 말한 그리스도 안의 존재Sein in Christo 역시 기존 담론을 벗고 '모두에게 모두처럼'(as if) 되는 삶의 양식을 창출하는 것이었습니다. 그것만이 하나님의 굶주린 배를 채울 수 있다고 믿었던 탓입니다. 지난 시기 경제 대통령을 만들었던 주역이 기독교인들이었고 종북좌빨 이데올로기를 전파한 주체도 몇몇 대형 교회들이었다는 사실은 우리 교회 역사에 치명적 오점으로 기록될 것입니다. 그만큼 우리 교회는 정치에 휘둘렸고, 자본주의 경제 체제를 맹신하며 욕망 덩어리가 되었습니다. 그러나 분명한 것은 종교개혁 500년을 눈앞에 둔 오늘의 교회는 천민자본주의를 넘어서야 할 과제에 직면해 있습니다. 세월호 참사에 대한 교회의 시각이 고쳐지기 위해서라도 '자본주의 이후'에 대한 관심은 두 번째 종교개혁의 주제가 되어야 마땅합니다. 이 일을 위해 무엇보다 우리의 믿음이 현 세상과의 변별을 위한 행위하는 힘(능력)으로, 은총 역시 세상법을 초월하는 하나님의 정의로 독해 되면 좋겠습니다. 세월호 참사의 진실을 밝힐 수 있는 기독교적 힘은 이렇듯 자체 개혁을 통해서 가능할 것입니다. 세월호 진실을 묻고자 하는 이들과 지키려는 자들의 싸움에서 오늘의 교회가 하나님의 양식(정의)을 빼앗지 않기를 간절히 바랄 것입니다.

장로님, 당신은 어머니 이십니다

세월호 참사 1주기를 맞아 드리는 한 신학자의 호소

지난 3월 주일예배를 마치고 종종 그랬듯이 광화문 세월호 천막을 찾았고 그곳에서 아직도 가족 품에 돌아오지 못한 선생님, 학생 그리고 어린아이 9명의 얼굴이 실린 현수막을 보았습니다. 벌써 1년이 다 되어 가는데 아직도 찬 바닷속 어느 곳에 머물고 있다 생각하니 사진 속의 그들 눈조차 마주할 수가 없었습니다. 세상은 벌써 그들을 잊고자 했고 교회에게도 관심 밖의 일이 되어버렸으나 그들 9명의 눈빛은 여전히 살아 무언가를 전⟨傳⟩하고 있었습니다. '나를 잊지 말라고, 우리를 잊어서는 아니 된다고, 우리를 위해서가 아니라 살아있는 당신들을 위해서 그리 해야 한다고, 우리의 죽음은 사고가 아니었고 살아있는 당신을 위한 사건이었다'고 말입니다. 이렇듯 현수막 속 실종자들과 대화하던 중 수백 명의 여성들이 성차별 금지, 성 평등을 요구하는 피켓을 들고 세월호 진실을 밝힐 것을 호소하며 광화문 현장을 지나갔습니다. 가만히 생각해 보니 3월 8일 주일이 바로 세계 여성의 날이었습니다. 여성으로 태어난 것을 고맙게 여기며 여남女男 모두가 평등한 기회를 갖기를 바랐고 더불어 살 수 있는 공동체를 희망했으며 약자에 대한 배려와 공감 넘치는 사회를 소망하며 세월호 현장을 찾았던 것입니다. 그들 속에는 자식을 낳아 키워본 늙은 어머니도 있었고 어린아이와 손잡은 젊은 새댁도 있었으며 활기찬 젊은 청년들도 상당수 보였습니다. 심지어 고등학생들도 눈에 띄었고 제가 가르치는 신학교 학생들도 몇몇이 함께 했습니다. 세월호 희생자들 영전에 묵념하며 지나는 그들 행렬을 지켜보며 저는 여성으로서 장로 직분에 이른 여러분들을 떠올렸습니다. 여성 장로님을 위한 세월호 관련 글을 부탁받은 상황에서 이들 여성들을 보며 교회를 섬기는 여성 장로님들 모습이 스쳐 지나간 것입니다. 지난 세월, 세상보다 더욱 가부장적인 교회 현실에서 여성으로서 장로가 되었다는 것은 실로 엄청난 일이었습니다. 수많은 세월 동안 얼마나 교회에 헌신했기에, 그의 지도력이 남성들에 비해 크게 출중한 탓에 혹은 경제적 여건이 남달랐던 이유로 여성 장로의 직을 얻었을 것입니다. 그렇기에 여성 장로란 직분은 이 땅의 기독교가 민족에게 준 커다란 선물이 아닐 수 없습니다. 여성들을 지도자로 세운 교회, 지도자의 자의식을 지닌 여성 장로들은 그렇기에 한국 사회의 희망이자 미래가 되어야 합니다. 아직도 '그'의 이야기(Histoty)만 난무하는 현실에서 '그녀'의 이야기(Herstory)를 만들어 세상을 달리 만들어야 하는 까닭입니다. 일찍이 독일 문호 괴테는 '여성적인 것이 세상을 구원할 것이라' 말한 바 있습니다. 그렇다면 신앙을 지닌 여성의 힘이 지금과는 다른 방식으로 교회와 세상에 미칠 수 있어야 할 것입니다.

세월호 참사가 일어난 지 벌써 1년이 지나고 있습니다. 사건이 발생한 지난해와 달리 올해의 부활절은 세월호 사건보다 한주 앞서 우리를 맞고 있습니다. 어쩌면 이 글이 부활 주일(4월 5일)쯤 장로님들에게 읽혀질지 모르겠습니다. 주지하듯 지난해 부활절은 참으로 기억하기조차 싫은 참담한 날이었습니다. 수백 명의 아이들을 수장시킨 채로 '사셨다, 주님 다시 사셨다'란 부활 찬송을 불러야 했던 탓입니다. 부모 품에 돌아와야 할 아이들이 갑작스레 사라진 현실에서 하나님의 전능과 주님의 부활이란 교리는 참으로 공허했습니다. 죽어가는 아이들의 모습을 실시간 지켜보았고 구조되리라 믿었으나 한 생명도 살리지 못한 국가의 총체적 무능을 보면서 부활의 기쁨보다 오히려 분노가 앞섰고 세월호 고통에 둔감한 교회들에게서 배신감을 느껴야 했습니다. 생명을 잉태한 경험이 있으신 장로님이기에 생명 탄생의 의미가 무엇인지를 잘 아실 것입니다. 한 사람이 태어난다는 것은 실로 어마어마한 일이 아닐 수 없습니다. 앞으로 태어난 한 아이가 일궈나갈 미래가 얼마나 클지 상상조차 하기 어려운 탓입니다. 유족들의 구술을 정리한『금요일엔 돌아오렴』이란 책이 말하듯 아이들 모두는 우리 사회가 필요로 하는 소중한 삶을 꿈꾸며 소박하게 성장했습니다. 가난한 가정 형편을 걱정해 수학여행비로 받은 3만원 중 2만원을 엄마 손에 되돌려 준 채로 세월호에 탑승한 착한 아들도 있었습니다. 장차 신부가 되고자하는 신심(信心) 깊은 아이도 있었고 그 절박한 죽음의 상황에서 친구를 앞세워 탈출시킨 의로운 학생의 이야기도 전해지고 있습니다. 모두가 철부지이고 망나니짓 하는 사춘기 학생인 줄 알았으나 힘든 어머니를 먼저 걱정했고 아버지의 처진 어깨를 부축하는 생각 여문 우리의 자식들이었습니다. 전통적으로 자식들은 우리 부모들의 미래이자 내세적 의미를 갖고 있습니다. 그래서 자식을 잃는 것은 우리의 미래를 잃고 내세를 앗기는 것과 다르지 않다고들 말합니다. 금번 세월호 참사가 우발적인 사고라 할지라도 부모들에게 창자가 마디마디 끊어지는 고통, 곧 단장지통斷腸之痛의 아픔을 주었을 것입니다. 하지만 이번 경우는 사고가 아니라 사건이었고 사실fact 자체를 은폐하려는 정치권 압력 탓에 지금껏 부모들은 자식들과 이별Goodby조차 할 수 없는 현실이 되고 말았습니다. 왜 죽었는가? 무엇 때문에 그들을 구조하지 못(않)했는가? 선장과 선원들만이 해경에 의해 구출된 이유는 무엇일까? 안개 낀 밤 유독 세월호만 출항한 까닭이 있었는가? 어찌 세월호를 잘 알지 못하는 비정규직 선장이 당일 배의 키를 움직였는가? 세월호가 국정원 소유라는 의혹을 제대로 밝혔는가? 왜 경찰은 아이들의 유품을 가족들에게 쉽게 돌려주려 하지 않았는가? 세월호의 불법 개조를 허가한 단체, 관련자들은 누군가? 유병언 사건은 세월호 참사를 조작 은폐하려는 정부의 술책이 아니었던가? 종편은 물론 주요 방송들조차 거짓을 방영하고 오보를 되풀이했었는가? 국가 통치권자인 대통령은 정말 이 사건을 즉시 통보받지 못했는가? 아이들을 살릴 수 있는 마지막 골든 타임에 선장이 세월호의 과적 은폐를 위해 회사와 전화하는 것이 상식적 일인가? 비용을 핑계로 세월호 인양을 거부하는 것은 진실을 덮겠다는 악한 의도가 아닐까? 아직도 9명의 실종자가 진도 앞바다에 머물고 있음에도 여론을 호도하는 것은 OECD 가입국다울 수 없다고 생각합니다. 그렇기에 유족들은 피곤하고 지쳤으나 결코 슬픔을 멈출 수가 없습니다. 오히려 더욱 알고 싶고 묻고자 할 뿐입니다. 이렇듯 팽목항 현장에서 언론과 정부, 그리고 해경의 거짓된 행태를 낱낱이 경험한 유족들은 가슴속에 하고픈 많은 말을 품고 있습니다. 이를 듣고 옳게 위로하며 맺힌 한恨을 풀 사람들이 주위에서 사라져 가는 것을 유족들은 두려워합니다. 유

그래, 결국 한 사람이다

족들 중 기독교인들이 상당수 있었으나 다수가 이미 다니던 교회를 떠났다 합니다. 아니 떠난 것이 아니라 내몰렸다고 해야 옳습니다. '기뻐하는 자와 함께 기뻐하고 슬퍼하는 자와 더불어 슬퍼하라'는 성서 말씀이 있건만 교회는 슬픔을 거두라고 천국에 소망을 두라는 말뿐이었고 결코 그들 곁에 머물고자 하지 않았습니다. 그들의 아픈 시간, 상처 아물기를 기다려 주지 못했습니다. 그래서 세상 사람들은 국가와 교회를 향해 이렇게 조롱합니다. 눈먼 국가, 귀먹은 교회라고 말이지요. 레드 카펫을 밟으며 국회 의사당을 찾았던 박근혜 대통령은 그를 밤새워 기다렸던 유족들에게 눈길 한번 주지 않았고 교회는 상식 이하의 말들을 쏟아내며 유족들을 괴롭혔던 탓입니다. 세월호 참사로 온 땅이 슬퍼하던 지난해 여름, 이 땅을 찾아 위로가 되었던 교종께서 최근 세월호 참사는 어찌 되었냐고 물었다 합니다. 세월호에 대한 그의 관심이 일회적이지 않고 지금도 지속되고 있으니 그의 위로는 거짓이 아니었습니다. 더구나 세상에 불의가 가득한 데 그 잘못을 묻지 않고 하나님께 기도하는 것을 모르핀 주사를 맞는 것과 다르지 않다고도 했으니 유족들 고통에 귀 닫은 교회들을 그가 또다시 부끄럽게 했습니다. 2015년은 우리 개신교가 자랑하는 신학자 본회퍼 목사가 옥중에서 서거한 지 70년 되는 해입니다. 그는 목사, 신학자의 이름을 넘어 '참된 그리스도인'이란 호칭을 얻는 귀한 존재이지요. 그의 『윤리』란 책에 나오는 말 한두 구절을 인용해 보겠습니다.

> 무죄한 자들의 피가 하늘을 향해 절규하건만 교회는 외쳐야 할 자리에 벙어리가 되고 말았다. … 교회는 그리스도의 이름을 빙자하여 폭력과 불법이 자행되는 것을 수수방관하였다. … 교회는 가장 연약한 자들, 예수 그리스도의 형제들의 삶에 죄를 지었다.

… 교회는 모든 사회 질서에 희생당한 사람들에게 무조건적인 빚을 지고 있다. 설령 그들이 그리스도 공동체에 속해있지 않는다고 해도 마찬가지이다.

본회퍼 목사는 이렇듯 우리 주변에 널려있는 사회적 약자들이 자신들의 고통을 하늘을 향해 외치고 있는 상황에서 이들 '곁'에 머물고자 결단하지 않은 것을 하나님 사랑에 대한 위반이라 했고 그것은 마치 하늘나라에 초대되었음에도 밭을 샀기에, 장례를 치를 까닭으로 응하지 못하는 것(마 8:21)과 조금도 다를 바 없다고 했습니다. 이런 개신교 목사의 증언은 '아직도 더 슬퍼야 한다'는 가톨릭 교종의 가르침과 정확히 중첩됩니다. 세계적인 신·구교의 최고 성직자들이 이렇게 말했다면 평생 어머니의 삶을 사셨던 장로님들께서도 세월호에 냉담한 오늘의 교회를 달리 생각하며 옳게 사랑하고 바르게 섬겨야 마땅합니다. 유족들 그들의 종교가 무엇이든지 간에 이유 없는 그들 고통에 대해 아니 국가의 총체적 부실 탓에 희생된 이들을 위해 끝까지 그들 '곁'이 되고 피해자와 벗하는 삶을 사는 바로 그런 삶이 성령체험이자 영생의 길인 것을 믿어야 할 것입니다.

이와 관련하여 본회퍼 목사님의 말씀을 기억하면서 두 곳의 성서 말씀을 생각해 봅니다. 유족들의 곁이 되고 그들의 슬픔에 끝까지 함께 하는 것이 얼마나 성서적인 것인지를 부언할 목적에서입니다. 우선 로마서 8장 26절의 말씀을 전합니다. "이와 같이 성령께서도 우리의 약함을 도와주십니다. 우리는 어떻게 기도해야 할지도 알지 못하지만 성령께서 친히 이루 다 말할 수 없는 탄식으로 우리를 대신하여 간구해 주십니다." 저는 이 말씀 속에서 지난해 '슬픈' 부활절을 보냈던 교회가 세월호 1주기를 맞아 새로운 깨침을 얻어야 한다고 생각합니다. 성서의 말씀대로라면 우리가 듣지 않고 보지 않아서 그렇지 세상에는 슬프고 고통스러운 사람들의 탄식으로 가득 차 있습니다. 너무나 슬프고 기막힌 탓에 기도조차 할 수 없는 사람들의 아우성이 세상을 채우고 있습니다. 오늘의 현실에서는 단장지통을 겪고 있는 유족들을 비롯하여 일자리를 잃고 70m 망루에서 살려달라고 소리치는 노동자들이 바로 그들이겠지요. 그런데 오늘 말씀에서 성령께서 그들을 대신하여 탄식하고 있다고 하십니다. 탄식하는 이들의 아픔과 고통이 너무 크고 중하기에 그들을 지키고 보호하기 위해 성령 스스로가 탄식하고 있다는 것입니다. 이 말씀대로라면 주변에서 들리는 탄식은 성령의 외침일 것이며 뭇 탄식의 소리를 듣고 그와 함께하는 것을 성령체험이라 말할 수 있겠습니다. 이렇듯 고통과 탄식이 난무하는 시기에 성서는 인습화된 교회의 가르침과 달리 성령의 역할과 그와 하나 되는 길을 제시합니다. 이런 새로운 시각(觀)을 얻(갖)는 것이 참으로 중요합니다. 흔히들 남성의 경우 보다 여성들의 공감능력이 뛰어나다 합니다. 아마도 여성에게만 허락된 생명을 잉태하는 예외적 경험 탓일 것입니다. 예나 지금이나 예수의 마음을 읽는 감수성은 언제든 여성 제자들의 몫이었습니다. 하늘 뜻 이루고자 죽음의 길을 걷는 예수의 예루살렘 여정 속에서 남성 제자들은 그 시점에도 누가 더 높을 것인가를 놓고 논쟁하였습니다. 그러나 정작 예수의 뜻을 알아챈 것은 마리아였습니다. 옥합을 깨트려 자신의 모든 것을 예수의 죽음을 위해 바쳤던 존재였습니다. 당시 옥합을 깨트려 예수의 고통을 이해한 마리아처럼 여성 장로님들 역시 지금 옥합을 깨트려 유족들의 아픔과 절규를 품고 그들 곁에서 진실규명에 힘을 보태셔야 할 것입니다. 지

331

금 그들의 한恨을 푸는 것은 진실 규명밖에 없습니다. 진실이 규명되어야 세간에 떠도는 유언비어도 종식될 것이고 그래야 이 땅이 안정되고 미래가 열릴 수 있습니다. 그렇기에 세월호 진실 규명은 참과 거짓의 싸움으로서 정치싸움이 아닌 신앙적 행위일 수밖에 없습니다. 성서는 우리에게 '예'할 것과 '아니오' 할 것을 분명히 할 것을 요구하십니다.

두 번째 말씀으로 저는 누가복음서에 기록된 선한 사마리아인의 이야기를 떠올립니다. '누가 네 이웃인가?'를 묻는 예수님의 말씀 속에서 우리가 관심하는 영생의 답이 있음을 놓치지 말아야 하는 까닭입니다. 흔히 영생을 죽어서 얻는 상태라고만 믿고 알고 있으나 본 성서는 화급한 구체적 현장 속에서 이웃 되는 삶이 영생인 것을 가르치고 있습니다. 본문 말씀의 뜻은 다음과 같지요. 여리고 도상에서 강도를 만나 죽게 된 유대인이 있었습니다. 마침 제사장이 그 고개를 넘고 있었지요. 고개 너머에 있는 성전에서 예배를 인도하려면 지체할 시간이 없었습니다. 그래서 그는 강도 만난 자를 지나쳐야만 했습니다. 한 율법학자도 그 길을 걸어갔습니다. 평생 율법을 연구한 그에게 피(血)란 부정한 것이었습니다. 강도 만난 자의 몸에서 흐르는 피를 보지 않는 것이 자신의 본분인 '거룩'을 지키는 길이었기에 그 역시 현장을 서둘러 떠났습니다. 이어서 조상 대대로 유대인과 원수지간으로 살았던 사마리아 사람이 강도 만난 유대인을 만나게 됩니다. 그도 제사장과 유대인처럼 현장을 떠날 충분한 이유가 있었습니다. 남북 왕조가 분리된 이후로 유대인과 사마리아 사람은 줄곧 상종치 않았던 탓입니다. 조상 대대로 서로 원수지간이었습니다. 따라서 사마리아인 역시도 많은 인간적 갈등이 있었겠지요. 의당 피하고 싶었을 것입니다. 하지만 그렇게 하지 않았습니다. 끝까지 강도 만난 유대인의 곁이 되어 주었지요. 예수께서는 이런 삶을 일컬어 영생이라 하셨습니다. 이반 일리치란 신학자의 말도 이 점에서 다시 기억되어야 합니다. 하나님께서도 본래 인간이 될 하등의 이유가 없었답니다. 하지만 인간의 구원을 위해서 그는 인간의 몸을 입어야만 했습니다. 그가 신神으로만 머물렀다면 그는 인간에게 결코 '곁'이 되지 못했겠지요. 일리치는 인간 구원을 위해 신神의 신神됨을 포기한 것을 기독교의 최상의 가치라 고백했습니다. 바로 이 가치를 실현시키는 것이 기독교의 존재 이유이자 영생이란 것입니다. 따라서 강도 만나 피투성이 된 사람이 있는 곳에서 성직자는 성직자이기를 포기해야 옳았습니다. 제사보다 예배보다 중요한 것이 고통받은 현장이며 강도 만난 자의 아픔이어야 했습니다. 율법학자 역시 울부짖음이 있던 그곳에서 율법학자이기를 그쳐야 마땅했겠지요. 자신의 금기인 피를 만지는 것이 오히려 더욱 거룩한 일인 것을 알아야만 했습니다. 사마리아인이 원수였던 유대인에게 다가갔듯이 말입니다. 기독교 에큐메니칼 운동에 평생을 바친 고故 오재식 박사는 이런 '현장이 자신에게 꽃으로 다가왔다'고 고백한 바 있습니다. 그렇습니다. 강도 만난 자의 이웃이 되었던 사마리아인에게서 신神이 인간이 된 성육신의 신비, 곧 기독교의 최상의 가치가 실현되었기에 우리는 이를 영생이라 일컫습니다. 이 점에서 우리 시대의 강도사건인 세월호 참사를 잊고 예배드리기에 분주한 오늘의 교회, 성경만 읽고 현실의 소리에 귀 막은 이 땅의 교회에게 성육신의 신비, 곧 영생은 먼 이야기가 되고 말았습니다. 지금이라도 세월호 현장인 팽목항과 안산, 광화문을 구원과 영생이 생기生起하는 공간으로 만들어야 합니다. 세상의 고통과 함께하고 가난하고 상처받은 이들 곁에 서는 것이 정통과 이단을 나누는 시금석인 것을 잊지 말아야 할 것입니다. 이런 최고의 가치가 방치되면 기독교는 최악의 종교가 되고 말 것입니다. 최선이 타락하면 차선이 아니라 최악이 된다는 것이 이반일리치의 생각이었습니다.

앞서 말했듯 지난해 부활절은 슬픈 부활절이었습니다. 한 명의 아이들도 살리지 못했기 때문이기도 했으나 교회 강단에서 세월호 참사를 주제로 어느 누구 제대로 메시지를 전하지 못했기 때문입니다. 한국 교회 대다수가 세월호 참사를 부활절 메시지의 핵심 내용으로 삼지 못할 만큼 세상의 고통, 불의에 둔감해져 있는 것이지요. 아니면 교회가 권력과 짝하려는 생각으로 정부의 눈치를 보기 때문일 수도 있겠습니다. 그러나 올해는 달라야 할 것입니다. 남은 9명의 실종자를 찾기 위해서라도 세월호가 인양되어야 할 것이며 진실해명을 위해 특별법이 만들어질 수 있도록 이 땅의 교회는 소리쳐야 합니다. 세월호 참사의 진실이 규명되는 것과 부활하신 주님에 대한 환호가 동전의 양면처럼 함께 존재해야 마땅한 일입니다. 이를 위해 이 땅에서 여성으로서 신앙의 지도자 되신 장로님 역할이 다시금 중요합니다. 자기 아들 예수의 십자가 처형을 지켜본 어머니 마리아의 고통을 아시지 않습니까? 턱밑까지 차오르는 물속에서 살길을 찾고자 발버둥 치는 아이들을 실시간 생중계로 지켜본 어머니의 고통 역시 생생히 기억하고 계시겠지요. 십자가에 달리신 예수께서 자신을 지켜본 마리아를 두고 제자들에게 '네 어미다'라고 말한 것을 잊지 않으셨지요? 그렇다면 세월호 아이들 역시 우리 자식들이며 그들 어머니 또한 우리 어미가 되어야 마땅합니다. 영문도 모른 채, 국가의 총체적 부실로 인해 목숨을 잃은 아이들, 눈먼 국가와 귀먹은 교회에 의해 거리로 내몰린 부모들을 대신하여 여성 장로님들께서 대신 부모가 되어 주시고 불의에 대해 '아니오' 할 것은 '아니오'라고 말씀해 주십시오. 진실을 감추고 사실을 은폐하려는 자들에 대해 예수의 이름, 기독교의 이름으로 거룩한 분노를 표하셔야 될 것입니다. 우리의 분노는 폭력이 아니라 강도 만난 자의 이웃이 되기 위한 거룩한 마음의 표현입니다. 지난해 동안 비록 소수이나 목회자들과 신학자들이 세월호 현장을 오갔고 지켰습니다. 광화문과 청운동 그리고 팽목항을 예배 처소로 삼고 유족들 곁에 머물고자 했습니다. 목회자들 304명이 죽은 아이들 이름을 부여잡고 철야 기도했으며 유족들을 대신하여 40일 단식한 목회자들도 있었습니다. 신학자들 역시 '세월호 유족들과 함께하는 신학자들'이란 이름하에 교파를 불문했고 보수, 진보 구분 없이 함께 모여 기도했으며 세월호 관련 책도 펴냈습니다. 최근에 몇 권의 책이 출판되었고 1주기에 맞추어 새 책들이 또 나올 것입니다. 이 땅의 신학자들이 하나님 앞에 부끄럽지 않기 위해 그리고 무심했던 교회가 다시 현장에 발걸음 할 수 있도록 세월호의 성서적, 신학적 의미를 밝히고자 했습니다. 고난절, 부활절과 더불어 세월호 1주기를 맞는 이 시점에 일독해 주시고 세월호 아픔에 동참해 주셨으면 좋겠습니다. 다시 한 번 호소합니다. 기독교의 미래를 위해 여성 장로님의 역할이 심히 중차대합니다. 세월호 참사로 기독교의 민낯이 드러났고 기독교가 죽었다는 말이 회자되는 현실이기에 더더욱 그렇습니다. 여성적인 것이 세상을 구하고 미래를 만들 수 있다는 말이 여성 장로님들의 깨어난 의식을 통해 현실이 되기를 간절히 소원합니다. 이런 기회가 우리 역사 속에서 기독교 여성 장로님들의 몫이 되기를 간절히 기도드리고 싶습니다. 아주 어렸던 시절 교회 안에서 신앙의 어머니이신 장로님들의 말씀을 듣고 가슴 뛰었던 그 옛날을 기억하며 세월호의 아픔을 치유할 수 있는 힘을 어머니 장로님들에게서 기대해 봅니다.

장로님, 당신은 어머니 이십니다

의미 없이 사라지는 것들에 대한 기억

　　2차 대전 종료 후 작가 비젤은 아우슈비츠를 통해 죄 없는 유대인들이 죽었으나 실상은 기독교가 사망선고를 받은 것이라 하였습니다. 국가 사회주의를 표방한 히틀러 정권을 지지했고 유대인 차별 및 학살에 동조했으며 급기야 빵을 위해 파시즘을 출현시킨 독일 기독교가 아우슈비츠에서 죽었다는 것입니다. 다행히도 이에 저항했던 소수의 기독교인들로 인해 그 목숨이 이어졌고 신학이 새롭게 되었으니 하나님의 영의 역사라 하겠습니다. 세월호 참사가 일어난 지난해가 바로 이런 저항(바르멘 선언)이 있었던 80년 되는 해였고 그 1주기인 올해는 그곳에서 중심 역할을 했던 신학자 본회퍼가 옥사한 지 70년 되는 시점입니다. 이렇듯 자신의 목숨을 내놓고 역사의 방향을 바꿨던 소수의 사람들, 예외자인 그들로 인해 이 땅의 역사가 단순 세속사가 아닌 하나님의 영의 현존사임을 믿을 수 있습니다. 승천하는 예수께서 두

그래, 결국 한 사람이다

려움에 빠진 제자들을 위해 성령을 보낸다 했고 그 성령을 통해 자신보다 더 큰 일을 이룰 것이다(요 14:12) 했던 말을 이룬 탓입니다.

2014년 4월 16일 진도 앞바다의 참사는 당시 아우슈비츠에 비견될 만큼 우리 사회의 민낯을 적실히 보여주는 시대적 징표였습니다. 바람과 구름의 향방을 보며 일기를 가늠하는(눅 12:56) 우리가 304명의 무고한 생명을 삼켜버린 죄악상을 통해 시대(때)를 읽지 못한다면 유대인 학살에 동조했던 당시 기독교인들과 다를 수 없습니다. 잘못된 정치와 경제적 탐욕에 눈먼 어른들 탓에, 살릴 수 있는 아이들을 구하지 못한 국가의 총체적 무능으로 버림받은 아이들, 그들의 죽음이 지닌 시대적 의미를 묻고 찾지 않는다면 국가는 앞을 향해 한걸음도 내디딜 수 없고 기독교의 존재 이유 역시 실종될 것입니다. 불행히도 우리 국가는 자신의 잘못을 덮고자 할 뿐 진실facts 규명에 소극적이었습니다. 유족들의 증언이 담긴『금요일엔 돌아오렴』*이란 책자 속에서 우리가 본 것은 국가에 대한 유족들의 절망뿐이었습니다. 아이들의 마지막 순간이 담긴 유품, 핸드폰의 영상조차 부모들은 쉽게 돌려받지 못했습니다. 자식 잃은 부모들의 분노를 역이용하여 그들을 폭도로 몰아가려는 간계가 팽목항에서 작동할 정도였습니다. 거짓 구조 활동을 벌였던 해경, 그것을 사실인 양 보도한 언론들, 유병언에게 책임을 돌린 정치권은 아이들 죽음을 실시간으로 지켜본 부모들에겐 거짓과 은폐의 온상이었습니다. 진실은 묻혔고 사실에 대한 이념적 공방만이 신문을 도배했으며 그로써 백성들이 분열되었습니다. 이에 예외적 고통에 몸부림쳤던 유족들이 홀연히 일어

---

* 416 세월호 참사 시민기록위원회 작가기록단, 「금요일엔 돌아오렴─240일간의 세월호 유가족 육성기록」, 창비 2015. 본문에서 종종 이 책의 내용을 각주 없이 언급하였다.

섰습니다. 지금껏 가정과 일터를 오가며 평범한 일상을 소망했던 유족들이 이 땅의 미래를 위해 자식들이 죽은 이유, 사실적 진리를 찾고자 거리의 사람이 되었고 자기만 생각하며 살았던 칠백만의 민초들이 이에 함께 동조, 협력한 것입니다. 하지만 다수 기독교인들, 대형 교회 목회자 및 신자들일수록 이들 고통과 진실규명에 마음을 합해주지 못했습니다. 오히려 그들은 슬픔을 거두라고, 죽은 자는 천국 가고 남은 자에게 물질 보상 있을 터이니 세월호 망상에서 벗어날 것을 주문했습니다. 하지만 많은 시민들, 이웃 종교인들은 오히려 그렇지 않았습니다. 억울한 죽음의 이유를 끝까지 밝히려 했고 죽은 자들의 소리 없는 증언을 기록했습니다. 의미 없이 사라져 간 이들의 한 맺힌 절규를 지속적으로 기억하려 한 것입니다. 이런 점에서 힘없는 유족들의 용기 그리고 시민들의 지속적 참여는 하나님의 영의 활동의 파편들입니다. 주지하듯 성서(롬 8:26)는 성령께서 지극히 약한 자, 자신들 소리를 빼앗긴 자들을 대신하여 탄식하며 그들의 소리를 듣는다 하였습니다. 세월호 참사, 그것이 우발적 사건을 넘어 학살로 의심되는 정황에서 유족들의 절규를 듣고 함께하는 이들의 간구에 응답하는 것이 영과 조우하는 방식일 것입니다. 이들의 절규란 사실을 밝히려는 열망이며 잊히는 것에 대한 거부이자 두려움이었습니다. 하나님의 영이 자기 몸 하나 가눌 수 없을 만큼 슬픈 유족들과 자기 삶 내던지고 그들 곁에 머문 선량한 이웃을 통해 일하고 있는 한, 우리 역시 그들 절규에 공명하지 않을 수 없습니다. 이것이 세월호 이후以後, 우리가 하나님의 영에 집중해야 될 이유입니다. 우리가 그들을 대신하여 탄식하고 그들의 빼앗긴 소리를 기억할 수 없다면 유족뿐 아니라 우리 모두에게 미래는 없습니다. 미래를 꿈꾸는 노래, 인순이의 '거위의 꿈'이 가장 듣기 싫은 노래 중 하나가 되었다는 한 유족의 아픈 증언이

그래, 결국 한 사람이다

바로 하나님 영의 탄식 그것입니다. 바람의 존재를 나뭇가지 흔들림으로 알 듯(요 3:8) 이런 하나님의 영의 활동 역시 기억하여 미래를 만들려는 우리의 삶의 실천을 통해 증거될 수 있을 뿐입니다.

책 제목처럼 사월 중순 어느 금요일에 가족 품으로 돌아와야 할 아이들의 부모들은 시신조차 보지 못한 채 가슴에 묻고 말았습니다. 평소 곱고 착한 모습이 수십일 아니 그 이상 차디찬 진도 바다 속에 머문 탓에 부모조차 그 얼굴을 제정신으로 바라볼 수 없었습니다. 무섭고 두려워서가 아니라 살아생전의 모습으로 자식들을 온전히 기억하고 싶었던 까닭입니다. 단장지통斷腸之痛이란 말이 있습니다. 새끼를 빼앗긴 어미 원숭이의 창자가 한 치 간격으로 끊어져 느끼는 아픔을 뜻합니다. 국가의 무능과 부패 탓에 자식들의 죽음을 실시간으로 지켜봐야 했던 부모들의 고통은, 찬가讚歌를 부를 만큼 희망에 부풀었고 당당했던 마리아가 그 아들 예수의 십자가 처형을 목도하며 느낀 아픔과 비교될 수 있겠습니다. 따라서 우리는 죄 없는 아이들의 억울한 죽음을 어른들의 죄악, 그들이 만든 세상 죄악을 지고 우리 시대를 위해 희생양이 된 예수라 고백해야 합니다. 그들의 죽음을 결코 헛되이 하지 않기 위함이지요. 이것이 미정고未定稿로서 예수의 자기고백이었고 그가 자신보다 더 큰 일을 우리에게 기대한 이유일 것입니다. 여기서 우리는 공감, 혹은 공감하는 인간Homo Empathicus이란 말을 떠올려 봅니다.* 탄식하며 간구하는 하나님 영靈을 '단장지통'의 공감력이라 달리 언표하기 위해서입니다. 성서는 우리가 세상

----

* 제레미 리프킨, 『공감의 시대』, 이경남 역, 민음사 2009, 1부 내용. 파커 J. 파머, 『비통한 자들을 위한 정치학』 김찬호 역, 글항아리, 2012, 155–194 참조.

의 소금이고 빛인 까닭에 소금과 빛의 삶을 살라고 말씀합니다. 윤리적 행위를 요구하기 전에 그에 합당한 존재론적 의미를 부여한 것이지요. 한 맺힌 이들의 절규를 듣고 그와 하나 되라는 요구는 인간 자체가 공감할 수 있는 존재임을 앞서 각인시켰습니다. 가장 한국적 사상가인 다석多夕 유영모는 위로부터 '받아 '할' 것을 지닌 인간존재를 '받할' 즉 '바탈'이라 풀었습니다.* 이 바탈의 존재론적 특성을 성서는 하나님의 영霊이라 한 것입니다. 이에 근거, 인간은 누구와도 접속 가능한 존재, 함께 느낄 수 있는 힘을 지녔으나 그것이 시대의 약자들, 뭇 예외자들과 공감하는 한에서 더욱 초월적일 수 있습니다. 여기서 바탈은 이런 영霊의 보편적 확장을 의미합니다. 세월호 희생자들 중 소수만이 기독교인이었고 그들과 끝까지 동행한 다수의 시민들이 비기독교 인이었던 탓에 하나님의 영의 보편적 이해는 반드시 필요합니다. 이런 확장 속에서 탄식하며 간구하는 하나님의 영霊이 인간의 몸을 입은 우리 모두에게 정의와 공감토록 역사役事할 것입니다. 공감적 정의는 어떤 종교, 이념도 독점할 수 없는 하나님의 영의 활동인 까닭입니다.

주지하듯 오순절, 성령강림 사건은 우리에게 바로 이 점을 명시했습니다. 저마다 다른 말(방언)로 이야기했으나 서로들 통通할 수 있음에 함께 놀랐다(행 2:1-4)고 하였습니다. 새 술에 취했다고 비방 받을 만큼 더불어 소통하고 있음에 모두 경이를 느낀 것입니다. 베드로는 이런 현상이 하나님 영霊이 부여한 예언과 환상 그리고 꿈 탓이라 여겼습니다. 공

---

* 이정배, 『빈탕한데 맞혀놀이—多夕으로 세상을 읽다』, 동연, 2011, 199 이하 내용. 다석 학회 엮음, 『다석강의』, 현암사 2006, 790 이하내용(35강)참조. 이외에도 본고에 나오는 미정고(未定稿)라는 말도 다석의 핵심 용어이다.

감과 소통의 초월적 근거를 우리에게 재차 각인시킨 것입니다. 이는 뭇 차이에도 불구한 인간 간의 일치, 공동선共同善의 선취로서 우리 미래상의 일면이었습니다. 하지만 오순절 이야기는 바벨탑 사건과 견주어 해독될 때 그 의미가 더욱 명백해질 것입니다. 지금껏 바벨탑은 신神처럼 되고 싶은 인간의 욕망을 벌하고자 세상의 언어를 흩어 상호 간 소통을 불가능하게 만든 사건으로 기억되었습니다. 반면 오순절의 소통을 이런 바벨탑의 분리와 단절의 반전 내지 극복이라 했습니다. 하지만 다양성 자체가 신적 형벌이란 인습적 해석은 창조 시의 축복과 생육의 기회를 박탈하는 것으로 옳지 않습니다. 다양성의 거부는 오히려 통(획)일성의 사유와 맞물려 항시 지배체제의 가치관을 형성했고 그로써 반생명적 정조 ethos를 낳았던 탓입니다. 그렇기에 여기서 핵심은 바벨탑 건설로 야기된 도시문화와 그 속에 깃든 에토스여야 합니다.* 하나님의 얼굴을 피해 숨은 가인 후손들이 만든 도시문화는 자신들 힘의 집중을 위해 약자를 억압했고 예외자들을 인정치 않았습니다. 이로 인해 바벨탑은 다양성의 통제, 획일적 통일성의 상징이며 제국적 가치의 보고寶庫라 할 것입니다. 이런 도시문화가 바로 가인으로부터 오늘로 이어지는 원죄의 실상입니다. 경험하듯 우리의 도시문화는 통일성, 자율성 그리고 익명성을 근거로 약자, 예외자, 소수자를 억압해 왔습니다. 여기서 자율성은 힘과 권력을 창출하는 토대 힘을 뜻합니다. 이를 막고자 신神은 인간의 언어를 흩어 소통치 못하게 했고 바벨탑을 붕괴시켰습니다. 이후 그 후손들의 지은 죄가 아벨을 죽인 가인의 죄보다 몇 곱절 크고 많다는 성서의 증언이 바로 자율성, 곧 힘(권력)에 의존한 도시문화의 폐해를 증언합니다. 대홍

---

* 김영석, 『성서에 던지는 물음표―문화 비평적 성서해석과 오늘』, 동연, 2014, 99-103.

수이후 하나님은 사람들의 눈에서 억울한 눈물을 흘리게 하지 말 것과 동물을 피 채로 먹지 말라는(창 9:1-7) 새로운 정의를 선포했습니다. 1대 99의 불균형을 초래한 초국적 형태의 자본주의와의 단절을 명한 것이라 할 것입니다. 수백 명의 학생들을 수장, 학살시킨 세월호 참사가 바벨탑과 오순절 사건의 맥락에서 읽혀져야 할 이유입니다. 세월호의 고통이 우리의 기억을 오순절을 넘어 바벨탑에까지 닿도록 해야 마땅합니다. 시대에 따라 형태를 달리한 지배와 종속의 잘못된 인류 역사를 고쳐, 새로 쓰기 위함이지요. 이런 맥락에서 세월호는 오늘 우리 시대의 바벨탑이자 도시문화의 지배가치인 자본주의와의 사투死鬪를 우리에게 요구합니다. 예외자, 약자를 위한 성령의 위로와 탄식이 이렇듯 기억을 통해 태초부터 지금까지 이 세상 속에 이어져 오고 있습니다.

과거 아우슈비츠 비극이 파시즘, 전체주의에서 비롯한 것이라면 이 땅의 세월호 참사는 종교들, 교회마저 집어삼킨 천민賤民 자본주의로부터 야기된 예고된 재난이었습니다. 따라서 첫 번째 종교개혁이 가톨릭의 의지처인 봉건질서를 무너트렸듯이 그 500년 역사를 맞는 개신교회는 자본주의와 맞설 힘을 지녔어야 했습니다. 세월호 참사는 우리에게 이를 위한 시대적 표징이었고 그래서 우리는 그 의미를 바벨탑에로까지 소급시켰습니다. 하지만 자본주의를 추동했던 개신교가 그와 너무 같아졌고 오히려 그를 강화시켜 왔습니다. 기독교가 죄, 죄인 없이 존재할 수 없듯이 자본주의 역시 빚(부채)없이는 유지될 수 없는 제의로서 이들 속에 희생양을 만드는 기재를 함께 작동시킨 탓입니다. 혹자는 예수의 신神 됨을 사용가치가 교환가치로 변질된 자본주의 체제와 견주기도 했습니다.* 자본이 인간의 걱정, 근심을 잠재우며 구매욕망이 영적체험을 대신

하는 소위 시장의 신학을 출현시킨 것입니다. 종종 자본주의는 시대를 위한 구원의 경제학이라 일컬어지기도 했습니다. 하지만 그것은 세월호 참사가 보여주듯 우리에게 절망을 약속하는 것으로 결국 신마저 죄 짓게 만들 뿐입니다. 세월호 유족들이 보았던 기독교의 민낯이 그 구체적 단면이겠습니다. 결핍상태를 항구적으로 구조화하고 계획적 진부화로서 자연을 파괴하는 자본주의와 기독교의 공생, 그것이 세월호 비극의 원초적 이유였습니다. 혹자는 이런 자본주의를 기독교의 기생충이라 부르기도 합니다. 세월호의 불행은 예견된 일이긴 했으나 예외적 사건이었습니다. 하지만 이런 예외적 비상상태, 곧 문명사적 폭력이 전 지구적으로 확장되고 일상을 지배하고 있기에 문제입니다. 예외 상태가 일상이 되어가고 있습니다. 세월호 참사가 이렇듯 인류의 미래상의 선취先取라면 종말론적 절망을 피해야 옳습니다. 따라서 세월호 이후以後 신학은 자본주의 체제 하의 예속적 삶을 중단 시켜야 마땅할 것입니다. 종교개혁 500년을 맞는 이 땅의 신학이 세월호 이후以後의 신학과 중첩되어야할 필연적 이유인 것이지요. 하나님의 영靈의 보편성에 입각하여 성서를 고쳐 다시 읽고 자본주의와 맞서는 것이 세월호를 기억하는 이유이자 그 이후以後 신학의 확고한 본질이라 생각합니다.

우리는 앞서 하나님의 영靈의 자발성과 탈脫경계성에 주목했습니다. 바람의 향방을 알 수 없듯이 하나님의 영 역시 불고 싶은 대로 불며 제도, 경계를 부수는 활동력을 지녔음을 보았습니다. 특별히 하나님의 평화를 위해 사람이 만든 장벽을 허물고 서로를 온전히 소통시키는 주

---

* 문광훈, 『가면들의 병기창–발터 베냐민의 문제의식』, 한길사 ,2014, 2부 내용. 이하 내용은 이를 풀어 나름대로 정리한 것이다.

체로서 성령을 말하였으며 우리 스스로가 이런 영靈의 처소가 될 것(엡 2:14-22)을 요구받았습니다. 자본주의를 수호하려 법法적 강제력을 앞세우는 시대적 관행과 맞설 목적에서입니다. 그뿐 아니라 하나님의 정의와 은총의 관계 역시 되묻게 추동했습니다. 자본주의를 옹호, 절대시하는 기존 법질서를 해체시켜 반인반수半人半獸가 아닌 곧 정규/비정규직의 구별 없이 밥 나누는 세상(平和)을 꿈꾼 탓입니다. 세월호 아이들이 부유층 자녀였더라도 이렇듯 구조에 소극적이며 특별법 제정에 미온적이었을까를 우리 민심民心이 의심하고 동요했던 것을 정부는 뼈아프게 기억해야 할 것입니다. 참사 기간에 확산된 유언비어들, 최종 규명되지 못했기에 사실이 아니라 말할 수 없는 험한 추측들은 법法에 대한 불신의 표현이었습니다. 법적 강제력과 맞서며 그를 불신하는 것은 기존질서를 해치는 의당 불온한 사건일 수 있겠습니다. 하지만 벽을 허무는 탈脫경계적 행위가 하나님의 평화를 위한 영靈의 일이었으니 우리 역시 허물고, 맞서는 자 되는 것이 마땅하겠습니다. 하지만 법질서의 전복은 하나님의 평화를 위한 것일 뿐 무정부적인 혼동, 공동체의 파괴를 지향치 않습니다. 오히려 현실을 다르게 보는 눈, 달리 만드는 힘을 선사하는 것으로서 신학은 이를 '은총'이라 했고 '메시아적 구원'이라 칭稱할 뿐입니다. 이명박 장로 대통령 시절 경험했듯 경제가 정치를 대신했고 스스로 신성화된 지경에서 우리는 법法의 이름하에 비정상적인 것의 정상화를 요구받습니다. 이 경우 법은 적법지 않을뿐더러 오히려 죄를 짓게 하는 지속적 방편이었지요. 지난여름 세월호 아픔이 절정에 이르렀을 때 한 부장판사가 '지록위마指鹿爲馬'란 말로써 법조계의 비리를 알리지 않았습니까? 따라서 신적神的 강제력(메시아 도래)을 기대하며 은총의 이름으로 법法을 전복하는 것이 신학의 존재 이유가 되었습니다. 신학이 정치학과 변별되나 결

그래, 결국 한 사람이다

코 무관할 수 없게 된 것입니다. 한국 교회가 유족들의 분노에 냉담했고 천국신앙으로 슬픔을 위로코자 한 것은 옳지 않았습니다. 오히려 권력에 종속된 법에 저항하며 밖에서 도래할 정의의 감각을 키워주는 것이 교회의 제 몫, 자기 할 일이었습니다. 기독교에 대한 유족들의 절망은 기독교 스스로 은총의 감각, 성령의 역사役事를 방기한 것에서 비롯했습니다. 세월호 참사로 오히려 기독교가 죽었다는 말 역시 이런 의미일 것입니다.

이제 기독교의 소생을 위하여 성서, 특히 로마서를 새롭게 읽을 필요가 있겠습니다.* 첫 번째 종교 개혁가들이 로마서를 통해 중세를 벗을 수 있었듯, 두 번째 종교개혁 역시 그를 통해 자본주의 체제를 넘어서야만 합니다. 하지만 공교롭게도 이 작업은 로마서에 대한 첫 개혁가들의 시각에서 자유로울 때 가능한 일입니다. 한마디로 로마서를 칭의稱義를 넘어 정의正義의 차원에서, 대속代贖과 자속自贖을 아우르는 화해和解의 책으로 읽자는 것입니다. 바울이 당시의 제국 로마와 맞서며 그리스도의 남은 고난을 채웠듯 오늘 우리도 그 기억을 갖고 자본주의 체제와 그를 지탱하는 정치, 법과 맞서야 한다는 뜻입니다. 기독교를 예수 우상주의 혹은 내세의 종교로 환원시키는 대신 세월호에서 여실히 드러나듯 인간을 사물화事物化시키는 자본주의 체제와 맞서는 것이 하나님의 영靈의 담지자로서 우리의 과제가 되었습니다. 성서가 종교적인 사적 경험을 엮은 책이 아니라 역사의 새 가능성을 여는 공공성(평화)의 보고寶庫인 까닭입니

---

* 테드 W. 제닝스, 『데리다를 읽는다/바울을 생각한다─ 정의에 대하여』, 박성훈 역, 그린비, 2014, 54 이하 내용 참조.

다. 주지하듯 다메섹 사건 이후 바울은 당대의 실정법인 로마법과 유대법을 무력화시켰고 새로운 방식으로 정의를 세운 장본인이었습니다. 물론 성서의 증언대로 바울 역시도 이들 실정법과 하나님의 의義 사이에서 고민이 깊었겠지요(롬 7:24). 하지만 법法이 정의正義와 등가로서 이해, 강요된 탓에 억울한 이들의 눈물이 지금껏 그쳐질 수 없음을 알았습니다. 그렇기에 그는 국가 법이 아닌 또 다른 법, 약자들의 눈물을 닦아 주는 하나님의 법, 곧 정의正義를 생각했던 것이지요. 이런 자각을 일컬어 바울은 율법과 대비되는 믿음이라 했습니다. 세월호 참사를 법을 넘어 하나님의 정의의 관점에서 봐야 할 이유 역시 바로 여기에 있습니다. 세월호는 권력의 애완견 된 법 차원에서가 아니라 하나님의 의義, 곧 믿음과 은총의 시각에서 그 해법을 찾을 수 있을 뿐입니다.

그렇다면 하나님의 의義, 곧 은총은 어떤 방식으로 우리의 삶과 접속가능할 수 있겠습니까? 이에 대한 바울의 답이 바로 믿음이었습니다. 하지만 세월호 이후以後 신학에 있어 믿음에 대한 이해 자체도 달라져야 마땅합니다. 앞서 우리가 하나님의 영의 역사役事에 초점을 둔 것도 이와 관계있습니다. 주지하듯 오늘날 세속 사회 속에서 신적 계시, 신적 강제력을 경험하는 것이 참으로 지난합니다. 그렇기에 일상에서 은총, 신적 강제력은 쉽게 무시되고 간과되곤 했습니다. 그럼에도 역사 속에는 없는 듯하여 고찰되지 않았을 뿐 돌연 흐름(연속성)을 단절시켜 약자를 편드는 구원사가 존재해 왔습니다. 신구약성서의 핵심 내용이 그렇고 이 땅의 역사 또한 바로 이에 관한 증언들 아니었겠습니까? 역사발전의 끄트머리에서가 아니라 고통과 탄식의 현실 속에 신적 강제력이 도둑이 임하듯 작용했던 사례도 적지 않았습니다. 이런 사건을 일컬어 기독교는 메시아적 도래라 했고 이렇듯 역사 속 숨겨진 구원의 힘에 대한 자각을 바울은 믿음이라 했습니다. 실정(율)법에 만족지 않고 도래할 정의, 하나님의 의義에 사로잡힌 상태가 바로 믿음인 것입니다. 하지만 이는 역사 속에서 억울한 눈물 흘리는 자들의 고통을 떠나서는 생각될 수 없는 언어(개념)입니다. 그렇기에 세월호 이후以後 신학을 말함에 있어 믿음은 기억과 나뉠 수 없습니다. 약자를 대신하여 탄식하고 그를 위로하는 성령의 역사役事가 기억하며 공감하는 인간의 삶과 분리될 수 없기 때문이다. 대속과 자속이 둘이 될 수 없는 이유도 여기에 있습니다. 또한 이런 방식으로 역사와 신학은 상호 관계합니다. 세속사 한가운데서 신적 강제력이 역사를 단절시키는 뜻밖의 사건이 되는 까닭입니다. 따라서 역사란 반드시 체제 밖 사유를 통해서만 완성될 수 있습니다. 이는 마지막이 있기에 처음이 존재한다는 함석헌 사관史觀과도 맥락이 흡사합니다. 이념과 체제를 허무는 하나님의 영靈의 활동 같은 사건 만이 역사를 수정할 수 있습니다. 여기서 핵심은 역사와 신학을 잇는 매개자로서의 기억입니다.* 뭇 예외자에 대한 기억을 통해 메시아(靈)가 매 순간 역사에 개입한다는 말입니다. 기억이 매 순간 메시아의 역사적 개입을 가능토록 하는 돌쩌귀와 같다는 사실입니다. 이로써 역사는 신학이 될 수 있고 세속사 한가운데서 초월에 대한 언표가 가능할 수 있습니다. 기억을 통해 고통이 새롭게 해석되고 과거의 경험이 교정, 갱신될 수 있는 탓입니다. 이 경우 기억은 바라는 것의 실상인 믿음이자 하나님의 영靈의 활동일 것이며 고통에 대한 깊은 공감력의 각성일 것입니다. 여하튼 세월호 슬픔을

---

* 발터 베냐민, 『역사의 개념에 대하여 외』, 선집 5권, 최성만 역, 2012, 353–384. G. 아감벤, 『아우슈비츠의 남은 자들』, 정문영 역, 2012 참조.

기억하고 그 속에서 메시아적 힘을 발견하는 것이 그 이후以後 시대를 사는 우리의 과제가 되었습니다. 물리학자가 태양 분광에서 자외선을 알아내듯 그렇게 말이다. 그러나 이것은 기존역사와의 철저한 비동일성 속에서만 발생합니다. 우리에게 도래할 메시아적 힘(정의)이 현실 역사에서 여전히 부재한 가치인 까닭이겠지요.

성서는 우리에게 하나님의 영靈의 활동 혹은 메시아적 사유를 알리는 책입니다. 결코 법과 제도에 안주하는 현상유지를 원치 않았지요. 이 점에서 세월호 참사의 주원인인 자본주의와의 단절(비동일성), 즉 그를 지탱하고 보호하는 법과 정치와의 투쟁이 불가피합니다. 이를 위해 신학 역시 자기가 만든 우상을 먼저 부숴야 마땅합니다. 세상 속 예외자를 기억하고 그들을 대신하는 고통 없이 하늘에 기도하는 것은 아편 주사를 맞는 것과 진배없다는 교종의 말을 가슴에 새길 일입니다. 실정법에 기초한 정치로는 자본주의와 맞서기 어렵고 세월호 진실을 밝힐 수 없습니다. 그것은 오로지 역사의 연속성을 중단시키는 메시아적 사유, 곧 은총의 빛 그리고 바탈의 공감력을 통해서 가능할 뿐입니다. 예수의 하늘나라 비유는 약자를 편들되, 결국 모두를 살리시는 하나님의 정의에 관한 것이었습니다. 믿음의 세계에 속하며 기억을 통해서 도래하는 하나님의 정의는 교환과 보상의 법칙을 지닌 자본주의 체제에 매우 낯섭니다. 이른 아침이나 황혼녘에 불렸어도 일용할 양식을 염려하며 같은 품삯을 주는 것이 성서적 정의인 까닭입니다. 되갚을 능력이 없는 사람들을 불러 잔치를 하라는 것도 하나님의 정의에 속합니다. 자신이 토색한 것을 4배나 되갚겠다는 고백도 실정법을 넘는 메시아적 사건, 곧 은총의 산물이자 바탈의 힘일 것입니다. '순수증여'라는 개념이 자본주의를 대신할 가치로서 부상하는 것도 같은 맥락이겠지요. 이들은 모두 정의란 실현되어야 할 은총(선물)인 것을 역설합니다. 따라서 세월호 이후以後 신학 역시 역사 속에서 신적 존재를 실현시키는 실천적 작업이어야 합니다. 하나님의 영이 비폭력적 강제력을 통해 法 이상의 '마음문화'를 만들고 역사를 새롭게 할 때 그를 일컬어 신학이라 할 것입니다. 이 점에서 종교개혁 500년을 앞둔 세월호 이후 신학의 과제가 참으로 엄중합니다. 이 땅의 정치, 경제 심지어 종교를 삼키고 있는 천민睹民자본주의 에토스와 결별이 바로 미정고未定稿로서의 예수의 삶을 완성하는 일이 된 탓입니다. 따라서 세월호 특별법의 성사 여부는 우리의 역사를 신학으로 만드는 잣대가 됩니다. 죽었던 기독교를 소생시킬 수 있는 길 역시 바로 여기에 있습니다.

이제 글을 접어야 할 시점이 되었습니다. 무엇을 갖고 어떤 뜻으로 지금껏 지면을 메워 왔는지 돌아볼 시점입니다. 앞서 말했듯 유족들의 일상은 미래, 희망을 믿고 의지할 수 없을 만큼 피폐해져 있습니다. 내세의 기약을 애써 믿고자 하나 그것이 세월호의 해결일 수 없고 재발을 막을 수도 없을 것입니다. 세월호는 이들의 미래, 자신들의 내세를 홀연히 앗은 사건이 되어 버린 것이지요. 본래 유교적 전통에서 자식은 부모의 미래이자 내세입니다. 그래서 그들은 자식들이 4월 어느 금요일에 돌아올 것을 지금도 애써 기다리고 있습니다. 그렇다면 종교 유무를 떠나 이들 유족들에게 세월호는 어떤 뜻이 되어야 하는 것일까요. 이를 위해 본고는 하나님의 영의 역사役事로서 기억, 공감 나아가 정의를 말하였습니다. 하나님의 영의 보편적 지평 확대 차원에서 그리한 것입니다. 무엇보다 하나님의 영, 그의 다른 말인 바탈은 자본주의 체제하의 약자들, 몇 겹의 구조하에서 을乙로 사는 이들의 고통을 기억하고 대신할 수 있는 힘입니다. 그들 아픔에 대한 지속적인 공감이 영靈의 존재 양식이자 바탈의 실천력이라 할 것입니다. 동시에 영은 새 세상을 위해 체제 밖 사유로서 역사와 관계합니다. 생명을 사물화事物化하는 자본주의를 넘도록 추동하는 것이지요. 약자들, 역사의 뒤안길로 사라지는 존재들에게 있어서 체제 밖 사유, 하나님의 정의만이 구원입니다. 성서는 이런 메시아적 사유가 매 순간 역사 안에서 작동함을 알리는 책입니다. 세월호 참사로 인한 고통의 역사, 그 구원을 위해 하나님의 영은 지금도 탄식하며 우리에게 기억할 것을 지속적으로 요구하십니다. 하나님의 정의가 세상법(정치)에 맞서 승리할 것을 끝까지 기대할 것입니다. 하나님의 정의가 실현될 때 죽었던 기독교 역시 이 땅에서 다시 살 수 있기 때문입니다.

⚋

　여기까지 글을 마무리하고 설날 오후 광화문을 찾았습니다. 단원고 학생들을 위한 합동 차례가 있었고 유족을 비롯하여 함께 했던 시민들과 음식을 나누었지요. 아이들이 좋아하던 과자 한 조각을 씹으며 쉽게 삼키질 못하였습니다. 그들의 죽음을 대신하여 살아 낼 자신이 있는가를 스스로에게 자문했던 탓입니다. 그 과자 한 조각이 마치 성체를 모신 듯 나를 두렵고 떨게 했습니다. 광화문 광장에서 박제동 화백이 그린 수백 명의 아이들 얼굴을 보았고 그 옆에 부착된 화백의 글이 내게 답이 되었습니다. 자신의 손으로 아이들 얼굴을 그리게 된 것이 한없이 서글프

그래, 결국 한 사람이다

나 지금껏 화가로서의 삶이 이 아이들의 얼굴을 그리기 위한 것이었다고 고백했습니다. 그들의 얼굴을 그림으로써 그들을 살려내고 싶었다는 것입니다. 그렇다면 우리가 30년, 40년 신학을 공부하고 가르친 것도 이들을 살려낼 목적 때문이었어야만 했습니다. 그런데 과연 신학, 신학의 언어가 이들을 살려낼 수 있을까요? 세월호 이후 신학자로 산다는 것을 정말 깊게 고민해야 할 것 같습니다.* 우리들의 언어(대답)가 옛적 바리새인들과 율법학자들의 대답처럼 권위를 잃은 것이 아닌지를 깊게 성찰할 일입니다. 본고에 기술된 우리의 신학적 답변이 우리의 삶이 됨으로써 세월호 참사를 위해 세상으로부터 진정한 권위를 인정받았으면 좋겠습니다.

---

* 이은선 외, 『묻는다, 이것이 공동체인가』, 동연, 2015, 200-205